高等职业院校精品教材系列

电子产品生产工艺与调试

主　编　张　俭　刘　勇

副主编　赵全良　孟建明　李文玉　甄义永　刘庆江

電子工業出版社

Publishing House of Electronics Industry

北京·BEIJING

内容简介

本书根据电子行业技术发展及企业岗位技能需求，结合近年来高职院校电子信息类专业教学改革成果，由企业技术人员和骨干教师共同进行编写。全书共分为5章，第1章主要介绍电子制造技术的发展、分级与标准化；第2章主要介绍电子制造的基本流程、过程防护与元件识别；第3章主要介绍电路板表面贴装工艺与设备；第4章主要介绍电路板的插装与维修；第5章主要介绍电子产品整机装配与调试等。通过学习，有助于学生掌握电子制造行业企业生产操作的基本技能，学会编制生产工艺文件，提升电子产品制造工艺能力。

本书为高等职业本专科院校电子类、通信类、自动化类、机电类、制造类等专业的教材，也可作为开放大学、成人教育、自学考试、中职学校和培训班的教材，以及工程技术人员的参考书。

本书配有免费的电子教学课件和习题答案，详见前言。

未经许可，不得以任何方式复制或抄袭本书之部分或全部内容。
版权所有，侵权必究。

图书在版编目（CIP）数据

电子产品生产工艺与调试 / 张俭，刘勇主编. —北京：电子工业出版社，2016.11
全国高等院校规划教材. 精品与示范系列
ISBN 978-7-121-29353-5

Ⅰ. ①电… Ⅱ. ①张… ②刘… Ⅲ. ①电子产品－生产工艺－高等学校－教材②电子产品－调试方法－高等学校－教材 Ⅳ. ①TN0

中国版本图书馆 CIP 数据核字（2016）第 157856 号

策划编辑：陈健德（E-mail:chenjd@phei.com.cn）
责任编辑：郝黎明
印　　刷：北京捷迅佳彩印刷有限公司
装　　订：北京捷迅佳彩印刷有限公司
出版发行：电子工业出版社
　　　　　北京市海淀区万寿路 173 信箱　邮编 100036
开　　本：787×1 092　1/16　印张：15.50　字数：396.8 千字
版　　次：2016 年 11 月第 1 版
印　　次：2021 年 7 月第 2 次印刷
定　　价：52.00 元

凡所购买电子工业出版社图书有缺损问题，请向购买书店调换。若书店售缺，请与本社发行部联系，联系及邮购电话：（010）88254888，88258888。

质量投诉请发邮件至 zlts@phei.com.cn，盗版侵权举报请发邮件至 dbqq@phei.com.cn。

本书咨询联系方式：chenjd@phei.com.cn。

前　言

随着国家经济的快速增长，电子制造行业取得长足发展，对企业生产管理及操作人员的专业技能提出新的要求。根据近年来电子技术的快速发展及企业岗位技能需求，结合高职院校电子信息类专业教学改革新成果，由企业技术人员和学校骨干教师共同编写本书。本书内容力求以职业活动为导向，以提高职业技能为核心，以拓宽理论知识面为补充，理论与生产实际相联系，着重培养学生的电子产品生产制造专业技能，遵循整体性、规范性、一致性的原则。

电子产品生产制造技术一般包含工艺技术和制造管理两个方面，工艺技术主要是指技术手段和操作技能，制造管理是指产品在生产过程中的质量控制、计划管理、成本管理、工艺管理等。本书结合电子产品的制造工艺，按照实际生产流程进行叙述，其目的是让学生能够掌握电子产品生产所需的基本知识和不同工种的岗位操作技能。在编写过程中力求语言简练，专业性强，并采用图文结合的形式，以求达到最佳效果，方便读者较快地掌握生产工艺编制、生产操作与管理技能。

本书共分 5 章，第 1 章主要介绍电子制造技术的发展、分级与标准化；第 2 章主要介绍电子制造的基本流程、过程防护与元件识别；第 3 章主要介绍电路板表面贴装工艺与设备；第 4 章主要介绍电路板的插装与维修；第 5 章主要介绍电子产品整机装配与调试等。本课程参考学时为 64 学时，各院校可结合实际情况进行适当调整。

本书由浪潮商用系统有限公司张俭、山东电子职业技术学院刘勇教授任主编，由浪潮商用系统有限公司赵全良、山东电子职业技术学院孟建明、浪潮商用系统有限公司李文玉、甄义永和刘庆江任副主编。在编写过程中，我们参考了大量国内文献，得到了同行企业工程技术人员的大力支持，在此一并表示感谢。

由于时间仓促，书中可能有描述不清或疏漏之处，如有发现敬请批评指正。

为了方便教师教学，本书还配有免费的电子教学课件、习题参考答案，请有此需要的教师登录华信教育资源网（ttp://www.hxedu.com.cn）免费注册后再进行下载，在有问题时请在网站留言板留言或与电子工业出版社联系（E-mail:hxedu@phei.com.cn）。

编　者

目 录

第1章 电子制造技术的发展、分级与标准化

学习指导

本章主要讲述电子制造技术的发展状况、发展方向和电子制造技术的基本知识。

本章共4节，每节参考学时为1课时。

本章需要掌握电子制造技术的分级与标准化要求，了解电子制造技术的发展情况，以及学习电子制造技术应掌握的基本知识的要求。

1.1 电子制造技术的发展

自从发明无线电的那天起，电子制造技术就相伴而生了。但在电子管时代，人们仅用手工烙铁焊接电子产品，电子管收音机是当时的主要产品。随着20世纪40年代晶体管的诞生，高分子聚合物出现，以及印制电路板研制成功，人们开始尝试将晶体管以及通孔元件直接焊接在印制电路板上，使电子产品结构变得紧凑、体积开始缩小。到了20世纪50年代，英国人研制出世界上第一台波峰焊接机，在人们将晶体管等通孔元器件插装在印制电路板上后，采用波峰焊接技术实现了通孔组件的装联，半导体收音机、黑白电视机迅速在世界各地普及流行。波峰焊接技术的出现开辟了电子产品大规模工业化生产的新纪元，它对世界电子工业生产技术发展的贡献是无法估量的。

20世纪60年代，在电子表行业以及军用通信中，为了实现电子表和军用通信产品的微型化，人们开发出无引线电子元器件，并被直接焊接到印制电路板的表面，从而达到了电子表微型化的目的，这就是今天称为“表面组装技术”的雏形。

1.1.1 世界各国的发展情况

美国是世界上SMD与SMT起源最早的国家，并一直重视在投资类电子产品和军事装备领域发挥SMT在高组装密度和高可靠性能方面的优势，具有很高的水平。

日本在20世纪70年代从美国引进SMD和SMT，应用于消费类电子产品领域，并投入巨资大力加强基础材料、基础技术和推广应用方面的开发研究工作。从20世纪80年代中后期起，加速了SMT在电子产业设备领域中的推广应用，仅用了4年时间就使SMT在计算机和通信设备中的应用数量增长了近30%，在传真机中增长40%，使日本很快超过了美国，在SMT方面处于世界领先地位。

欧洲各国SMT的起步较晚，但他们重视发展并有较好的工业基础，发展速度也很快，其发展水平和整机中SMC/SMD的使用率仅次于日本和美国。20世纪80年代以来，新加坡、韩国、中国香港特别行政区和中国台湾省亚洲四小龙不惜投入巨资，纷纷引进先进技术，使SMT获得较快的发展。

我国SMT的应用起步于20世纪80年代初期，最初从美国、日本成套引进SMT生产线，用于彩电调谐器生产。之后应用于录像机、摄像机及袖珍式高档多波段收音机、随身听等生产中，近几年在计算机、通信设备、汽车电子、医疗设备、航空航天电子等产品中也得到广泛应用。随着改革开放的深入及WTO的实现，一些美国、日本、新加坡厂商将SMT加工厂搬到了中国；SMT的设备制造商与中国合作，还把一些SMT设备制造业也搬到了中国来。例如，英国DEK公司和日本日立公司分别在东莞和南京生产印刷机，美国HELLER公司和BTU公司在上海生产回流焊炉，日本松下公司和美国环球公司分别在苏州和深圳蛇口生产贴片机等。如今我国已经成为世界最大的电子加工工厂，SMT的发展前景非常广阔。目前，我国的SMT设备已经与国际接轨，但设计、制造、工艺、管理技术等方面与国际还有差距。我们应该加强基础理论学习，开展深入的工艺研究，提高工艺水平和管理能力，努力使我国真正成为电子制造大国、电子制造强国。

1.1.2 电子制造装联技术的发展阶段

电子产品的装联工艺是建立在器件封装形式变化的基础上的，即一种新型器件的出现，必然会创新出一种新的装联技术和工艺，从而促进装联工艺技术的进步。

随着电子元器件小型化、高集成度的发展，电子组装技术也经历了手工、半自动插装浸焊、全自动插装波峰焊和 SMT 四个阶段，目前 SMT 正向窄间距和超窄间距的微组装方向发展，如表 1-1 所示。

表 1-1 电子制造装联技术的发展阶段

	元 件	IC 器件	器件的封装形式	典型产品	产品特点	组装技术
第一代（20 世纪 50 年代）	长引线、大型、高电压	电子管	电子管座	电子管收音机、仪器	笨重、厚大、速度慢、功能少、功耗大、不稳定	扎线、配线、分立元件、分立走线、金属底板、手工烙铁焊接
第二代（20 世纪 60 年代）	轴向引线小型化元件	晶体管	有引线、金属壳封装	通用仪器、黑白电视机	重量较轻、功耗降低、多功能	分立元件、单面印刷板、平面布线、半自动插装、浸焊
第三代（20 世纪 70 年代）	单、双列直插集成电路和径向引线元件或可编带的轴向引线元件	集成电路	双列直插式金属、陶瓷、塑料封装，后期开始出现 SMD	便携式薄型仪器、彩色电视机	便携式、薄型、低功耗	双面印刷板、初级多层板、自动插装、浸焊、波峰焊
第四代（20 世纪 80、90 年代）	表面安装、异性结构	大规模、超大规模集成电路	SMD：表面贴装器件大发展，向微型化发展，有了 BGA、CSP、Flip Chip、MCM	小型高密度仪器、录像机	袖珍式、轻便、多功能、微功耗、稳定、可靠	SMT：自动贴装、回流焊、波峰焊，向窄间距、超窄间距 SMT 发展
第五代（21 世纪）	复合表面装配，三维结构	无源与有源的集成混合元件，三维立体组件	晶圆级封装（WLP）和系统级封装（SIP）	超小型高密度仪器、手机	超小型、超薄型、智能化、高可靠	微组装：SMT 与 IC、HIC 结合，多晶圆键合

从表 1-1 可以看出，电子制造装联工艺的发展阶段为：电子管时代→晶体管时代→集成电路时代→表面安装时代→微组装时代。期间经历的三次革命为：通孔插装→表面安装→微组装。

1.1.3 微电子组装技术的发展方向

按照电子制造装联技术的发展可大体分为电子通孔插装技术（THT）、表面安装技术（SMT）、微电子组装技术，如表 1-2 所示。

表 1-2　电子制造装联技术

电子制造装联技术	电子通孔插装技术（THT）	
	表面安装技术（SMT）	
	微电子组装技术	厚/薄膜集成电路技术（HIC）
		多芯片组件技术（MCM）
		芯片直接贴装技术（DCA）

微电子组装技术（Microelectronics Packaging Technology 或 Microelectronics Assembling Technology，MPT 或 MAT）是目前迅速发展的新一代电子产品制造技术，包括多种新的组装技术及工艺。

表面安装技术大大缩小了印制电路板的面积，提高了电路的可靠性，但集成电路功能的增加，必然使它的 I/O 引脚增加，如 I/O 引脚的间距不变，I/O 引脚数量增加 1 倍，BGA 封装的面积也会增加 1 倍，而 QFP 封装的面积将增加 3 倍，为了获取更小的封装面积、更高的电路板利用率，组装技术已向元器件级、芯片级深入。MPT 是芯片级的组装，把裸片组装到高性能电路基片上，成为具有独立功能的电气模块甚至完整的电子产品。

微电子组装技术主要有 3 个研究方向，其一是基片技术，即研究微电子线路的承载、连接方式，它直接导致了厚/薄膜集成电路的发展和大圆片规模集成电路的提出，并为芯片直接贴装（DCA）技术和对芯片组件（MCM）技术打下基础；其二是芯片直接贴装技术，包括多种把芯片直接贴装到基片上以后进行连接的方法，如板载芯片（COB）技术、带自动键合（TAB）技术、倒装芯片（FC）技术等；其三是多芯片组件技术，包括二维组装和三维组装等多种组件方式。这三个研究方向是共同促进，相辅相成的。

1.2　电子制造的分级与电子装联工艺的组成

1.2.1　电子产品的分级

按 IPC-STD-001“电子电气组装件焊接要求”标准的规定，根据产品最终使用条件进行分级。

1 级（通用电子产品）：指组装完整，以满足使用功能主要要求的产品。

2 级（专用服务类电子产品）：该产品具有持续的性能和持久的寿命。需要不间断的服务，但不是主要的。

3 级（高性能电子产品）：指具有持续的高性能或能严格按指令运行的设备和产品，不允许停歇，最终使用环境异常苛刻。需要时产品必须有效，如生命救治和其他关键的设备系统。

1.2.2　电子制造技术的概念

（1）电子制造。电子产品一般是指电话、个人计算机、家庭办公设备、家用电子保健设备、汽车电子等电子类产品。在不同发展水平的国家有不同的内涵，在同一国家的不同发展阶段也有不同的内涵。随着技术发展和新产品新应用的出现，数码产品、手机等成为新兴的消费类电子产品。现在电子产品已经扩展到航空、航天、机械加工、汽车电子等各个领域。

生产这些电子产品的行业就是电子制造业。电子制造业已经超越其他任何行业，成为当今第一大产业。

（2）电子组装技术。电子组装技术（Electronic Assemmby Technology）又称为电子装联技术，电子组装技术是根据电路原理图，对各种电子元器件、机电元件及基板进行互联、安装和调试，使其成为电子产品的技术。

（3）SMT 表面组装技术。表面组装技术 SMT（Surface Mount Technology）是新一代电子组装技术，它将传统的电子元器件压缩成为体积只有几十分之一的器件，从而实现了电子产品组装的高密度、高可靠、小型化、低成本，以及生产的自动化。将这些元器件装配到电路上的工艺方法称为 SMT 工艺，相关组装设备则称为 SMT 设备。目前先进的电子产品，特别是计算机及通信类电子产品，已普遍采用 SMT 技术。

1.2.3 电子制造的分级

电子制造根据组装过程可分为四级，如图 1-1 所示。

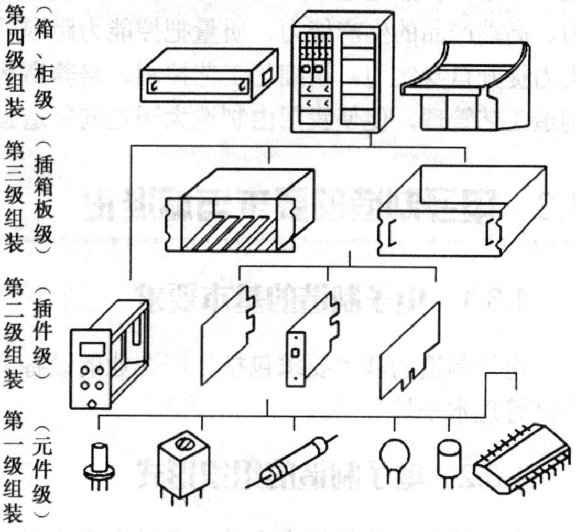

图 1-1 电子制造的分级

1.2.4 电子装联工艺的组成

随着电子技术的不断发展和新型元器件的不断出现，电子装联技术也在不断变化和发展。

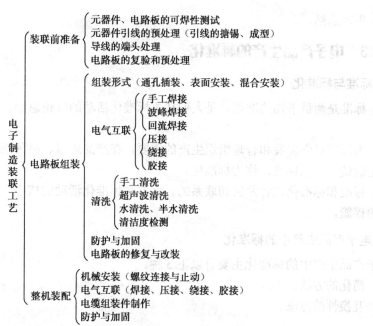

- 电子制造装联工艺
  - 装联前准备
    - 元器件、电路板的可焊性测试
    - 元器件引线的预处理（引线的搪锡、成型）
    - 导线的端头处理
    - 电路板的复验和预处理
  - 电路板组装
    - 组装形式（通孔插装、表面安装、混合安装）
    - 电气互联
      - 手工焊接
      - 波峰焊接
      - 回流焊接
      - 压接
      - 绕接
      - 胶接
    - 清洗
      - 手工清洗
      - 超声波清洗
      - 水清洗、半水清洗
      - 清洁度检测
    - 防护与加固
    - 电路板的修复与改装
  - 整机装配
    - 机械安装（螺纹连接与止动）
    - 电气互联（焊接、压接、绕接、胶接）
    - 电缆组装件制作
    - 防护与加固

1.2.5 电子制造的重要性

改革开放以来，我国的电子制造业得到了迅猛的发展，短短几十年的时间，中国已经成为世界上最大的电子加工工厂，发展成为世界上当之无愧的电子制造大国。

但是中国并不能称为电子制造强国，虽然拥有了世界一流的生产设备，但是核心的技术能力不足，仍然是电子制造的追随者，并没有学到核心的工艺技术，我国企业的制程控制能力、高端产品的生产能力、质量把控能力距国外先进企业还有很大的差距，需要持续努力，大力提升自身实力，精细化工艺控制、培养高素质的生产队伍、实现零缺陷生产、不断创新制造工艺管理，促使我国由制造大国走向制造强国。

1.3 电子制造的要求与标准化

1.3.1 电子制造的基本要求

电子制造的基本要求包括生产企业的设备情况、技术和工艺水平、生产能力和生产周期、生产管理水平等方面。

1.3.2 电子制造的组织形式

（1）配备完整的技术文件、各种定额资料和工艺装备，为正确生产提供依据和保证。

（2）制定批量生产的工艺方案。

（3）进行工艺质量评审。

（4）按照生产现场工艺管理要求，采用现代化的、科学的管理办法，组织并指导产品的批量生产。

（5）生产总结。

1.3.3 电子产品生产的标准化

1. 标准与标准化

（1）标准是衡量事物的准则，是人们从事标准化活动的理论总结，是对标准化本质特征的概括。

（2）为适应科学发展和合理组织生产的需要，在产品质量、品种规格、零件部件通用等方面规定的统一技术标准，称为标准化。

（3）标准和标准化二者是密切联系的。标准是标准化活动的核心，而标准化活动则是孕育标准的摇篮。

2. 电子产品生产中的标准化

电子产品生产中的标准化主要有以下 5 种。

（1）简化的方法。

（2）互换性的方法。

（3）通用化的方法。
（4）组合的方法。
（5）优选的方法。

3．管理标准

管理标准是运用标准化的方法，对企业中具有科学依据而经实践证明行之有效的各种管理内容、管理流程、管理责权、管理办法和管理凭证等所制订的标准。主要包括以下内容。

（1）经营管理标准。
（2）技术管理标准。
（3）生产管理标准。
（4）质量管理标准。
（5）设备管理标准。

4．生产组织标准

生产组织标准就是进行生产组织形式的科学手段。它可以分为以下几类。

（1）生产的“期量”标准。
（2）生产能力标准。
（3）资源消耗标准。
（4）组织方法标准。

1.4　识读电子产品工艺文件

设计文件是产品从设计、试制、鉴定到生产的各个阶段的实践过程中形成的图样及技术资料。

1.4.1　设计文件的作用

（1）用来组织和指导企业内部的产品生产。生产部门的工程技术人员是依据设计文件给出的产品信息，编制指导生产的工艺文件。

（2）产品的制造、维修和检测需要查阅设计文件中的图纸和数据。

（3）产品使用人员和维修人员根据设计文件提供的技术说明和使用说明，便于对产品进行安装、使用和维修。

1.4.2　识读电子产品原理方框图

读懂电子工程图，才有利于了解电子产品的结构和工作原理，有利于正确地生产、检测、调试电子产品，能够快速地进行维修。电子产品装配过程中常用的工程图纸有方框图、原理图、印制电路板图、装配图、接线图等。

首先要读懂电子产品原理方框图。方框图是用一个个方框表示电子产品的各个部件或功能模块，用连线表示它们之间的连接，进而说明其组成结构和工作原理，方框图是原理图的简化示意图。

图 1-2 是普通超外差式收音机的方框图。

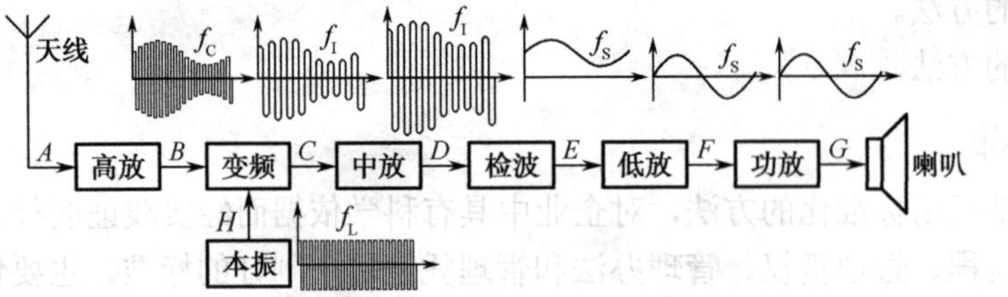

图 1-2　普通超外差式收音机的方框图

整机方框图如图 1-3 所示，系统电路方框图如图 1-4 所示。

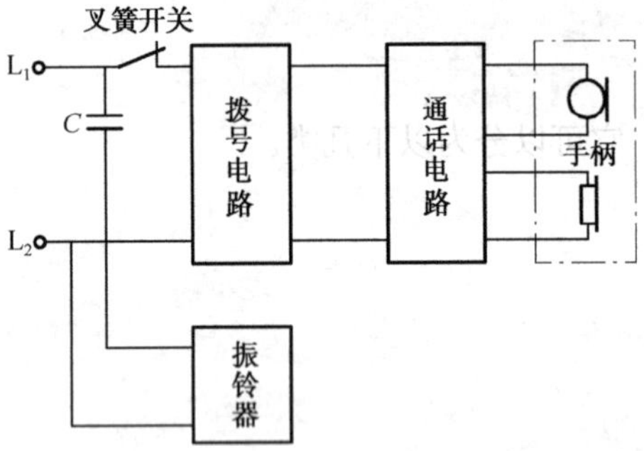

图 1-3　整机方框图

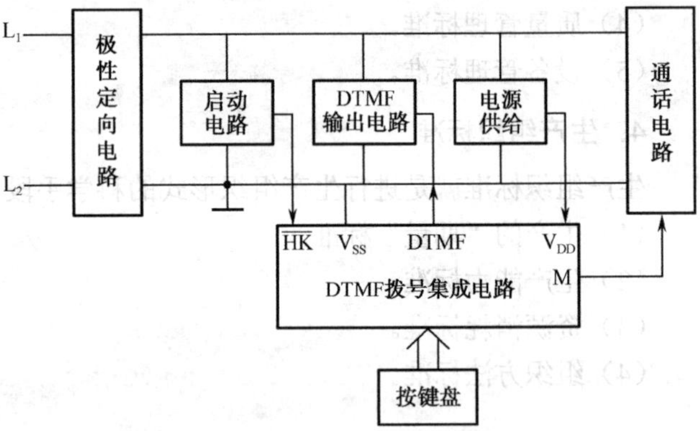

图 1-4　系统电路方框图

集成电路内部方框图如图 1-5 所示。

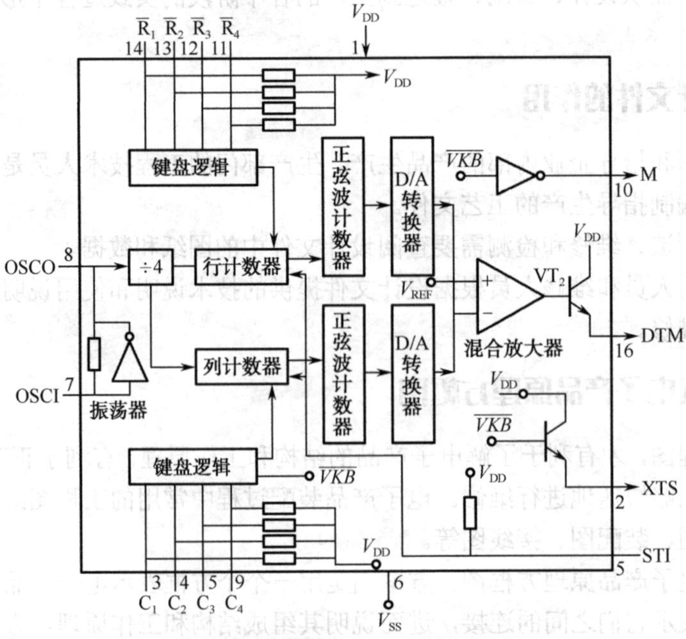

图 1-5　集成电路内部方框图

识读方框图的基本技巧如下。

（1）方框图中的箭头方向表示了信号的传输方向。要根据信号的传输方向逐级、逐个地进行分析方框，弄懂每个方框的功能以及该方框对信号进行什么样的处理，输出信号产生了什么样的变化。

（2）框图与框图之间的连接表示了各相关电路之间的相互联系和控制情况。要弄懂各部分电路是如何连接的，对于控制电路还要看出控制信号的来路和控制对象。

（3）在没有集成电路引脚功能资料时，可以利用集成电路内部电路框图来判断引脚作用，特别要了解哪些是信号的输入引脚，哪些是信号的输出引脚。

1.4.3　识读电子产品原理图

电子产品原理图是用电气制图的图形符号的方式画出产品各元器件之间、各部分之间的连接关系，用于说明电子产品的工作原理，如图 1-6 所示。

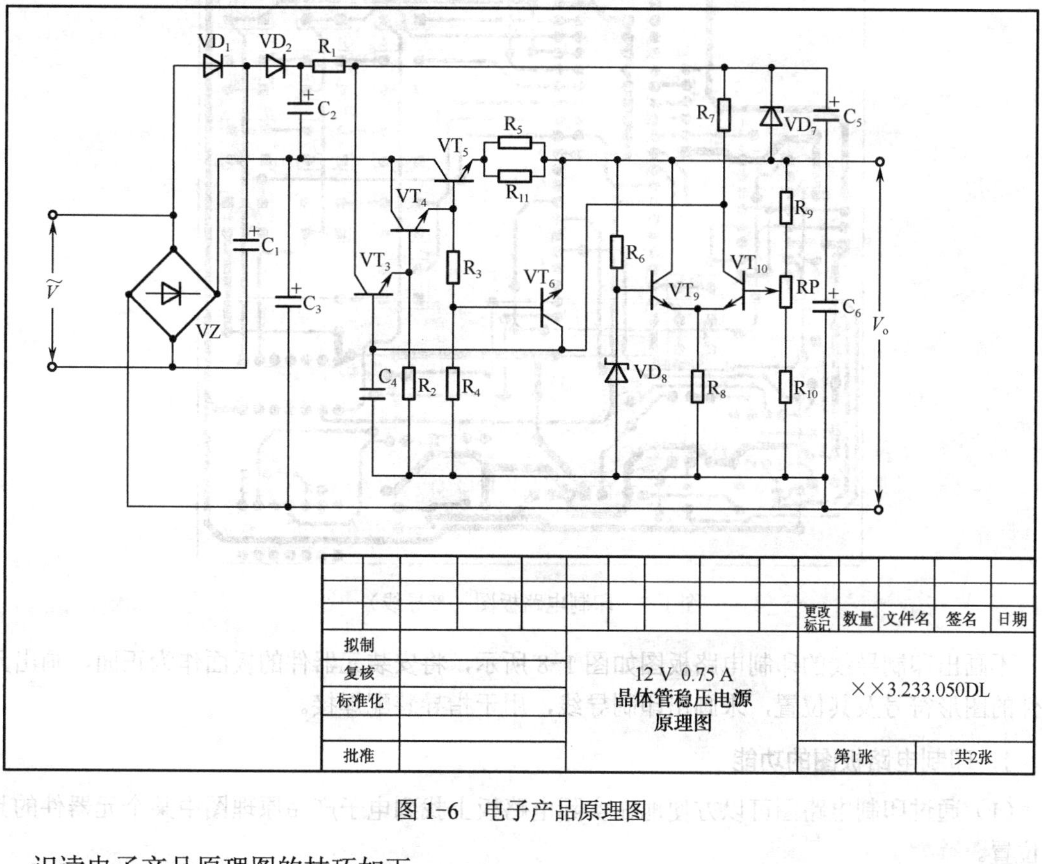

图 1-6　电子产品原理图

识读电子产品原理图的技巧如下。

（1）从功能框图着手，理解电子产品原理图。根据产品的功能框图，将电子产品原理图分解成几个功能部分，结合信号走向，去理解、读懂局部单元电路的功能原理，最后把单元电路中各元器件的作用弄明白。

（2）从共用电路着手，读懂电子产品原理图。每种产品中必然都有其共用电路部分，如从电子产品原理图上很容易找到共用的电源电路，由于电子产品设计时习惯将供给某功能电路的电源单独供给，从电源的走向即可帮助确定功能电路的组成。

（3）从信号流程着手，分析电子产品原理图。从信号在电路中的流程，结合对信号通道的分析，即可判定信号经各级电路后的变化情况从而加深理解电子产品原理图。

（4）从特殊元器件着手，看懂电子产品原理图。多数电子产品有特别的、专用的电子元器件，找到这些特殊元器件就能大致判定电路的功能和作用。

1.4.4 识读印制电路板图

印制电路板图是用于指导工人装配焊接印制电路板的工艺图。印制电路板图一般分成两类：画出印制导线的和不画出印制导线的印制板图。

画出印制导线的印制电路板图如图 1-7 所示。印制导线按照印制板的实物画出，并在安装位置上画出了元器件

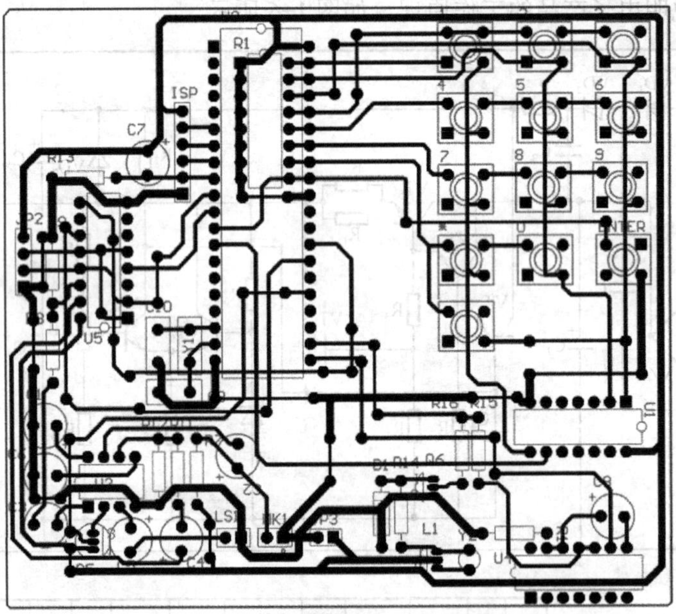

图 1-7　印制电路板图（带导线）

不画出印制导线的印制电路板图如图 1-8 所示，将安装元器件的板面作为正面，画出元器件的图形符号及其位置，未画出印制导线，用于指导装配焊接。

1. 印制电路板图的功能

（1）通过印制电路图可以方便地在实际电路板上找到电子产品原理图中某个元器件的具体位置。

（2）印制电路板图起到电子产品原理图和实际线路板之间的沟通作用。

2. 印制电路板图的识图方法和技巧

（1）通常某个功能单元的元器件代号统一标上某个阿拉伯数字，方便辨认。例如，某电视机产品中，凡是印制电路板上以“7”为标示的元器件代表“场扫描电路部分”，如 7R1、7C2、7VD3 等。

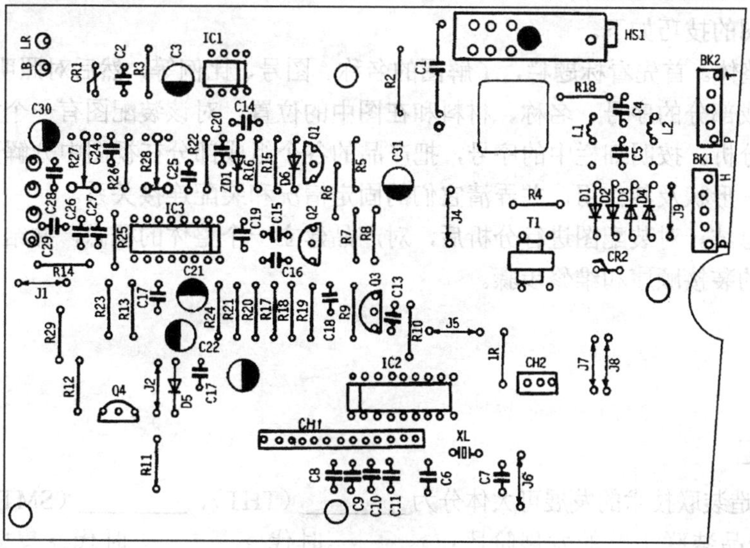

图 1-8　印制电路板图（不带导线）

（2）根据一些元器件的外形特征可以找到这些元器件。

（3）根据一些单元电路的特征可以方便地找到它们。如整流电路中的二极管比较多，功率放大管上有散热片，滤波电容的容量最大、体积最大等。

（4）当需要查找某个电阻器或电容器时，可以采用间接查找的办法来提高效率。

（5）找地线时，印制电路板上大面积铜箔线路是地线，一些元器件的金属外壳、单元电路的金属屏蔽罩是接地的。

1.4.5　识读实物装配图

实物装配图是以实际元器件的形状及其相对位置为基础，画出产品的装配关系，这种图一般在产品生产装配中使用。图 1-9 所示的是仪器中的波段开关接线图，由于采用实物画法，能把装配细节表达清楚不易出错。

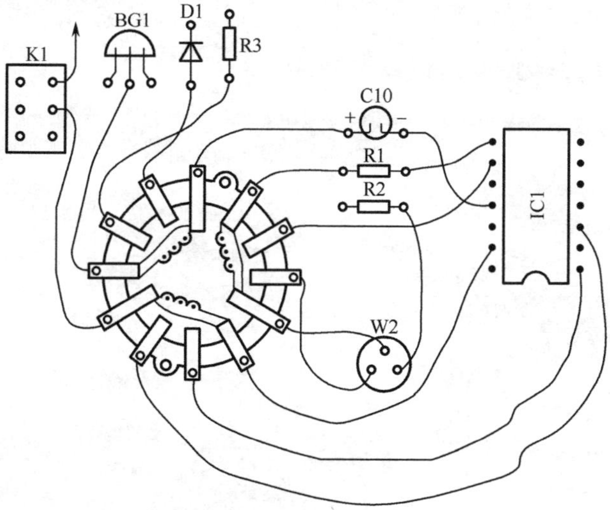

图 1-9　实物装配图

识读装配图的技巧如下。

（1）了解整体。首先看标题栏，了解图的名称、图号、比例等，然后对照明细栏和视图，初步熟悉各组成部分的序号、名称、材料和在图中的位置，对该装配图有一个大概的了解。

（2）深入分析。按明细栏中的序号，把产品的各个组成部分在视图中分解开，了解各组成部分的结构、形状及其作用，并弄清它们的固定情况和装配连接关系。

（3）全面总结。对装配图进行分析后，对产品建立一个整体的概念，并结合装配工艺，总结出该产品的装接顺序和维修步骤。

习题 1

一、填空题

1．电子制造装联技术的发展可大体分为________（THT）、________（SMT）、________。

2．电子产品装联工艺的发展阶段：________时代→________时代→集成电路时代→________时代→微组装时代。

3．电子产品装联工艺技术的三次革命：________→________→微组装。

4．电子制造分为________级、________级、插箱板级、箱柜级。

二、问答题

1．电子产品一般分为哪三级？

2．简述电子制造的组织形式。

3．简述电子产品装联工艺的组成。

4．生产管理标准一般包含哪几项？

第2章 电子制造的基本流程、过程防护与元件识别

学习指导

本章分三节，分别讲述电子制造的生产流程、生产过程的防护，包括静电防护、对潮湿敏感器件的过程防护、PCB 的防护及绿色生产等，另外重点讲述了对元件的识别知识。

其中 2.1 节建议 1 课时，2.2 节建议 4 课时，2.3 节建议 10 课时。

通过本章内容的学习，需要读者掌握电子产品的基本生产流程，充分了解电子产品生产过程的防护知识，掌握过程防护的基本要求，能够识别各种元器件，清楚相关的元件标识及极性要求。

2.1 电子产品的基本生产流程

2.1.1 电子产品的生产流程

一般产品的生产业务流程是从采购元件到给客户提供产品，如图 2-1 所示。

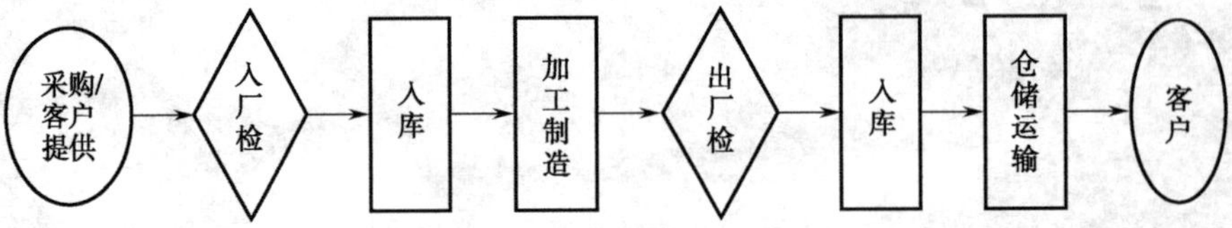

图 2-1 电子产品的生产流程

2.1.2 电子制造的装联过程

电子产品的装配过程是先将零件、元器件组装成部件，再将部件组装成整机，如图 2-2 所示。

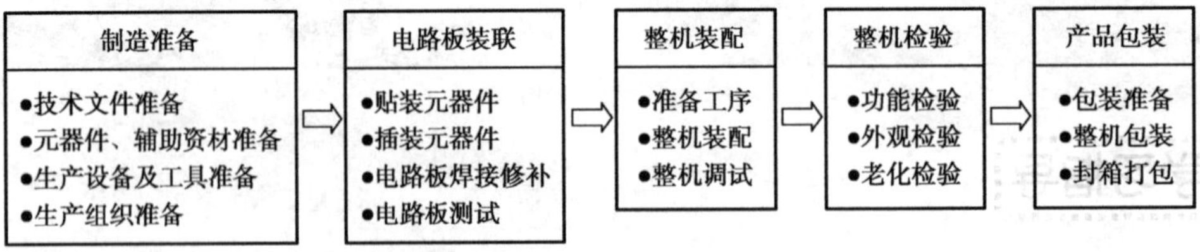

图 2-2 电子制造装联过程

2.1.3 电子产品的生产工艺流程

对电子产品的加工制造过程一般经过电路板的装配测试和整机的装配测试，其中电路板的装配测试包括贴片生产（SMT）、插装生产、测试等过程；整机的装配测试包括整机组装、整机老化、复测包装等过程。

具体电子产品的生产工艺流程如图 2-3 所示。

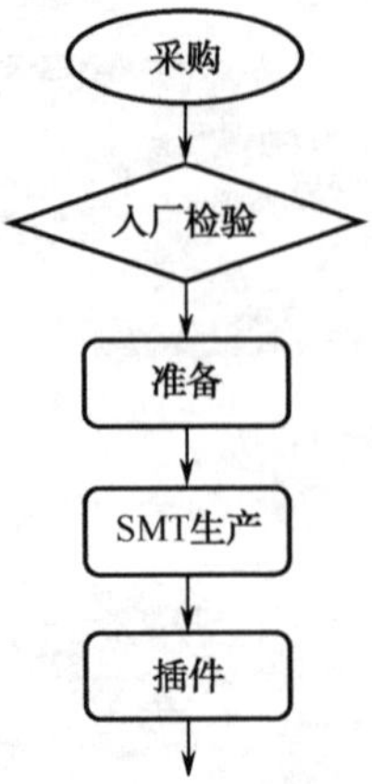

图 2-3 电子产品的生产工艺流程

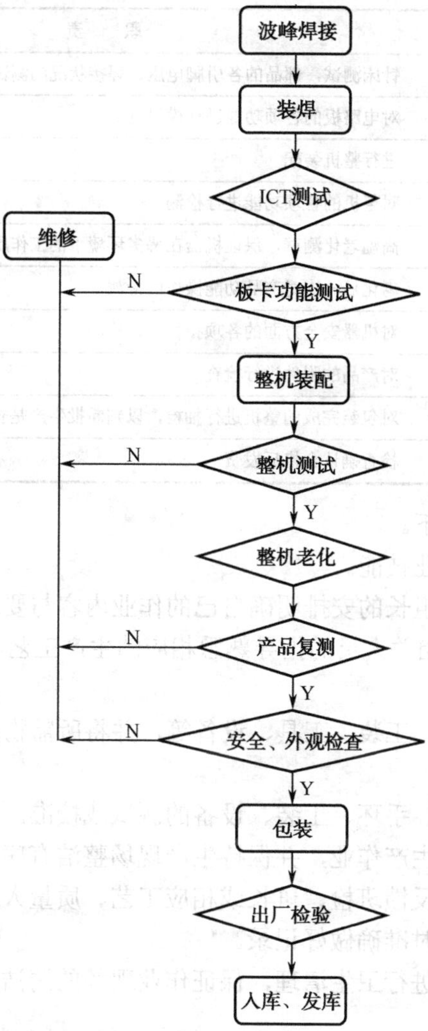

图 2-3　电子产品的生产工艺流程（续）

电子产品的生产工艺流程说明如表 2-1 所示。

表 2-1　电子产品的生产工艺流程说明

序号	流　程	职　责
1	采购	采购物料
2	入厂检验	抽检入厂部品，保证入厂产品的质量
3	准备	使元件插装方便、排列整齐、提高产品质量及后道工序工作效率
4	SMT 生产	贴片生产、检查 SMT 贴片质量并进行修补
5	插件	将元件按具体工艺要求插装到规定位置
6	波峰焊接	将插装件进行波峰焊接
7	装焊	波峰焊接后剪脚、检查修复波峰焊接不良焊点及对无法进行波峰焊接的元件进行手工补焊

续表

序号	流　程	职　责
8	ICT 测试	针床测试，部品的各引脚电压、焊接状况的测试
9	板卡功能测试	对电路板的各项功能进行模拟测试
10	整机装配	进行整机装配
11	整机测试	对整机的各项功能进行检测
12	整机老化	高温老化测试，保证机器在恶劣环境下的工作质量
13	产品复测	老化后再次对产品功能操作的检测
14	安全、外观检查	对机器安全方面的各项指标进行检测
15	包装	对产品的附件进行检查
16	出厂检验	对包装完成的整机进行抽检，以判断批生产是否合格
17	入库、发货	检查确认合格后发货

员工作业的规范要求如下。

（1）具备相应岗位的作业技能。

（2）根据生产计划或班组长的安排明确自己的作业内容与要求。

（3）依据作业指导书或相关人员的指导熟悉相应的生产工艺，明确作业步骤、所需资源、注意事项等。

（4）准备生产所需物料、工装、工具、设备等，并将所需物品按照定置管理要求正确放置。

（5）提前进行烙铁温度、手环、工装、设备的测试或校准。

（6）按照生产要求进行生产作业，并保持生产现场整洁有序。

（7）出现异常情况立即反馈班检、班长或相应工艺、质量人员，并听从指示作业。

（8）需进行记录的应及时准确做好记录。

（9）作业完成后应及时进行卫生清理，保证作业现场的清洁，如需报表应及时填报。

2.2　电子制造的生产防护要求

2.2.1　静电知识及防护

1. 静电的定义

顾名思义静电就是静止的电荷，任何两种不同材质的物体接触后再分离即可产生静电。

2. 静电的产生

任何物质都是由原子组合而成的，而原子的基本结构为质子、中子及电子（图 2-4），质子与中子因质量高，结合力强，不易分离，紧密地结合在一起称为原子核。电子的质量很小，环绕于原子核外。

依据电气的特性，质子为正电，中子因不具电气特性，不带电，电子的电气特性与质子相反，为负电。

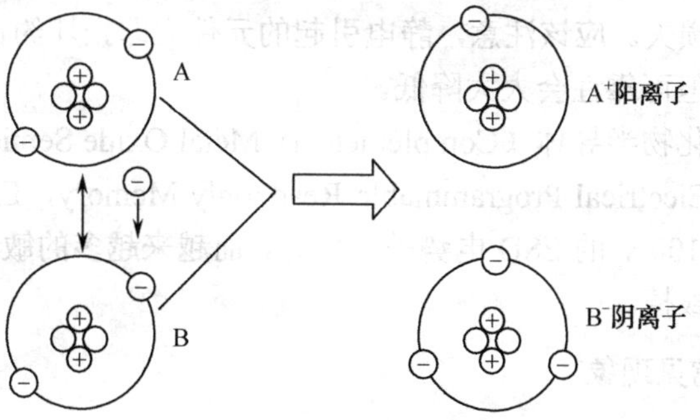

图 2-4　静电的产生

通常情况下，一个原子的原子核与电子数相同，正负电荷平衡，所以表现为中性，不带电。但是由于电子环绕于原子核周围，一经外力即脱离轨道，离开原来的原子 A，而投入到其他的原子 B，原子 A 因缺少电子即带正电称为阳离子，原子 B 因多余电子即带负电称为阴离子。

任何两种不同材质的物体接触后再分离即可产生静电（表面电阻率为 10^{11}～10^{13} Ω·cm 的物质极易产生静电），如高分子化合物、人工合成材料（打蜡地板、人造地毯）。

静电是一种客观自然现象，产生的方式有多种，如接触、摩擦等。人体自身动作或与其他物体的摩擦，就可以产生几千伏甚至上万伏的静电。产生可以听见"嘀嗒"一声的放电需要累积大约 2 000 V 的电荷，而 3 000 V 就可以感觉到小的电击，5 000 V 可以看见火花。

在生产环境中，操作机器、包装塑料袋、人体来回走动等，都很容易产生静电。

例如，空气的相对湿度对静电产生影响较大。在相对湿度为 10%～20%的环境中走过地毯，将产生 35 000 V 静电；而在湿度为 65%～90%的环境中走过地毯，只产生 1 500 V 静电。

一般电子工厂工作人员经常工作场所产生的静电强度如表 2-2 所示。

表 2-2　工作场所产生的静电强度

活动情形	静电强度（V）	
	10%～20 %相对湿度	65%～95 %相对湿度
走过地毯	35 000	1 500
走过塑料地板	12 000	250
在椅子上工作	6 000	100
拿起塑料活页夹、袋	7 000	600
拿起塑料带	20 000	1 000
工作椅垫摩擦	18 000	1 500

静电产生后在一般情况下看不见，所以很容易被忽略。这是因为只有当产生的静电超过 3 000 V 时引起的放电才容易被人感受到，当产生的静电超过 5 000 V 时，这种现象更明显。但是有些电子元件对静电是很敏感的，尤其是 MOS 元件，这是由于它具有很高的输入阻抗，并且是使用了很薄的金属氧化层，在静电低于 170 V 时就会被击坏。此外，还有线性集成块、数字化双极性集成块、激光器等对静电也很敏感。如果在成型、插装焊接、安装、更换这些

元件时，不注意静电防护，那么就会损伤这些元件或者影响其功能或使用寿命，从而降低产品质量，造成不必要的损失。应该注意，静电引起的元件立即损坏约占10%，其他90%被损伤的元件虽还可以用，但可靠性会大大降低。

例如，互补金属氧化物半导体（Complementary Metal Oxide Semiconductor，CMOS）或电气可编程只读内存（Electrical Programmable Read-only Memory，EPROM）等常见元件，可分别被只有250 V和100 V的ESD电势差所破坏，而越来越多的敏感现代元件，包括奔腾处理器，只要5 V就可毁掉。

3．静电的特性及常见现象

1）电气特性

高电压、低电量、小电流和作用时间短（一般情况下）。

2）分布特性

由于同种电荷相互排斥，导体上的静电荷总是分布在表面上，一般情况下分布是不均匀的，导体尖端的电荷分布特别密集。

3）放电特性

静电放电以极高的强度很迅速地发生，通常将产生足够的热量熔化半导体芯片的内部电路，在电子显微镜下观察向外吹出的小子弹孔。静电一般经过物体表面。

4）日常生活、生产中常见静电现象

（1）闪电。

（2）冬天在地垫上行走及接触把手时有触电感。

（3）在冬天穿衣服时所产生的噼啪声。

（4）人造纤维衣服极易带灰尘。

（5）干燥季节汽车所带收音机因静电干扰无法收听。

这些都似乎对人们没有影响，但它对电子元件及电子线路板有很大的影响。

4．静电在电子工业中的危害

静电放电（ESD）和静电起电（ESA）是电子工业中的两大危害。

如果带有足够高电荷的电气绝缘的导体（螺丝起子）靠近有相反电势的集成电路（IC）时，电荷“跨接”，会引起静电放电（ESD）。

ESD以极高的强度很迅速地发生，通常将产生足够的热量熔化半导体芯片的内部电路，在电子显微镜下向外吹出的小子弹孔，引起即时的和不可逆转的损坏。

更加严重的是，这种危害有10%的情况坏到会引起在最后测试的整个元件失效。其他90%的情况，ESD损坏只引起部分的降级，即损坏的元件可毫无察觉地通过最后测试，而只在发货到顾客之后出现过早的现场失效，其结果是最损声誉的，也是一个制造商纠正任何制造缺陷最付代价的地方。

据有关统计：在电子产品生产企业中，半导体的损坏59%都是由静电所致的。ESD有关的损害给世界的电子制造工业带来每年数十亿美元的损失。

各类芯片受到静电破坏的电压如表2-3所示。

表 2-3 不同器件的静电破坏电压

器件类型	静电破坏电压（V）	器件类型	静电破坏电压（V）
VMOS	30～1800	OP-AMP	190～2500
MOSFET	100～200	JEFT	140～1000
GaAsFET	100～300	SCL	680～1000
PROM	100	STTL	300～2500
CMOS	250～2000	DTL	380～7000
HMOS	50～500	肖特基二极管	300～3000
E / DMOS	200～1000	双极型晶体管	380～7000
ECL	300～2500	石英压电晶体	<10000

从表 2-3 可见大部分器件的静电破坏电压都在几百至几千伏，而在干燥的环境中人活动所产生的静电可达几千伏到几万伏，如走路或拆装泡沫材料都可产生几千或几万伏。

5．静电对电子产品损害的特点

（1）隐蔽性：人体不能直接感知静电除非发生静电放电，但是发生静电放电人体也不一定能有电击的感觉，这是因为人体感知的静电放电电压为 2～3 kV，所以静电具有隐蔽性。

（2）潜在性：有些电子元器件受到静电损伤后的性能没有明显的下降，但多次累加放电会给器件造成内伤而形成隐患，因此静电对器件的损伤具有潜在性。

（3）随机性：可以这么说，从一个元件产生以后，一直到它损坏以前，所有的过程都受到静电的威胁，而这些静电的产生也具有随机性。

（4）复杂性：静电放电损伤的失效分析工作，因电子产品的精、细、微小的结构特点而费时、费事、费钱，要求较高的技术往往需要使用扫描电镜等高精密仪器。即使如此，有些静电损伤现象也难以与其他原因造成的损伤加以区别，使人误把静电损伤失效当作其他失效。这在对静电放电损害未充分认识之前，常常归因于早期失效或情况不明的失效，从而不自觉地掩盖了失效的真正原因，所以静电对电子器件损害的分析具有复杂性。

6．常见防静电符号标识

（1）ESD 敏感符号：三角形内有一斜杠跨越的手，用于表示容易受到 ESD 损害的电子元件或组件，如图 2-5（a）所示。

（2）ESD 防护符号：它与 ESD 敏感符号的不同在于有一圆弧包围着三角形，而没有一斜杠跨越的手，如图 2-5（b）所示，它用于表示被设计为对 ESD 敏感元件或设备提供 ESD 防护的器具。

（a）ESD（静电放电）敏感符号

（b）ESD防护符号

图 2-5 防静电标识

防静电材料一般情况下为黑色，但并不是所有防静电材料都是黑色的。

没有 ESD 警告标识未必意味着该组件不是 ESD 敏感的。当质疑一组件的静电敏感性而无定论时，必须将其作为静电敏感组件处理。

7. 常见防静电措施

1）防止静电产生（最大限度）

（1）增加空气湿度。

（2）采用抗静电材料，即使有摩擦也不容易产生静电（表面电阻率为 10^{11}～10^{13} Ω·cm 之外）。

（3）导电性物体的静电消除方法。在物理特性上，所谓导电性物体，即物体中的电子可自由移动，物体中的电位会迅速平衡，达到每点电位相等。基于电子可自由移动的特性，可以很简单地加以接地，给予这些不平衡电子一个通路，释放到大地，即可消除物体所携带的静电。

（4）绝缘性物体的静电消除方法。绝缘性物体的特性就是电子在该类物体中遭受束缚，不易移动，所以利用接地的方法不能消除这类物体的静电。针对这个状况，只能使用离子中和的方法，目前离子产生方法有以下两种。

① 辐射离子化空气法：使用辐射能撞击空气，将空气分裂为等量的正、负离子。

使用微量的放射性元素 Po210，以极精密的方法，将 Po210 包藏在瓷材料中，再将瓷粒使用强力接着胶加以接着，然后安装于附有金属网的固定架中，成为一个离子化空气产生器。Po210 因只有α射线，α射线穿透力很小，在空气中只有几公分远，而且纸张或人体皮肤即可加以阻止，所以使用上非常安全，而且没有高压电场，不产生臭氧，对人体及电子零件不会产生影响，是目前最理想的静电消除方法。

② 电量离子化空气法：使用交流高压，在空气周围形成极高电场，分裂空气。在电子工作场所，因电量法，本身即存在一个强烈的交流电场，而且空气易产生臭氧，对电子零件影响很大，所以很少被采用，在其他工业场所（如造纸、印刷、纺织等），也常因高压交流电极易产生危险，所以辐射法是目前较被接受的一种。

2）静电泄放（接地放电、尖端放电、火花放电、闪电）

带电物体失去电荷的现象称为放电。ESD（Electro Static Discharge）即静电泄放（它是一个物体对另一个物体的瞬间电荷转移），是两种具有不同电势的物理间的电荷转移。控制 ESD 的主要困难是，它是不可见的，但又能损坏电子元件。

常见的放电现象有以下 4 种。

（1）接地放电：地球是良好的导体，由于特别大，因此能够接受大量电荷而不明显地改变地球的电势（如向海洋充、放水不会引起海平面高度明显变化）。

① 飞机轮胎用导电橡胶制成。

② 汽车（油罐车）后面拖着一条铁链。

③ 防静电手腕带。

④ 防静电台垫（地垫）：由静电防护层（储存、吸收桌面周围静电。绿、青、灰色面 10^7～10^9 Ω·cm）、静电扩散层（黑色海绵层）、静电传导层（黑色接地≤10^6 Ω·cm）。主要参数：静电防护层摩擦静电位<100。黑色导电层<50，静电电压衰减期：500 V～5 000 V<1.9 s。

（2）尖端放电：由静电分布的特点可知，导体尖端的电荷分布特别密集，所以尖端附近空气中的电场特别强，使得空气中残存的少量离子加速运动，这些高速运动的离子撞击气体分子，使更多的分子电离，这时空气成为导体，于是产生尖端放电现象。

① 高压输电导线和高压设备的金属元件表面很光滑。

② 无线手环。

③ 利用避雷针将大地中的异种电荷吸引到避雷针尖端，由于尖端放电而释放到空气中，与云层中的电荷中和，达到避雷的目的。

（3）静电中和：如果有两个物体带有等量异种电荷，它们在相互接触时由于电子的转移，都变成不带电的物体，这种现象称为中和。中和静电电荷的最有效方法是使用离子发生器，作用之一是中和累积在绝缘材料上的任何电荷；其二也可防止灰尘因静电附着于产品表面，降低外观质量。离子发生器使用后可连续地中和可能发生在绝缘体上面的任何电荷累积。标准电子装配中的离子发生器有桌面型（单个风扇）、过顶型（在单个过顶的单元内，有一系列的风扇）两种基本形式。

3）静电屏蔽

一个接地的金属网罩，可以隔离内外电场的相互影响，这就是静电屏蔽。例如，高压设备外围设置金属网罩；电子仪器外面安装金属外壳。

8. 防静电体系构成

1）静电防护的原则

（1）在静电安全工作区域 EPA 使用或作业静电敏感元件（如防静电工作台）。一个安全的工作区域包含所有导电性与绝缘性物体不得存在有足够破坏组件的电荷，所以整个工作区域必须备有完整的导电材料及接地系统、适当的离子化空气产生器。

（2）用静电屏蔽容器（如带有特殊标志的包装袋或盒子）周转及存放静电敏感元件或电路板（如 SMT 周转架）。检查静电屏蔽容器内部，如有能够引起静电放电的物品要将其取出（如一个塑料袋、一片塑料泡沫等），不能反复使用包装容器，除非使用前检查过。

（3）定期检查所采取的静电防护措施（物品、方法）是否正常（如接地良好与否、防静电手环是否合格）。保持工作场所的整洁，把不需要的物品从工作场所挪走（如梳子、食品、软饮料盒、自粘胶带、影印件、塑料袋、聚苯乙烯泡沫材料等）。

加大静电防护知识的宣传、警示、监督、检查，必要时采取一定力度的处罚，以确保所有员工明白并遵从以上三原则。

2）静电防护的措施

（1）采用防静电包装袋、周转箱、包装箱、工作台　（最大限度防止静电产生），避免高速摩擦。

静电包装袋的构造如下。

内层：抗静电聚乙烯（即俗称为 PINK POLY ），不产生静电。

中层：加强聚酯纤维（POLYESTER），增加机械强度。

外层：镀镍，形成一良好导体，可瞬间释放电荷，形成法拉第容器（FARADY CAGE）。

一个安全的容器不但要不产生静电，同时更要能保护组件不受外界电场的破坏。使用导电性材料制成的塑料盒、塑料袋及海绵，不但可保护组件不受机械破坏，同时因为容器本身具有导电性，所以外界电场将受隔离。

（2）适当增加空气湿度（30%～70%）（最大限度防止静电产生）。
（3）所用电源采用三相四线制（接地放电）。
（4）生产线体、工作桌面、设备充分接地（接地放电）。
（5）佩戴防静电手环、工作服（接地放电）。
（6）各种电动工具充分接地（接地放电）。
（7）使用离子发生器（中和）。

3）定期检查静电防护系统

（1）定期测试防静电手环及电烙铁接地是否良好。
（2）定期测试防静电桌垫接地是否良好。
（3）定期使用清洁剂清洁防静电工作区内的桌垫。
（4）及时向相关人员报告防静电问题。

4）其他静电防护的注意事项

（1）避免静电敏感元件或电路板与塑料制品或工具（如计算机）放在一起。
（2）把各种电动工具及仪器接上地线。
（3）采用防静电桌垫且须接地可靠。
（4）遵守的电气规定及静电防护规定。
（5）禁止没有戴紧手环的员工及顾客接触产品。

5）常见错误做法

（1）检测防静电手环时发生误判（后果戴防静电手环失去真正意义，起不到作用）。
（2）防静电手环佩戴过松（后果起不到防静电作用）。
（3）焊接时烙铁头松动（后果造成烙铁头接地不良）。
（4）裸露手直接接触 CMOS 元件或密脚芯片（正确做法：应拿电路板四周边缘）。
（5）SMT 工序焊完在周转架上后，目测人员直接拿走少数板卡去目测。
（6）用高压气枪吹电路板的灰尘、污物等（后果击穿静电敏感元件）。
（7）误认为戴上防静电手环后绝缘体（如聚苯乙烯杯或纸板盒）所带的电荷将安全地放掉。实际上绝缘体不会导电，除了通过离子化不可能所带电荷放掉。

6）典型的防静电保护区所需物品的排序

个人接地用品（防静电手环）；工作台垫；测试设备（接地电阻测试仪、静电电位计）；警示标牌（静电敏感符号、静电防护符号）；操作用具（周转箱、周转架）；地板垫；工作服；座椅；离子风设备。

9．在电子生产中进行静电防护的作用

1）降低因静电破坏所带来的生产成本增加

由于静电对部分元件造成破坏，致使该元件完全失去功能，器件不能工作。在功能检查时，表现出这样或那样的故障现象。故障机转至维修部分进行维修，势必造成人力、物力增加，此现象约占受静电损坏元件总数的 10%。

2）提高生产效率及产品质量

因静电损坏元件，生产直通率下降，相当一部分时间用于故障确认、原因分析，降低生产效率。在生产维修时对元件进行拆、焊过程中对 PCB 走线、焊盘牢固度都会有不同程度的影响，特别将对已固定到机器外壳上的故障板，在拆下后再重新固定，对产品的牢固性会有很大影响（如 RE-330FB 主板，用自攻螺钉固定）。

3）延长产品使用寿命

静电损坏元件约 90%为间歇性（或部分）失去功能，器件虽可工作，但不稳定，维修次数增加。在产品已经正常使用的情况下，每增加一次维修，产品质量就会不同程度地下降一次，产品寿命相应随之缩短。

4）最大限度地避免因静电损坏招至客户不满而影响声誉

静电损坏元件约 90%为间歇性（或部分）失去功能，机器工作不稳定，时好时坏，经常维修或经常更换机器。特别在产品使用关键时出现故障，会在消费者心理上对此产品及生产厂家留下极坏印象（如税控收款机如果在客人索要发票时，出现打不出发票的现象）。社会负面影响极大，也是对市场等人员工作的最大破坏。

静电防护工作是一项系统工程。任何环节的失误或疏漏，都会导致静电防护工作的失败。更不能存在侥幸心理，要时刻保持警惕，检查各项防护措施是否有疏漏。

2.2.2　湿度敏感元件及防护

1．湿度敏感元件

1）MSD 湿度敏感元件

MSD（Moisture Sensitive Device，湿度敏感元件），主要指非气密性 MSD 元件，包括塑料封装、其他透水性聚合物封装（环氧、有机硅树脂等）。一般 SOP、SOJ、QFP、BGA、CSP、电解电容、LED 等都属于非气密性 MSD 元件，如图 2-6 所示。

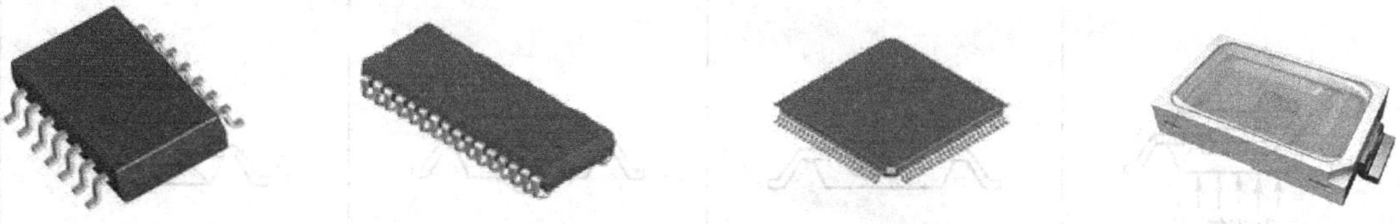

图 2-6　MSD 湿度敏感元件

2）MSL 湿度敏感等级

MSL（Moisture Sensitivity Level，湿度敏感等级）分级，等级越高，对湿度越敏感，也越容易受湿气损害，分为 1、2、2a、3、4、5、5a、6，其中 1 级元件不是 MSL。

3）MSD 封装材料

以陶瓷、金属材料封装的半导体组件的气密性较佳，成本较高，适用于可靠性要求较高的使用场合。以塑料封装的半导体组件的气密性较差，但是成本低，因此成为电视机、电话机、计算机等民用品的主流。

4）常用相关术语

MBB（Moisture Barrier Bag）：防潮袋。

HIC（Humidity Indicator Card）：潮湿指示卡。

Floor Life：MSD 离开密封环境，暴露在空气中的时间。

Shelf Life：MSD 器件能存放在干燥袋中的最小时间，从密封日期开始，通常最小不低于 12 个月。

2．湿度敏感元件危害原理

1）MSD 危害原理

MSD 暴露在空气的过程中，空气中的水分会通过扩散渗透到湿度敏感元件的封装材料内部，当元件经过贴片贴装到 PCB 上以后，要流到回流焊炉内进行回流焊接。在回流区，整个元件要在 183 ℃以上 30 s～90 s，最高温度可能在 210 ℃～235 ℃（SnPb 共晶），无铅焊接的峰值会更高，在 245 ℃左右。在回流区的高温作用下，元件内部的水分会快速膨胀，元件的不同材料之间的配合会失去调节，各种连接则会产生不良变化，从而导致元件剥离分层或者爆裂，于是元件的电气性能受到影响或损坏。损坏程度严重者，元件外观变形，出现裂缝（通常把这种现象形象地称为“爆米花”现象）。像 ESD 损坏一样，大多数情况下，肉眼是看不出来这些变化的，而且在测试过程中，MSD 也不会变为完全失效。

MSD 危害原理如表 2-4 所示。

表 2-4　MSD 危害原理

暴露在空气中存放	表面贴装焊接		
大气中的水蒸气进入到元件中	回流炉加热时元件内水蒸气受热产生压力顶起包围在芯片内部的树脂	炉内温度继续升高，使得元件内的水蒸气凝结并膨胀，并使外部的塑料封装体鼓起	膨胀的水蒸气随压力的增大，将封装体破坏，水蒸气释放出来，芯片破裂损坏
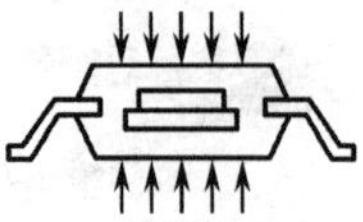	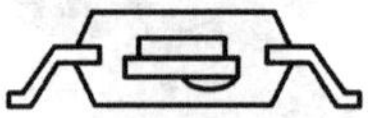		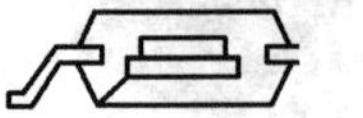

2）影响 MSD 的主要参数

影响 MSD 的参数主要是元件材料和元件的几何尺寸，几何尺寸主要是指厚度。

（1）厚度对湿度敏感元件的影响体现在以下两个方面。

① 厚度大（体积大）的元件湿度升高慢，相对厚度小（体积小）的元件来说湿度提升时间短。

② 湿气完全渗透厚度大的元件所需要的时间长，即其暴露在空气中的寿命相对要长。

（2）材料对湿度敏感元件的影响体现在透水性。

3．湿度敏感元件的标识

1）MSL 等级寿命（表 2-5）

表 2-5　MSL 等级寿命

湿度等级	暴露在空气中的寿命（Floor Life）	
	时　间	环　境
1	无限制	≤30 ℃/85% RH
2	1 年	≤30 ℃/60% RH
2a	4 周	≤30 ℃/60% RH
3	168 小时	≤30 ℃/60% RH
4	72 小时	≤30 ℃/60% RH
5	48 小时	≤30 ℃/60% RH
5a	24 小时	≤30 ℃/60% RH
6	标签上要求的时间	≤30 ℃/60% RH

湿度等级 6 的元件每次使用前都要烘烤。

2）MSD 标识（图 2-7～图 2-9）

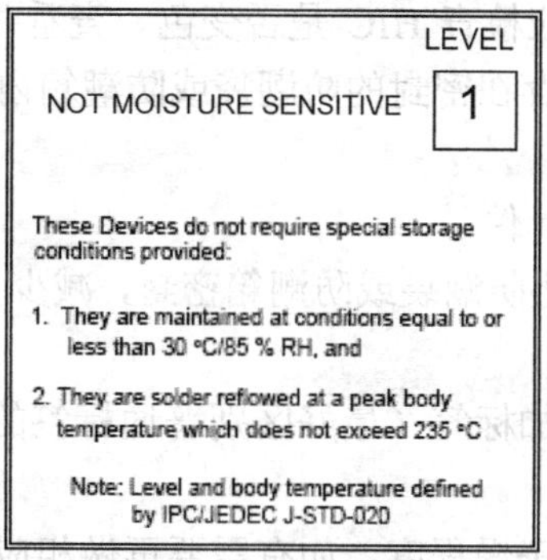

图 2-7　湿度等级 1

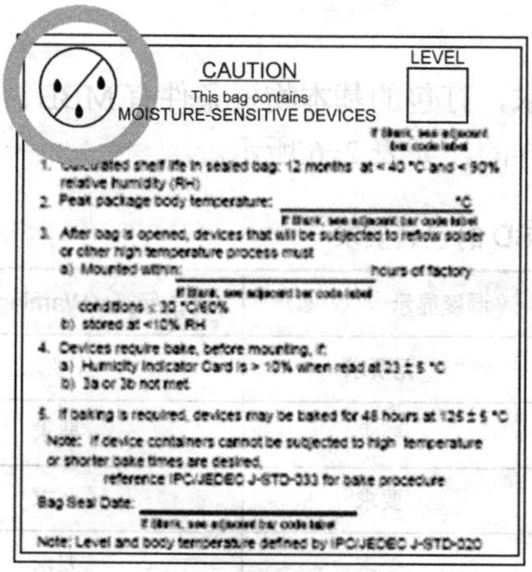

图 2-8　湿度等级 2～5a

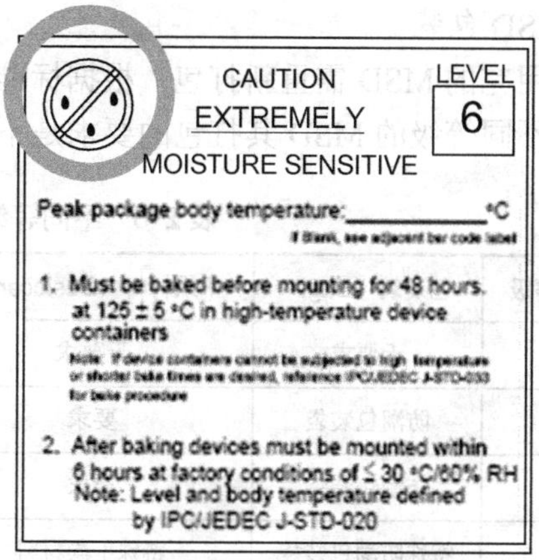

图 2-9　湿度等级 6

3）HIC 湿度指示卡含义（图 2-10）

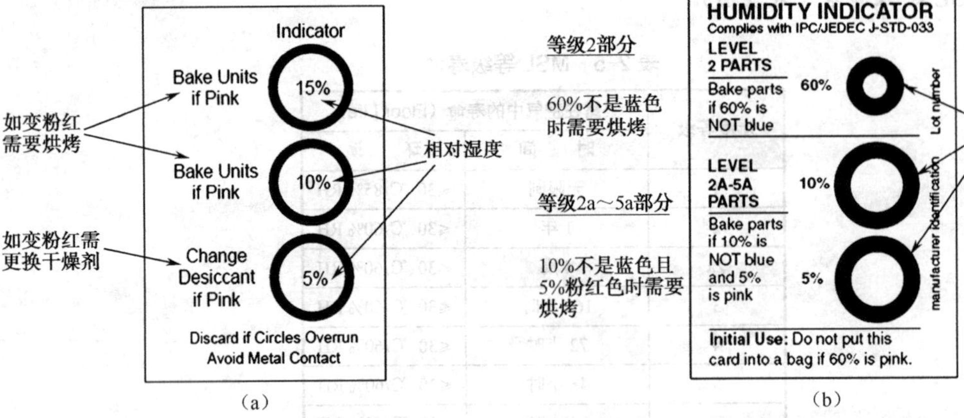

图 2-10　湿度指示卡

4．湿度敏感元件的管理

1）MSD 存储和适用

（1）新采购到位的元件应当检查标签，确定是否为 MSD。若是 MSD 需检查包装是否密封，如有破损（无论有几层），应检查 HIC 是否变色。查看并记录封口日期，作为存放的起始时间。不使用的 MSD 应当储存在密封的防潮袋或防潮箱内。

（2）MSD 的使用。

① 推荐每次只取需要量的元件。

② 即用即取，取出后迅速将防潮袋或防潮箱密封，减少 MSD 和干燥剂在空气中暴露时间。

③ 推荐在托盘、包装上贴加标签（最好区别普通标签的颜色，如使用黄色）做存取记录，跟踪管理。

（3）使用 MSD 前应检查其干燥程度，如有需要再做相应烘干处理。

（4）干燥剂在密封 MBB 中典型有效时间为 5 年，暴露 30 分钟内还可继续使用。

2）MSD 包装

没有用完的 MSD 需重新打包，根据标准要求，打包的基本物资条件有 MBB、干燥剂、HIC 等，不同等级的 MSD 其打包的要求是不一样的，如表 2-6 所示。

表 2-6　不同等级 MSD 的包装要求

湿度敏感等级	包装袋（Bag）	干燥材料（Desiccant）	湿度显示卡（HIC）	警告标签（Warning Label）
1	无要求	无要求	无要求	无要求
2	防潮包装袋	要求	要求	要求
2a ～5a	防潮包装袋	要求	要求	要求
6	特殊防潮包装袋	特殊干燥材料	要求	要求

在用 MBB 密封以前，对于等级 2a～5a 的元件必须进行干燥（除湿）处理。干燥处理的方法一般是采用烘干机（烘箱）进行烘烤。

3）MSD 干燥

干燥的方法是烘箱烘烤，也可以利用足够多的干燥剂来对元件进行干燥除湿。

根据元件的湿度敏感等级、大小和周围环境湿度情况，不同的 MSD 的烘干过程各不相同。按照要求对元件干燥处理以后，MSD 的“暴露在空气中的寿命”可以从零开始计算。

（1）对于原本干燥的元件，暴露在不超过 30℃/60%的环境中，可以在室温下放回防潮袋（MBB）或干燥箱内，由干燥剂干燥。

（2）等级 2、2a、3：对于暴露时间少于 12 小时的元件在干燥环境持续 5 倍的时间，可以将“暴露在空气中的寿命”（Floor Life）重置为零。

（3）等级 4、5、5a：对于暴露时间少于 8 小时的元件在干燥环境持续 10 倍的时间，可以将“暴露在空气中的寿命”（Floor Life）重置为零。

（4）等级 6 的 MSD 在使用前必须重新烘干。

（5）烘干后的元件可以将“放在干燥袋中的最小时间”（Shelf Life）置为零。

不同封装厚度及湿度敏感等级元件的烘干时间要求，如表 2-7 所示。

表 2-7 元件烘干简表

封装体厚度	湿度敏感等级	烘干温度 125 ˚C	烘干温度 150 ˚C
≤1.4 mm	2	7 小时	3 小时
	2a	8 小时	4 小时
	3	16 小时	8 小时
	4	21 小时	10 小时
	5	24 小时	12 小时
	5a	28 小时	14 小时
>1.4 mm ≤2.0 mm	2	18 小时	9 小时
	2a	23 小时	11 小时
	3	43 小时	21 小时
	4	48 小时	24 小时
	5	48 小时	24 小时
	5a	48 小时	24 小时
>2.0mm ≤4.5mm	2	48 小时	24 小时
	2a	48 小时	24 小时
	3	48 小时	24 小时
	4	48 小时	24 小时
	5	48 小时	24 小时
	5a	48 小时	24 小时

不同封装厚度及湿度敏感等级元件的具体烘干要求，如表 2-8 所示。

表 2-8　元件烘干详表

元件封装	湿度敏感等级	干燥 125 ℃		干燥 90 ℃≤5%RH		干燥 40 ℃≤5%RH	
		暴露>72 小时	暴露≤72 小时	暴露>72 小时	暴露≤72 小时	暴露>72 小时	暴露≤72 小时
厚度≤1.4 mm	2	5 小时	3 小时	17 小时	11 小时	8 小时	5 小时
	2a	7 小时	5 小时	23 小时	13 小时	9 小时	7 小时
	3	9 小时	7 小时	33 小时	23 小时	13 小时	9 小时
	4	11 小时	7 小时	37 小时	23 小时	15 小时	9 小时
	5	12 小时	7 小时	41 小时	24 小时	17 小时	10 小时
	5a	16 小时	10 小时	54 小时	24 小时	22 小时	10 小时
厚度>1.4 mm≤2.0 mm	2	18 小时	15 小时	63 小时	2 天	25 天	20 天
	2a	21 小时	16 小时	3 天	2 天	29 天	22 天
	3	27 小时	17 小时	4 天	2 天	37 天	23 天
	4	34 小时	20 小时	5 天	3 天	47 天	28 天
	5	40 小时	25 小时	6 天	4 天	57 天	35 天
	5a	48 小时	40 小时	8 天	6 天	79 天	56 天
厚度>2.0 mm≤4.5 mm	2	48 小时	48 小时	10 天	7 天	79 天	67 天
	2a	48 小时	48 小时	10 天	7 天	79 天	67 天
	3	48 小时	48 小时	10 天	8 天	79 天	67 天
	4	48 小时	48 小时	10 天	10 天	79 天	67 天
	5	48 小时	48 小时	10 天	10 天	79 天	67 天
	5a	48 小时	48 小时	10 天	10 天	79 天	67 天

对 MSD 进行烘烤时要注意以下几个问题。

（1）一般装在高温料盘（如高温 Tray 盘）里面的元件都可以在 125℃温度下进行烘烤，除非厂商特殊注明了温度。Tray 盘上面一般注有最高烘烤温度。

（2）装在低温料盘（如低温 Tray 盘、管筒、卷带）内的元件其烘烤温度不能高于 40℃，否则料盘会受到高温损坏。

（3）在 125 ℃高温烘烤以前要把纸/塑料袋/盒拿掉。

（4）烘烤时注意 ESD（静电敏感）保护，尤其烘烤以后，环境特别干燥，最容易产生静电。

（5）烘烤时务必控制好温度和时间。如果温度过高或时间过长，很容易使元件氧化，在元件内部连接处产生金属间化合物，从而影响元件的焊接性。除非有特殊说明，否则元件在 90～125 ℃条件下烘烤的累计时间不超过 96 小时。

（6）烘烤元件，注意不能导致料盘释放出不明气体，否则会影响元件的焊接性。

（7）烘烤期间一定要做好烘烤记录，以便控制好烘烤时间。

（8）由于盛放元件的料盘，如 Tray 盘、Tube、Reel 卷带等，和元件一块放入 MBB 时，会影响湿度等级，因此作为补偿，这些料盘也要进行干燥处理。

4）MSD 返修

如果要拆掉主板上的元件，最好采用局部加热，元件的表面温度控制在 200 ℃以内，以减少湿度造成的损坏。如果有些元件的温度要超过 200 ℃，而且超过了规定的暴露在空气中的寿命（Floor Life），在返工前要对主板进行烘烤。

注意事项如下。

（1）某些板材不能持续加热大于 125 ℃，如 FR-4，不能在大于 125 ℃下坚持 24 小时。

（2）某些元件不能持续加热，如某些 LED，超过 70℃就会融化。

（3）电池和电解电容不能加热。

2.2.3　PCBA 加工过程防护

1．加工过程中对板卡的危害

1）机械损伤

不正确的操作很容易导致元件和组件的损坏（如破裂、碎裂或断裂的元件和连接器，弯折或断裂的接线端，严重划伤的印制板表面、导线及焊盘）。此类机械损伤会导致整个组件以及所附元件的报废。

2）污染

不带任何防护的裸手或裸指操作导致的污染会引起焊接和涂覆的问题。人体盐分和油脂是典型的污染。人体油脂和酸性物质会降低可焊性，还会导致其后涂覆和层压的黏附性问题。在焊接组装区域要求特定的清洗液。普通的清洁方法无法去除此类污染。因此，最好的方法是防止污染的产生。

2．ESD 电子组件的操作

即使在一组件上没有 ESDS 标志，它仍应作为 ESDS 组件处理。但是，ESDS 元件和电子组件需要有适当的 EOS/ESD 标识来标志。许多敏感组件通常具有自身的标志，一般在位于边缘的连接器上。为了防止 ESD 和 EOS 对于敏感组件的损害，所有操作、拆封、组装和测试必须在静电防护工作台进行。

生产过程中操作准则如下。

（1）保持工作台干净整洁。在工作区域不可有任何食品、饮料或烟草制品。

（2）使用手套时，需要及时更换，防止因手套肮脏引起的污染。

（3）不可用裸露的手或手指接触可焊表面。人体油脂和盐分会降低可焊性、加重腐蚀，还会导致其后涂覆和层压的黏附性问题。正确的持板手法如图 2-11 和图 2-12 所示。

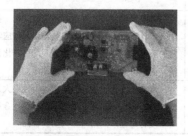

图 2-11　使用耐溶剂的 EOS/ESD 防护手套

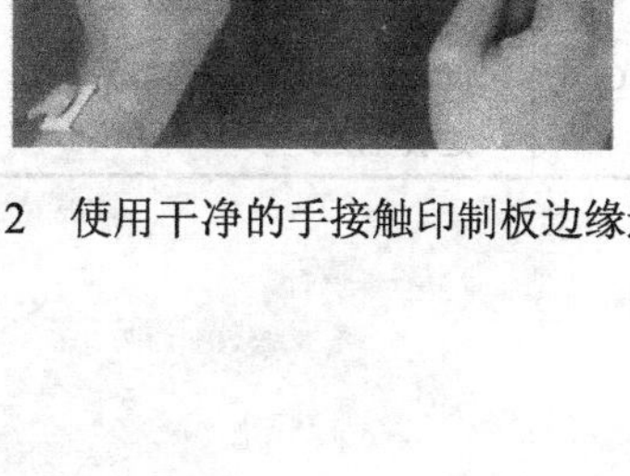

图 2-12　使用干净的手接触印制板边缘进行操作

（4）绝不可堆叠 PCB 板，否则会导致机械性损伤。需要在组装区使用特定的搁架用于临时存放。

2.2.4 绿色生产要求

1. 推进绿色电子产品的生产

已经废弃的或者不再使用的电子产品或零部件，形成了庞大的“电子垃圾”。电子垃圾与工业废弃物、生活垃圾并称地球三大垃圾。

根据 2003 年的统计，美国每年废弃 5 000 万台计算机和 1.3 亿部手机；欧盟国家每人每年平均产生电子垃圾 16 公斤；在人口只有 520 万的芬兰，每年产生的电子垃圾达 10 万吨，人均超过 19 公斤；我国每年至少有 500 万台电视机、400 万台冰箱、500 万台洗衣机要报废以及 500 万台计算机、上千万部手机进入淘汰期。

电子垃圾在我国的回收现状：被简单处理之后又流入低收入家庭或农村；被拆解后，其中仍有一定使用价值的元器件被翻新，流进市场。

回收处理中存在的危险，二手电器存在严重的质量安全隐患。更为严重的是因不正确的回收处理方式，造成极大的环境污染，同时也危害作业者的身体健康。主要污染有大气污染（热处理）、土壤污染（填埋）、水污染（硫酸、重金属）。进而造成八大环境问题的出现：温室效应、臭氧层破坏、能源危机、酸雨、水污染、海洋污染、生态环境恶化及生物多样性减少、城市环境问题。

电子垃圾不仅量大且危害严重。特别是电视机、计算机、手机、音响等产品，含有大量对环境和生物体有毒有害的物质，如电视机的显像管、阴极射线管、印刷电路板上的焊锡和塑料外壳等。这些有毒有害物质主要有铅、镉、汞、六价铬、多溴联苯、多溴二苯醚，其危害如表 2-9 所示。

表 2-9 限制物质对人类的危害

限制物质	对人类的危害	备注
铅（Pb）	损坏神经和生殖系统； 头痛头晕、便秘、慢性疲劳、贫血； 口有金属味、呕吐或腹泻、血压升高； 失眠、记忆力衰退、关节痛、乏力、易激动，消化不良	人体内部血液中的铅的浓度超过一定水平时，才会危害身体健康，不同状态的铅，其毒性效果各不相同
镉（Cd）	肝肾损害、肺气肿、支气管炎、内分泌失调、食欲不振、失眠； 影响体内其他有益元素的效能，破坏镉与锌的平衡	镉是六种有害物质中毒性最大的一种，极微量的镉即可危害人体健康
汞（Hg）	头痛、胃寒、发烧、腹泻、呕吐； 急性肠胃炎、心血管疾病、肾损害； 不能生物降解、污染环境； 中枢神经混乱	汞俗称水银，是唯一的液态金属，属一类危险物质，具有吸入性毒性以及生物积累效应。在一定的环境下，各种形式存在的汞均可转化为有机汞，如甲机汞，与汞相比毒性剧增
六价铬（Cr）	致癌； 沉积损害内脏； 过敏性皮肤炎	六价铬及其化合物均溶于水、毒性最大，其他二价铬、三价铬的化合物毒性都很小。金属的铬基本没有毒性，而常常作为防护饰品

续表

限制物质	对人类的危害	备　注
多溴联苯（PBB）	影响免疫系统； 甲状腺肿； 记忆减退、关节僵直； 影响人体的内分泌系统及胎儿的生长	十溴二苯醚经过长期的研究认证，证实对人类与自然环境没有明显的影响，因而已经获得豁免，可以继续使用
多溴二苯醚（PBDE）		

2．环保法规及要求

1）欧盟 ROHS、WEEE

经过欧盟及产业界数年的讨论和论证，咨询了 30 多个相关组织及协会，两项业界著名的指令于 2003 年 2 月 13 日得以正式公布。

WEEE：欧洲议会和欧盟理事会关于电子电气设备废弃物的指令案。

ROHS：欧洲议会和欧盟理事会关于在电子电气设备中限制使用某些有害物质的指令案。

这两个指令案都是从环保方面去规定的，WEEE 指令是从回收循环使用的角度去看，尽管规定了回收的做法，但欧盟更希望从源头上去控制有害物质的使用，如电路板上的铅含量。现在电路板上的铅使用是非常广泛的，它对大自然环境破坏也是很严重的，所以说 ROHS 是 WEEE 的一个补充指令，两者是相互补充的关系。同时两个指令关注的问题不太一样，但最终的结果都是为了环保。

2）中国 ROHS

2002 年下半年，信息产业部联合国家发展和改革委员会、商务部、海关总署、国家工商行政管理总局、国家质量监督检验检疫总局、国家环境保护总局七个国务院部门开始制定《电子信息产品污染控制管理办法》并于 2006 年 2 月 28 日正式颁布，《管理办法》对我国最大的工业门类——电子信息产业从环境保护、节约资源的角度提出了要求。《管理办法》对电子信息产品中铅、汞、镉、六价铬、多溴联苯、多溴二苯醚六种有毒有害物质或元素的使用进行控制（限制与禁止），被称为中国 ROHS（Restriction of Hazardous Substance）。

铅（Pb）、汞（Hg）、镉（Cd）、六价铬（Cr6＋）、多溴联苯（PBB）、多溴二苯醚（PBDE）是在电子电气产品中大量使用，已经被现代科学证明是对人类生命和健康具有损坏作用的物质，《管理办法》的制定对这 6 种物质在电子信息产品中的使用进行控制，通过立法将电子信息产品污染控制纳入行业管理，长期化、法制化，从保护环境和人类生命和健康的需要出发，以实现有害物质在电子信息产品中的替代或减量化，推进电子信息产业结构调整，产品升级换代，确保电子信息产业可持续发展为任务，从而最终达到保护环境、节约资源的目的。《管理办法》体现了“污染防治，预防在先”的环境保护原则，落实“从源头抓起”的工作思路，是中国政府高瞻远瞩，与时俱进的经济与社会发展新思维模式的结晶。

3）法规要求

无论是欧盟的 ROHS 指令案还是中国的《电子信息产品污染控制管理办法》，要求的核心是对电子产品中铅、汞、镉、六价铬、多溴联苯、多溴二苯醚六种有毒有害物质或元素的使用进行控制。控制指标如表 2-10 所示。

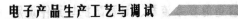

表 2-10 有害物质的限制含量表

有害物质	铅（Pb）	镉（Cd）	汞（Hg）	铬（Cr）	多溴联苯（PBB）	多溴二苯醚（PBDE）
限制含量	1 000 ppm	100 ppm	1 000 ppm	1 000 ppm	1 000 ppm	1 000 ppm

ROHS 指令案适用于以下八类产品范围。

（1）大型家用器具：冰箱、洗衣机、微波炉等。

（2）小型家用器具：吸尘器、钟表、熨斗等。

（3）信息技术和通信设备：计算机、打印机、复印机等。

（4）消费设备：收音机、电视机、摄影机等。

（5）照明设备：荧光灯管、低压钠管等。

（6）电子和电气工具：电锯、缝纫机。

（7）玩具、休闲和运动设备：赛车、游戏控制台等。

（8）自动售货机：自动取款机、自动售货机等。

3．六种有害物质的认识

1）铅（Pb）的实际应用

铅及其化合物的主要用途如下。

（1）塑料稳定剂、橡胶固化剂及配合剂。

（2）焊接、涂蜡材料、电气连接。

（3）电池原料。

（4）颜料、涂料、墨水、染料的原料。

（5）电镀液。

（6）润滑剂、硬化剂、油漆的干燥剂。

（7）陶瓷部件。

（8）光学玻璃。

可能含有铅的材料如下。

（1）包装材料。

（2）印制电路板。

（3）电池和电池组。

（4）部件的电极、引导端子。

（5）涂料、颜料、墨水、染料。

（6）各种合金。

（7）电子陶瓷部件。

（8）各种玻璃材料，包括电阻体、黏合剂、玻璃料、密封材等。

2）镉（Cd）的实际应用

镉及其化合物的主要用途如下。

（1）塑料的稳定剂。

（2）化学合成材料。

（3）电池、相片。

（4）表面处理、连接材料。
（5）油漆、颜料、墨水、着色剂。
（6）低熔点焊接、保险丝。
（7）电镀液的稳定剂、电镀光泽剂。
可能含有镉的材料如下。
（1）包装材料。
（2）塑胶部件。
（3）电池和电池组。
（4）部件的电极、引导端子。
（5）涂料、颜料、墨水、染料。
（6）各种合金部件。
（7）电子陶瓷部件。
（8）各种玻璃材料，包括电阻体、黏合剂、玻璃料、密封材等。

3）汞（Hg）的实际应用
汞及其化合物的主要用途如下。
（1）防腐剂、催化剂、防霉剂、杀菌剂。
（2）金属蚀刻。
（3）电池。
（4）颜料。
（5）电极、水银灯。
可能含有汞的材料如下。
（1）包装材料。
（2）印制电路板。
（3）电池和电池组。
（4）涂料、颜料、墨水、染料。
（5）日光灯。

4）六价铬（Cr6+）的实际应用
六价铬及其化合物的主要用途如下。
（1）催化剂、防腐剂。
（2）陶瓷用着色剂。
（3）电池。
（4）电镀液、防锈剂。
（5）涂料、颜料、墨水。
（6）鞣皮。
可能含有六价铬的材料如下。
（1）包装材料、外壳。
（2）印制电路板。
（3）电池和电池组。

（4）电镀防锈处理的部件。

（5）涂料、颜料、墨水、染料。

（6）皮革部件。

5）多溴联苯（PBB）和多溴二苯醚（PBDE）的实际应用

主要用途：阻燃剂。

可能含有溴代阻燃剂的材料如下。

（1）塑胶产品部件：各种聚合物材料，如PE、ABS、HIPS、LDPE、聚酯，电器塑料外壳，电线电缆，开关等。

（2）印制电路板。

（3）屏蔽物和遮盖物。

4. 电子产品绿色生产知识

电子产品绿色制造技术，主要是无铅化工艺的实施，包含以下方面。

1）焊料的无铅化

到目前为止，全世界已报道的无铅焊料成分有近百种，但真正被行业认可并被普遍采用的是Sn-Ag-Cu三元合金，也有采用多元合金，添加In、Bi、Zn等成分。现阶段国际上是多种无铅合金焊料共存的局面，给电子产品制造业带来成本的增加，出现不同的客户要求、不同的焊料及不同的工艺，未来的发展趋势将趋向于统一的合金焊料。

（1）熔点高，比Sn-Pb高约30 ℃。

（2）延展性有所下降，但不存在长期劣化问题。

（3）焊接时间一般为4 s左右。

（4）拉伸强度：初期强度和后期强度都比Sn-Pb共晶优越。

（5）耐疲劳性强。

（6）对助焊剂的热稳定性要求更高。

（7）高Sn含量，高温下对Fe有很强的溶解性。

综上无铅焊料的特性决定了新的无铅焊接工艺及设备。

2）元器件及PCB板的无铅化

在无铅焊接工艺流程中，元器件及PCB板镀层的无铅化技术相对要复杂，涉及领域较广，这也是国际环保组织推迟无铅化制程的原因之一，在相当时间内，无铅焊料与Sn-Pb的PCB板镀层共存，而带来“剥离（Lift-Off）”等焊接缺陷。另外对PCB板制作工艺的要求也相对提高，PCB板及元器件的材质要求耐热性更好。

3）焊接设备的无铅化

由于无铅焊料的特殊性，无铅焊接工艺要求无铅焊接设备必须解决无铅焊料带来的焊接缺陷及焊料对设备的影响、预热、锡炉温度升高、喷口结构、氧化物、腐蚀性、焊后急冷、助焊剂涂敷、氮气保护等。

4）无铅相关标识

（1）无铅符号。IPC-1066标准规定的无铅符号，如图 2-13所示。

相关标识，如图 2-14 所示。

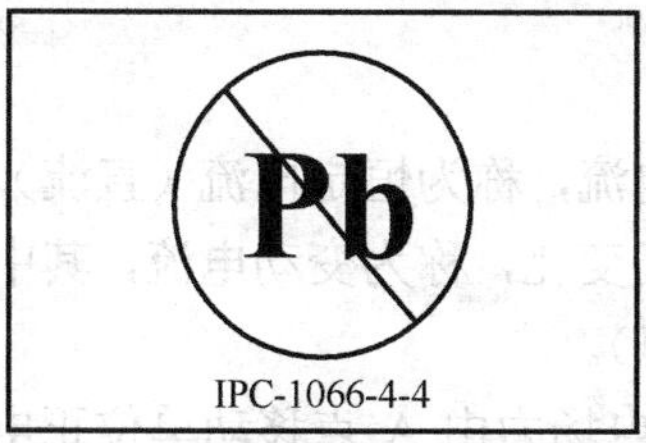

图 2-13　无铅符号

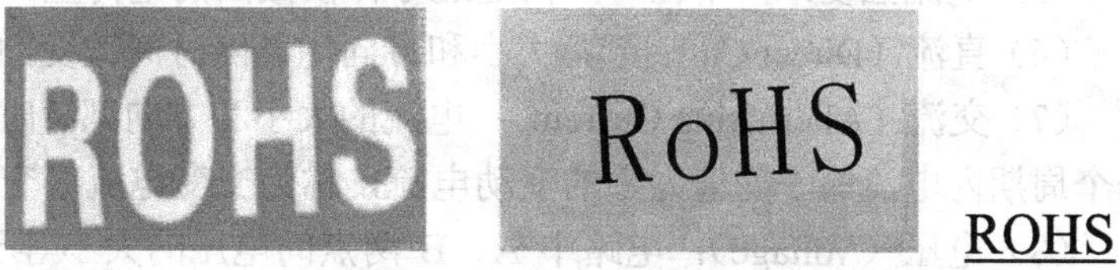

图 2-14　ROHS 符号

（2）第二层连接标签规范，如图 2-15 所示。

焊接端子种类标识及含义如下。

e1——锡银铜系列（SnAgCu）。

e2——其他锡合金（如 SnCu、SnAg、SnAgCuX 等，不含 Bi 或 Zn）。

e3——纯锡系列（Sn）。

e4——贵重金属（如 Ag、Au、NiPd、NiPdAl，但不含 Sn）。

e5——锡锌及 SNZNX（不含 Bi）。

e6——含 Bi 的焊锡。

e7——小于 150℃的低温焊锡（含 In 但不含 Bi）。

e8、e9——目前未指定类别。

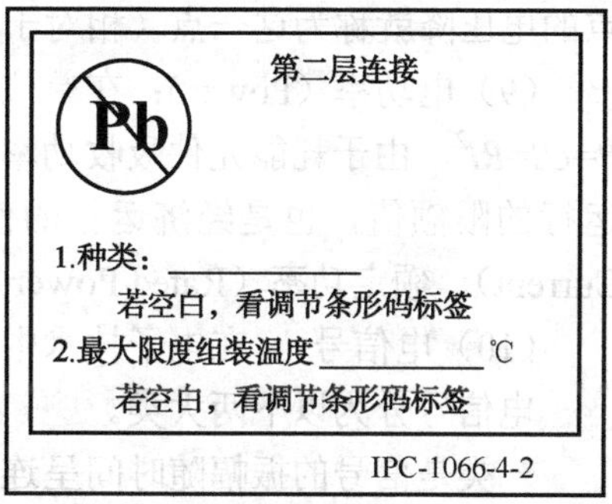

图 2-15　无铅标签

（3）PCB 板标识

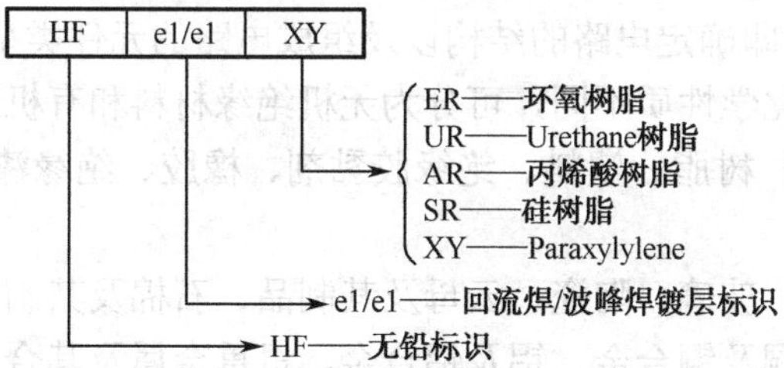

2.3　电子元件基本识别

2.3.1　印制电路板

1. 名词解释

（1）电路（Circuit）：由电工设备和元器件按一定方式连接起来的总体，为电流流通提供了路径。

（2）电源（Electric Source）：电路中供给电能的设备和器件。

（3）负载（Load）：电路中使用电能的设备和元件。

（4）电流（Current）：电荷的定向移动形成电流。电流的大小常用电流强度（Current Intensity）来衡量，单位为A（安培）。

（5）电流强度：指单位时间内通过导体横截面的电荷量。

（6）直流（Direct Current）：大小和方向均不随时间改变的电流，称为恒定电流（直流）。

（7）交流（Alternating Current）：电流的大小和方向都随时间变化，称为变动电流，其中一个周期内电流的平均值为零的变动电流，称为交变电流（交流）。

（8）电压（Voltage）：电路中A、B两点间电压的大小等于电场力由A点移动单位正电荷到B点所做的功。当正电荷顺着电场力的方向由A点移动到B点，电场力做正功，这时A点到B点的电压也称为电压降，单位为伏（V）。在电路中任选一点为参考点，则某点到参考点的电压降就称为这一点（相对于参考点）的电位。

（9）电功率（Power）：在单位时间内电路元件吸取（或消耗）的电能，单位为瓦（W），$P=UI=RI^2$。由于耗能元件吸收功率，常引起温度的升高，因此不少电器给出额定值，为安全运行的限额值，也是经济运行的使用值，如额定电压（Rated Voltage）、额定电流（Rated Current）、额定功率（Rated Power）。

（10）电信号：在电子技术中是指变化的电压或电流。

电信号分为以下两大类。

一类是信号的振幅随时间呈连续变化，称为模拟信号。另一类：只是在某些不连续的瞬时给出的函数值，即时间和幅值都是离散的，如0/1（开/关）。

（11）电路问题：主要有两大类，即电路的分析（Circuit Analysis）和电路的综合（Circuit Synthesis）。

（12）电路的分析：是指按已给定电路的结构和参数来计算电路有关的各物理量。

（13）电路的综合：是指按给定的电气特性（或者说按给定电路性质的数学描述即网络函数）来实现一个电路，即确定电路的结构以及组成电路的元件类型和参数。

（14）绝缘材料按其化学性质不同，可分为无机绝缘材料和有机绝缘材料。

（15）有机绝缘材料：树脂、塑料、绝缘胶黏剂、橡胶、绝缘漆、绝缘纸、层压板、绝缘油。

（16）无机绝缘材料：玻璃、陶瓷、云母及其制品、石棉及其制品。

（17）高电导材料：铜及铜合金、铝及铝合金、贵重金属及其合金、覆铜板。

电介质极化与相对介电常数。在外电场的作用下，绝缘材料中原先杂乱排列的电荷沿电场取向，称为电介质极化，极化的结果，在电介质的表面形成了符号相反的感应电荷。

以某种物质为介质的电容器的电容与以真空做介质的同样尺寸的电容比值，称为该物质的相对介电常数。

2. PCB定义及作用

通常把在绝缘材料上，按预定设计，制成印制线路、印制元件或两者组合而成的导电图形称为印制电路。而在绝缘材料上提供元器件之间电气连接的导电图形，称为印制线路。这样就把印制电路或印制线路的成品板称为印制线路板（Printed Wiring Board，PWB），亦称为印制板或印制电路板（Print Circuit Board，PCB），如图2-16所示。

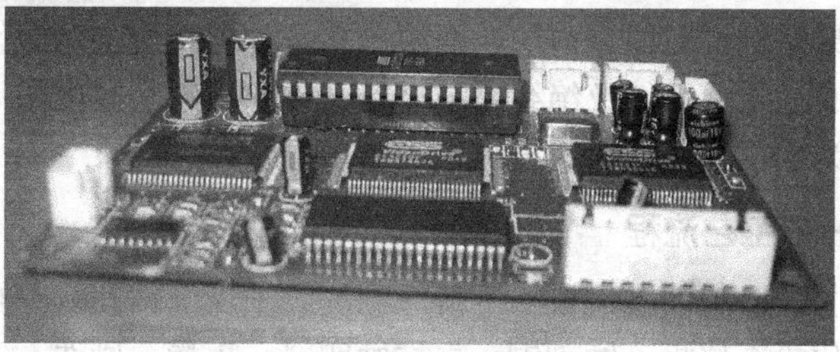

图 2-16　印制电路板

PCB 的作用如下。

（1）固定各种元器件。

（2）提供各元器件的相互电气连接。

印制电路板是组装电子元器件的基板，提供各种电子元器件固定、装配的机械支撑。

3．电路板分类

（1）软性印制电路板：也称为柔性印制电路板，是以软层状塑料或其他软质绝缘材料为基材制成的印制电路板。它具有自由弯曲、卷绕、折叠等优点，如图 2-17 所示。

（2）刚性印制电路板：所用的基材是由纸基（常用于单面）或玻璃布基（常用于双面及多层），预浸酚醛或环氧树脂，表层一面或两面粘上覆铜簿板再层压固化而成。这种线路板覆铜簿板材，再制成印制电路板，称为刚性印制电路板，如图 2-18 所示。

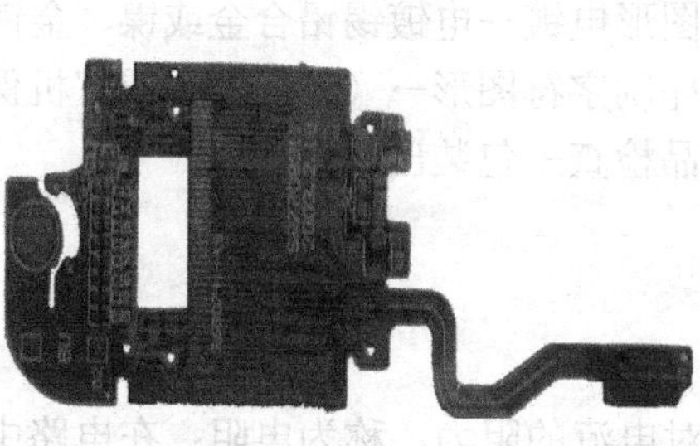

图 2-17 柔性电路板

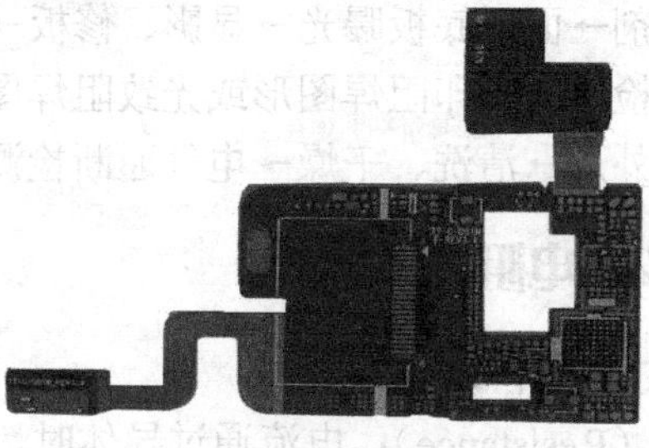

图 2-18　刚性电路板

（3）单面板：单面有印制线路图形，称为单面印制电路板，如图 2-19 所示。

（4）双面板：双面有印制线路图形，再通过孔的金属化进行双面互联形成的印制电路板，如图 2-20 所示。

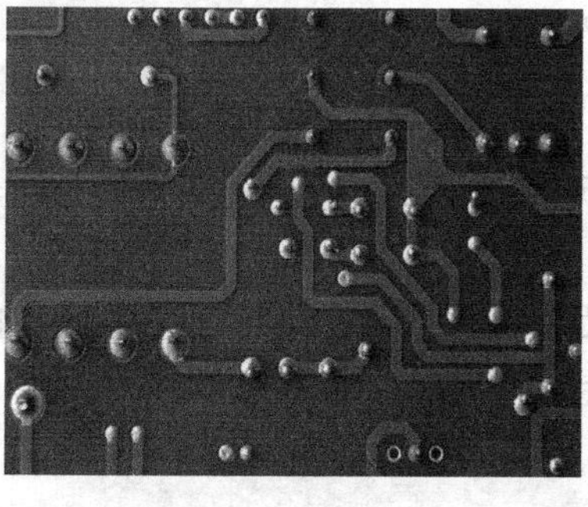

图 2-19　单面板

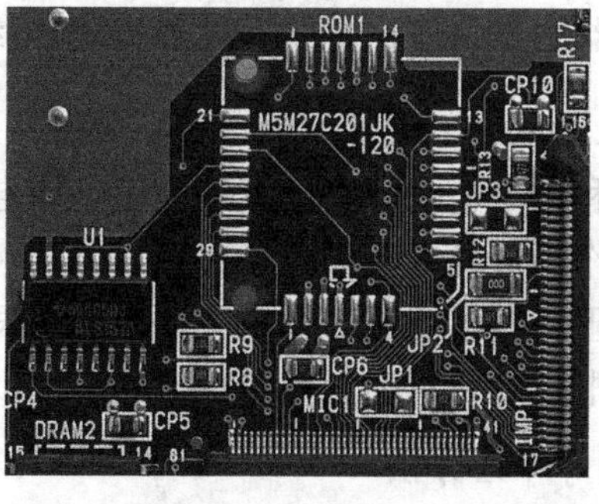

图 2-20　双面板

（5）多层板：如果用一块双面作内层、两块单面作外层或两块双面作内层、两块单面作外层的印制线路板，通过定位系统及绝缘黏结材料交替在一起且导电图形按设计要求进行互联的印制线路板就成为四层、六层印制电路板，即多层板。

4．PCB 制作的一般工艺流程

（1）单面刚性印制板：单面覆铜板→下料→刷洗、干燥→钻孔或冲孔→网印线路抗蚀刻图形或使用干膜→固化检查修板→蚀刻铜→去抗蚀印料、干燥→刷洗、干燥→网印阻焊图形（常用绿油）、UV 固化→网印字符标记图形、UV 固化→预热、冲孔及外形→电气开、短路测试→刷洗、干燥→预涂助焊防氧化剂（干燥）或喷锡热风整平→检验、包装→成品出厂。

（2）双面刚性印制板：双面覆铜板→下料→叠板→数控钻导通孔→检验、去毛刺刷洗→化学镀（导通孔金属化）→（全板电镀薄铜）→检验、刷洗→网印负性电路图形、固化（干膜或湿膜、曝光、显影）→检验、修板→线路图形电镀→电镀锡（抗蚀镍、金）→去印料（感光膜）→蚀刻铜→（退锡）→清洁、刷洗→网印阻焊图形常用热固化绿油（贴感光干膜或湿膜、曝光、显影、热固化，常用感光热固化绿油）→清洗、干燥→网印标记字符图形、固化→（喷锡或有机保焊膜）→外形加工→清洗、干燥→电气通断检测→检验、包装→成品出厂。

（3）贯通孔金属化法制造多层板工艺流程：内层覆铜板双面开料→刷洗→钻定位孔→贴光致抗蚀干膜或涂覆光致抗蚀剂→曝光→显影→蚀刻与去膜→内层粗化、去氧化→内层检查→（外层单面覆铜板线路制作、B—阶黏结片、板材黏结片检查、钻定位孔）→层压→数控制钻孔→孔检查→孔前处理与化学镀铜→全板镀薄铜→镀层检查→贴光致耐电镀干膜或涂覆光致耐电镀剂→面层底板曝光→显影、修板→线路图形电镀→电镀锡铅合金或镍、金镀→去膜与蚀刻→检查→网印阻焊图形或光致阻焊图形→印制字符图形→（热风整平或有机保焊膜）→数控洗外形→清洗、干燥→电气通断检测→成品检查→包装出厂。

2.3.2 电阻器

1）定义及单位

电阻（Resistance）：电流通过导体时，导体对电流的阻力，称为电阻；在电路中起电阻作用的元件称为电阻器，通常简称为电阻。由于其有阻碍电流流动的作用，因此为耗能元件。

电阻的单位是欧姆（Ω）、千欧（kΩ）、兆姆（MΩ）等，它们之间的换算为：

1 kΩ=1 000 Ω　1 MΩ=1 000 kΩ

2）实体构成

电阻器由电阻体、基体（骨架）、引出线、保护层构成。

3）主要用途

稳定和调节电路中的电流和电压，使电路中各元件按需要分配电能，作为分流器和分压器，以及作为消耗电能的负载电阻等。

电阻阻值随温度升高而增大，如金属银、铜、铝、铁等；温度升高阻值减小，如半导体、电解液；电阻几乎不随温度变化，如康铜、锰铜、镍铬合金等。

4）型号命名方法

固定电阻器的电路符号如图 2-21 所示。

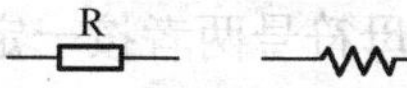

图 2-21　固定电阻器的电路符号

根据国标 GB2470—1981 的规定，国产电阻器的型号由 4 个部分组成，如表 2-11 所示。

表 2-11　固定电阻器的命名方法

第一部分：主称		第二部分：电阻体材料		第三部分：类别		第四部分：序号
字母	含义	字母	含义	符号	产品类型	用数字表示
R	电阻器	T	碳膜	0	—	
W	电位器	H	合成碳膜	1	普通	
		S	有机实芯	2	普通	
		N	无机实芯	3	超高频	
		J	金属膜	4	高阻	
		Y	氧化膜	5	高温	
		C	沉积膜	6	—	
		I	玻璃釉膜	7	精密	
		X	线绕	8	高压	
				9	特殊	
				G	高功率	
				W	微调	
				T	可调	
				D	多圈可调	

例如，RJ71 为精密金属膜固定电阻器；RT22 为普通碳膜固定电阻器；RX81 为高压线绕固定电阻器；WXD3 为多圈线绕电位器。

5）固定电阻器的标识法

在电阻器上标注有电阻器的主要参数，如标称阻值、允许误差等，以便在使用中能识别。电阻器的标识方法主要有直标法、文字符号法和色标法。

（1）直标法。直标法是指用阿拉伯数字和单位符号在电阻器的表面直接标出标称阻值，用百分数表示允许误差。其优点是直观，易于判读，如图 2-22 所示。

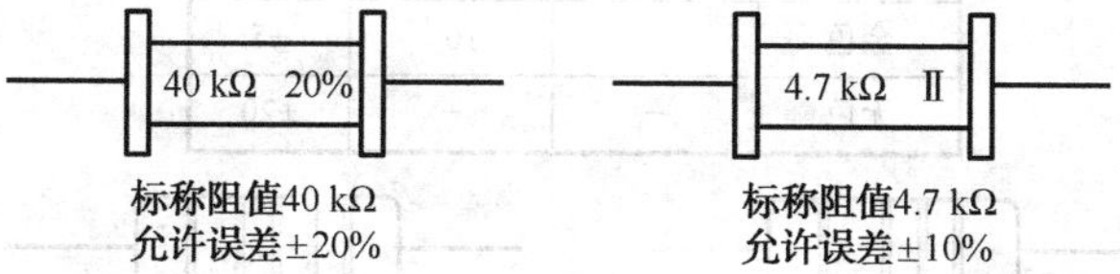

图 2-22　直标法

注：E24、E12、E6 标称阻值系列所对应的允许误差分别为Ⅰ级（±5%）、Ⅱ级（±10%）、Ⅲ级（±20%），常见的是Ⅰ级、Ⅱ级。

（2）文字符号法

文字符号法是指用阿拉伯数字和字母符号两者按一定规律的组合来表示标称阻值，允许误差也用文字符号表示，其优点是读识方便、直观，多用在大功率电阻器上。

文字符号法规定，用于表示标称阻值时，字母符号Ω（R）、k、M、G、T 之前的数字表示标称阻值的整数值，之后的数字表示标称阻值的小数值，字母符号表示标称阻值倍率。

例如，0.33 Ω——Ω33　3.3 Ω——3Ω3　33 Ω——33Ω　330 Ω——330Ω

3.3 kΩ——3k3　33 kΩ——33k　330 kΩ——330k　3.3 MΩ——3M3

33 MΩ——33M　330 MΩ——330M　3 300 MΩ——3G3　33 000 MΩ——33G

3.3×10^5 MΩ——330G　3.3×10^6MΩ——3T3

表示允许误差的符号如表 2-12 所示。

表 2-12　不同符号表示的允许误差

文字符号	B	C	D	F	G	J	K	M	N
允许误差	±0.1%	±0.25%	±0.5%	±1%	±2%	±5%	±10%	±20%	±30%

（3）色标法

色标法是用色环、色点或色带在电阻器表面标出标称阻值和允许误差，如图 2-23 所示，颜色规定如表 2-13 所示。它具有标志清晰，各个角度都能看到的特点，有四色环和五色环两种。

表 2-13　色标法的颜色标示

颜　色	有效数字	乘　数	误差%
黑色	0	10^0	–
棕色	1	10^1	±1
红色	2	10^2	±2
橙色	3	10^3	–
黄色	4	10^4	–
绿色	5	10^5	±0.5
蓝色	6	10^6	±0.25
紫色	7	10^7	±0.1
灰色	8	10^8	–
白色	9	10^9	–
银色	–	10^{-2}	±10
金色	–	10^{-1}	±5
无色	–	–	±20

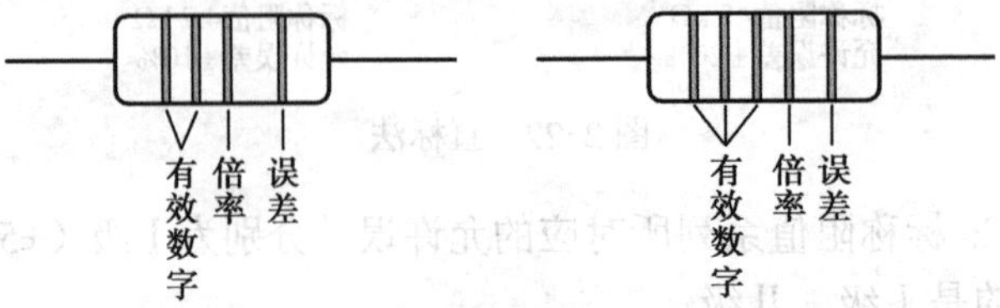

图 2-23　色标法

四色环色标法：普通电阻器大多用四色环色标法来标注。四色环的前两条色环表示标称阻值的有效数字，第三条色环表示标称阻值倍率，第四条色环表示标称阻值允许误差范围。

五色环色标法：精密电阻器大多用五色环色标法来标注。五色环的前三条色环表示标称阻值的有效数字，第四条色环表示标称阻值倍率，第五条色环表示标称阻值允许误差范围。

例如，红紫橙金　　$27\times10^{3}\ \Omega\pm5\% = 27\ \text{k}\Omega\pm5\%$

棕紫绿金银　　$175\times10^{-1}\ \Omega\pm10\% = 17.5\ \Omega\pm10\%$

红黑黑银棕　　$200\times10^{-2}\ \Omega\pm1\% = 2\ \Omega\pm1\%$

白棕黑金　　$91\times100\ \Omega\pm5\% = 91\ \Omega\pm5\%$

红黑金银　　$20\times10^{-1}\ \Omega\pm10\% = 2\ \Omega\pm10\%$

6）电阻器的分类

（1）固定电阻器。

（2）可变电阻器：滑线电阻器；可变线绕电阻器。

定义：是一种连续可调的电阻器，它靠一个活动点（电刷）在电阻体上滑动，可以获得与转角（或位移）成一定关系的电阻值。

主要性能参数：①标称阻值（最大阻值）与零位电阻，零位电阻是电位器的活动点处于始末端时，活动电刷与始末端之间存在的接触电阻，此阻值不为零，而是电位器的最小阻值；②阻值变化特性，直线式（分压电路）、指数式（音量控制）、对数式（音调控制）；③动噪声（静噪声：热噪声、电流噪声）、分辨力（输出量调节的精细程度的指标）；④其他与电阻相同。

分类：接触式（直接接触）与非接触式（光电电位器、磁敏电阻器）。

按材料可分为合成膜、金属膜、氧化膜，按调节方式可分为旋转式和直滑式，按组合形式可分为单联和多联（同轴、异轴式），按是否带开关可分为带开关（旋转式、推位式）与不带开关。

（3）敏感型电阻器（半导体电阻器）：是指电阻值对某些物理量（温度、光照、电压、磁通、湿度、压力、气体）敏感的元件。

① 热敏（MF 正，负 MZ）：PTC（温度升高而增大）、NTC。

② 光敏 MG（光电效应，光谱）：根据射入波长的不同，可分为可见光光敏电阻器，波长范围为 0.4～0.76 μm，主要是多晶硫化镉，用于光电自动控制系统、光电计数器、光电跟踪系统；红外线，波长为 0.76～1 000 μm，主要用于导弹制导、卫星监测、红外通信；紫外线，波长为 0.2～0.4 μm，主要用于探测紫外线。

③ 压敏 MY（471，561），是一种非线性电阻元件。阻值与两端施加的电压值大小有关。通过压敏电阻器的电流随外加电压的变化关系。压敏电阻简称 VSR。核心材料为氧化锌（ZNO）。标称电压是指通过 1 mA 直流电流时压敏电阻两端的电压值。

④ 磁敏：是采用磁阻效应的材料制成，阻值会随磁感应强度的增大而增大，是一种磁电转换元件。

⑤ 气敏：是利用半导体材料的表面吸附某种气体后使其电阻率产生变化的特性制成。

⑥ 力敏：是利用某些金属和半导体材料的电阻率会随外加应力而改变制成的，可制成转矩计、张力计、加速度计。

⑦ 湿敏：是利用某些半导体材料表面吸附水汽后其电阻率产生变化的特性制成的。它可用于相对湿度的测量。

（4）熔断电阻器：又称为保险电阻器，是一个具有电阻器和熔断器双重作用的复合功能的电阻器，电路正常工作起电阻的作用。电路发生故障，其迅速熔断。电阻值一般较小，为几欧至几十欧，具有不可逆性，熔断后不能恢复使用。

7）电阻器的主要性能参数

（1）标称阻值（名义阻值、设计阻值）及允许偏差

材料、设备、工艺离散性是不可避免的。实际阻值与标称阻值之间允许的最大偏差范围称为允许偏差，一般用标称阻值的百分点来表示。

通用：一般有±5%、±10%、±20%三个等级。

精密：一般有±2%、±1%、±0.5%、±0.2%、±0.05%五个等级。

（2）额定功率

额定功率是指电阻器在直流或交流电路中，在产品标准中规定的额定温度下，长期连续负荷所允许消耗的最大功率，通常又称为标称功率。

（3）噪声

噪声是指电阻器中一种不规则的电压起伏，它由热噪声和电流噪声两部分组成。

8）排阻（图 2-24 和图 2-25）

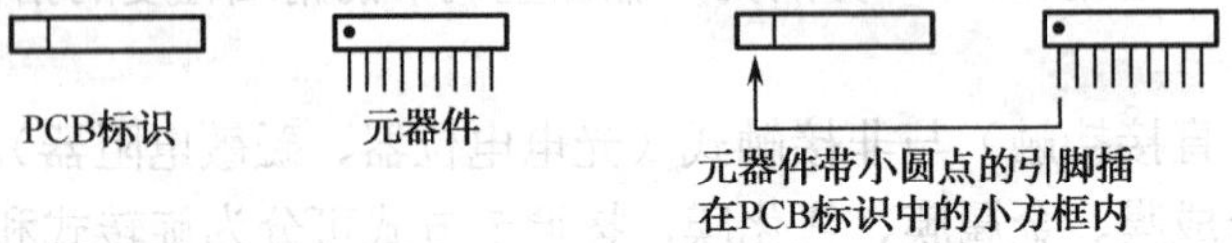

图 2-24　排阻

注：排阻带小圆点的引脚为第 1 脚，即公共端。

排阻的内部结构如图 2-25 所示。

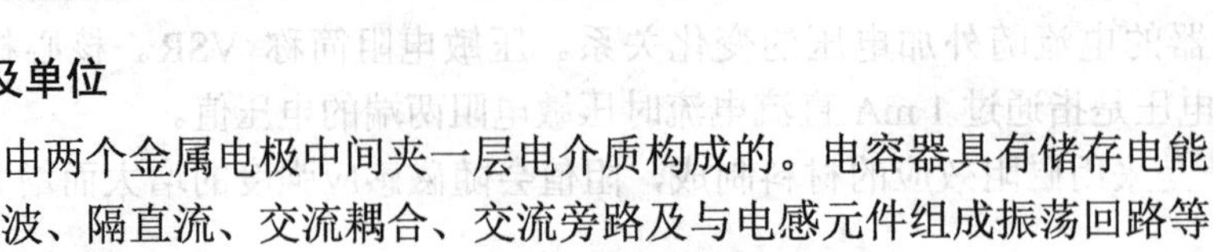

图 2-25　排阻的内部结构

2.3.3　电容器

1．定义及单位

电容器是由两个金属电极中间夹一层电介质构成的。电容器具有储存电能的作用，在电路中多用来滤波、隔直流、交流耦合、交流旁路及与电感元件组成振荡回路等。

电容器的种类较多，按介质不同可分为纸介电容器、有机薄膜电容器、瓷介电容器、玻璃釉电容器、云母电容器、电解电容器等；按结构不同可分为固定电容器、可变电容器、微调（俗称半可变）电容器和极性电容器。电容器的电路符号如图 2-26 所示。

（a）一般固定电容器　（b）可变电容器　（c）微调电容器　（d）极性电容器

图 2-26　电容器的电路符号

电容量表示电容器的容量大小。指一个导电极板上的电荷量与两块极板之间的电位差的比值。电容器的单位是法拉（F），简称“法”。由于法拉太大，因此其常用单位是 mF（毫法）、μF（微法）、nF（纳法）、pF（皮法），它们之间的关系如下：

$$1\ F=10^3\ mF=10^6\ \mu F=10^9\ nF=10^{12}\ pF$$

2. 电容器的标识法

1）直标法

直标法将主要技术指标直接标注在电容器表面，尤其是体积较大的电容器。

例如，CT1-0.022 μF-63 V 表示圆片形低频瓷介电容器，电容量为 0.022 μF，额定工作电压为 63 V；CA30-160 V-2.2 μF 表示液体钽电解电容器，额定工作电压为 160 V，电容量为 2.2 μF；CJ3-400 V-0.01 μF-Ⅱ表示密封金属化纸介电容器，额定电压为 400 V，电容量为 0.01 μF，允许误差为Ⅱ级（±10%）。

2）文字符号法

文字符号法是指用阿拉伯数字和字母符号两者有规律的组合标注在电容器表面来表示标称容量。电容器标注时应遵循下面规则。

（1）凡不带小数点的数值，若无标志单位，则单位为皮法，如 2 200 表示 2 200 pF。

（2）凡带小数点的数值，若无标志单位，则单位为微法，如 0.56 表示 0.56 μF。

（3）对于三位数字的电容量，前两位数字表示标称容量值，最后一个数字为倍率符号，单位为皮法。若第三位数字为 9，表示 10^{-1} 倍率。例如，103→10×10^3 pF=0.01 μF；334→33×10^4 pF=0.33 μF；479→47×10^{-1} pF=4.7 μF。

（4）许多小型的固定电容器，体积较小，为便于标注，习惯上省略其单位，标注时单位符号的位置代表标称容量有效数字中小数点的位置。例如，p33→0.33 μF；33nF→33 000 pF=0.033 μF；3μ3→3.3 μF。

3）色标法

电容器色标法的原则及色标意义与电阻器色标法基本相同，其单位是皮法（pF）。色码的读码方向是从顶部向引脚方向读。图 2-27 是电容器的色标法示意图。图 2-27（a）是 15×10^4 pF=0.15 μF；图 2-27（b）是 22×10^4 pF=0.22 μF。

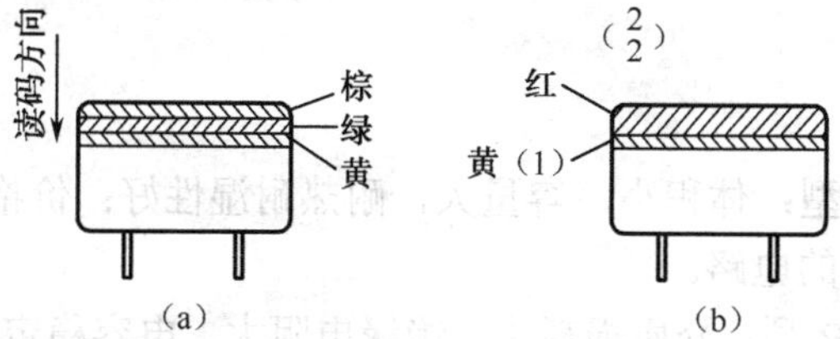

图 2-27　电容器的色标法示意图

3. 型号命名方法

第一部分为主称 C。

第二部分为材料（C—高频陶瓷；Y—云母；J—金属化纸；CD—铝电解；CA—钽电解；CT—高频陶瓷）。

第三部分为分类。

第四部分为序号。

4. 电容器的主要性能参数

（1）标称容量与允许误差，电容器的实际容量与标称容量的允许最大偏差范围称为它的允许偏差。

（2）额定电压：能够保证长期工作而不致击穿电容器的最大电压称为电容器的额定工作电压。

（3）漏电电阻和漏电电流：电容器中的介质并不是绝对的绝缘体，或多或少总有些漏电。除电解电容外，一般电容漏电是很小的。显然，电容器的漏电流越大，绝缘电阻越小。当漏电流较大时，电容器发热，发热严重时，电容器因过热而损坏。

（4）抗电强度：表示电容器能够承受加在它的两个引出端上的电压而不被击穿的能力。

（5）电容器的损耗：电容器在电场作用下，单位时间内因发热而消耗的能量为电容器的损耗。

（6）电容器的温度系数：电容量随温度变化的程度。

5. 电容器的分类及各种电容器的特点

1）常见的无极性固定电容器

（1）纸介电容器和金属化纸介电容器。

（2）涤纶电容器。

（3）云母电容器。

（4）瓷介电容器。

（5）聚苯乙烯电容器。

（6）独石电容器。

（7）玻璃釉电容器。

2）常见的电解电容器（有极性）

（1）铝电解电容器。

（2）钽电解电容器。

（3）铌电解电容器。

3）各电容器的特点

（1）涤纶电容器 CL 型：体积小，容量大，耐热耐湿性好；价格低，稳定性差；适用于对频率和稳定性要求不高的电路。

（2）聚丙烯电容器 CB 型：介质损耗小、绝缘电阻大、电容稳定性好；缺点是耐热性差。

（3）金属化纸介电容器 CJ：体积小、容量大；特点是受高电压击穿后能自愈，容量稳定性差。适用于对频率和稳定性要求不高的场合。

（4）云母电容器 CY 型：是一种高稳定，高可靠，高精密的电容器。损耗小，绝缘电阻高；价格较贵，容量不高。

（5）瓷介电容器 CC 型： 体积小，耐热性好，且能耐酸、碱、盐类的侵蚀；损耗小，绝缘电阻高，稳定性高，容量较小。常用于要求低损耗和容量稳定的高频电路中，或做温度补偿之用。

（6）瓷介电容器 CT 型：绝缘电阻低，损耗大，稳定性差。一般用于低频电路作旁路，隔直流或电源滤波。

（7）铝电解电容器 CD 型：两电极是由不同材料制成的。用铝箔作正极，电解质作负极。介质 Al_2O_3 膜是在正极铝箔表面上生成的。单位体积电容量特大，单位容量价格最低，质量最轻。由于介质 Al_2O_3 和电解质交界处具有单向导电性，因此有极性。其缺点是容量误差大，损耗大，漏电流大，时间稳定性差，容量损耗的温度频率特性差。它适用于直流或脉动电路中作整流、滤波和音频旁路。

（8）钽电解电容器 CA 型：有固体钽和液体钽电解电容两种。固体钽电解电容器的正极是用钽粉压成块，烧结成多孔形，介质是在其表面上生成的一层 Ta_2O_5 膜，负极是在 Ta_2O_5 介质上被覆盖一层 MnO_2。液体钽电解电容器的负极为液体电解质。与铝电解电容器相比，损耗小、漏电流小、绝缘电阻大、性能稳定、寿命长、体积小、容量大、价格高，通常使用在有要求较高的场合。

2.3.4 电感器

电感器是根据电磁感应原理制作的元件，可分为两大类：一类是利用自感作用的电感线圈，另一类是利用互感作用的变压器和互感器。

1. 电感线圈

1）定义及单位

凡能产生电感作用的元件统称为电感器，简称电感。通常电感都是由线圈构成的，故也称为电感线圈。它是一种存储磁能元件。具有通直隔交的特性，对交变信号进行隔离、滤波，组成谐振电路等，用 L 表示。

电感的基本单位是亨利（H），实际工作中的常用单位有毫亨（mH）、微亨（μH）和纳亨（nH）。

2）基本性能参数

电感量及其精度：在没有非线性导磁物质存在的条件下，一个载流线圈的磁通量 Ψ 与线圈中的电流 I 成正比，其比例常数称为自感系数，用 L 表示，简称电感。即 $L=\Psi/I$。

品质因数：线圈中储存能量与消耗能量的比值称为品质因数。

分布电容：线圈圈匝与圈匝之间，线圈与底座之间均存在分布电容。

额定电流：电感线圈中允许通过的最大电流。

稳定性： 电感量随温度、湿度等变化的程度。

3）电感线圈结构

通常线圈由骨架、绕组、磁芯、屏蔽罩等组成。

骨架：支撑导线，常用材料有胶木、塑胶、陶瓷等。

绕组：大多数绕组由绝缘导线在线圈骨架上绕制而成，常用的是各种规格的漆包线。一般来说，同样结构的线圈，绕组的圈数越多，线圈的电感越大。

磁芯：磁心插入线圈，可以增大电感量，相应的可以减少线圈匝数、体积和分布电容。

屏蔽罩：为了减小外界电磁场对线圈的影响以及线圈产生的电磁场与外界电路的相互耦合，往往在结构上使用金属罩将线圈屏蔽，并将屏蔽罩接地。

2. 变压器

1）定义

变换电压，电流和阻抗的器件。它是利用电磁感应原理，即利用两个线圈之间存在的互感原理制成的。一般由铁芯和线圈两部分组成。线圈有两个或更多的线组，接电源的绕组称为初级线圈，其余的绕组称为次级线圈。

变压器是家用电器中广泛使用的无源器件之一。利用变压器可以对交流电（或交变信号）进行电压变换或阻抗变换等，可以传输信号、隔直流等。

变压器一般由磁性材料、导电材料、绝缘材料组成。磁性材料用做变压器的铁芯，可根据不同的使用场合，选用硅钢片、铁氧体等；导电材料用来绕制变压器的一、二次线圈，常用漆包圆铜线绕制，在某些大电流的场合，也采用扁铜线绕制；绝缘材料用做线圈骨架、线包间绝缘层、防潮层及外壳等。

2）主要性能参数

（1）电压比：是指初级电压与次级电压的比值。

（2）额定功率：指在规定的频率和电压下，长期工作而不超过规定温升的输出功率。

（3）温升：变压器通电工作发热后，温度上升到稳定时，比周围环境温度升高的数值。

（4）效率：输出功率与输入功率的比值。

（5）空载电流：次级开路，初级电流。

（6）绝缘电阻：各绕组间，各绕组与铁芯间的电阻。

2.3.5 半导体管及集成电路

1. 定义

半导体：导电性能介于导体和绝缘体之间的物质。如硅、锗、硒、砷化镓等金属的氧化物和硫化物。

2. 半导体的特性

（1）热敏特性：导电能力受环境温度影响很大（热敏特性）PTC。

（2）光敏特性：半导体的电阻率对光的变化十分敏感。光敏电阻、光电二极管、光电三极管、太阳能电池。

（3）掺杂特性：“杂质”（微量元素）可以控制半导体的导电能力；如：硼元素。

（4）PN 结（Positive 正，Negative 负）具有单向导电性。

3. 半导体器件的型号命名

第一部分：用数字表示器件的电极数目。

第二部分：用字母表示器件的材料和极性。

例如：

二极管：A—N 型，锗材料；B—P 型锗材料；C—N 型，硅材料；D—P 型，硅材料。

三极管：A—PNP 型，锗材料；B—NPN 型，锗材料；C—PNP 型，硅材料；D—NPN 型，硅材料；E—化合物材料。

第三部分：用字母表示器件的类型。

例如：

P—普通管；V—微波管；W—稳压管；C—参量管；Z—整流管；L—整流堆；S—隧道管；N—阻尼管；U—光电器件；K—开关管；X—低频小功率管；G—高频小功率管；D—低频在功率管；A—高频大功率管；T—半导体闸流管（可控整流器）；Y—体效应器件；B—雪崩管；J—阶跃恢复管；CS—场效应器件；BT—半导体特殊器件；FH—复合管；PIN—PIN 型管；JG—激光器件。

注：半导体特殊器件，复合管，激光器件的型号命名只有第三、四、五部分。

第四部分：用数字表示序号。

第五部分：用字母表示规格号，如 3AG11G。

4. 二极管

1）定义

二极管：半导体二极管由一个 PN 结加上相应的引出端和管壳构成，是电子设备及各种电器常用的器件，它常用在整流、检波、电子开关等电路中。

P—正极（阳极），N—负极（阴极）；玻璃外壳的锗二极管：有色点或黑环的一端为负极；或用万用表的电阻挡，测量正、反向电阻值。

2）特性

（1）正向特性：死区电压，锗管约为 0.1 V，硅管约为 0.5 V；电流变化，电压不变：锗管为 0.2～0.3 V，硅管为 0.6～0.7 V。

（2）反向特性：反向电流随温度上升而急剧增长，不随反向电压变化。

（3）整流二极管的主要参数：最大整流电流；最高反向工作电压。

注意：

整流：将交流电压转换成直流电压的过程。

半波整流：$U_L=0.45U_2$；$U_{RM}=1.4U_2$；全波整流：$U_L=0.9U_2$，$U_{RM}=2.8U_2$。

单相桥式整流：$U_L=0.9U_2$；$U_{RM}=1.4U_2$（硅桥式整流器）（硅桥堆）。

滤波电路：电容滤波是并联滤波；电感滤波是串联滤波。

3）分类及命名

（1）按材料分类：可分为硅二极管和锗二极管。其中，硅二极管的正向压降约为 0.5 V，正、反向电阻比锗二极管大，反向电流比锗二极管小。锗二极管的正向压降约为 0.2 V，一般用在检波电路和限幅电路中。

（2）按二极管的用途分类：可分为整流二极管、稳压二极管、变容二极管、发光二极管、开关二极管、阻尼二极管等。稳压二极管的外形和电路符号如图 2-28 所示；发光二极管的外形和电路符号如图 2-29 所示。

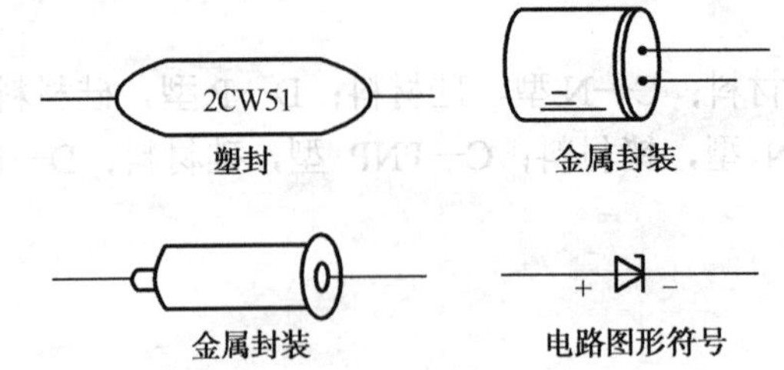

图 2-28　稳压二极管的外形和电路符号

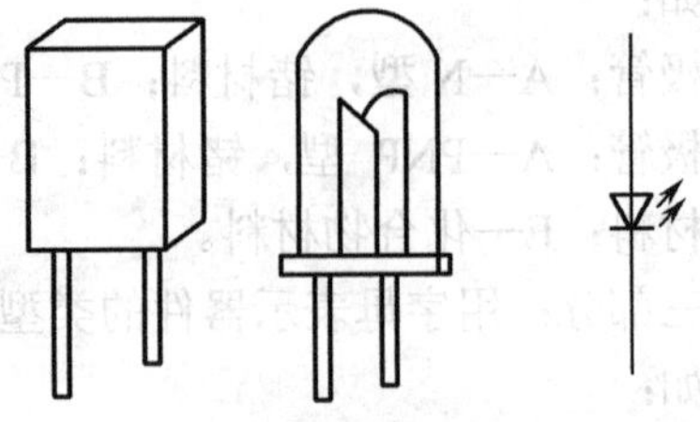

图 2-29　发光二极管的外形和电路符号

（3）二极管的命名：国产二极管的命名方法如图 2-30 所示。半导体材料和极性、器件类型所表示的意义如表 2-14 所示。

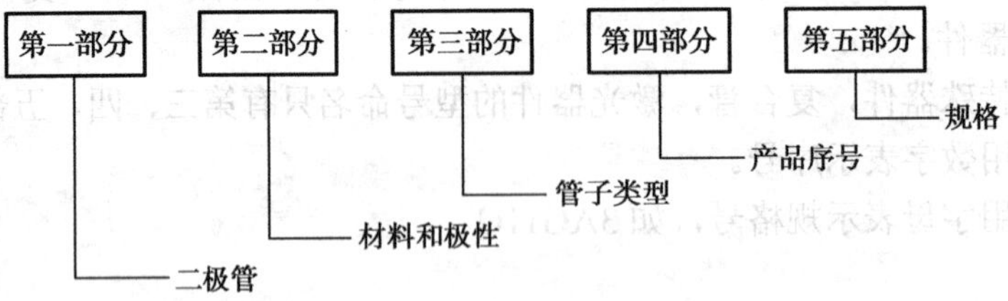

图 2-30　二极管的命名

例如，2AP9 表示 N 型锗材料普通二极管。

表 2-14　半导体材料和极性、器件类型所表示的意义

材料和极性		器件类型			
字母	意义	字母	意义	字母	意义
A	N 型，锗材料	A	高频大功率管 f>3 MHz，P≥1 W	P	普通管
B	P 型，锗材料	B	雪崩管	S	隧道管
C	N 型，硅材料	C	参量管	T	可控整流管
D	P 型，硅材料	D	低频大功率管 f<3 MHz，P≥1 W	U	光电器件
E	化合物材料	G	高频小功率管 f≥3 MHz，P<1 W	V	微波管
A	PNP 型，锗材料	K	开关管	W	稳压管
B	NPN 型，锗材料	L	整流堆	X	低频小功率 f<3 MHz，P<1 W
		J	阶跃恢复管	Y	体效应器件
C	PNP 型，硅材料	N	阻尼管	Z	整流管
		BT	半导体特殊器件	PIN	PIN 型管
D	NPN 型，硅材料	CS	场效应器件	JG	激光器件
		FH	复合管		

4）常见的特殊二极管

（1）稳压二极管：利用击穿时通过管子的电流在很大范围内变化，而管子的电压变化很小的特性，实现稳压。硅稳压管实质就是工作在反向击穿状态下的硅二极管。主要参数：稳压电压，稳压电流，最大稳压电流，一般外电路串接一个限流电阻，需要稳压的负载并连在稳压管两端。

（2）变容二极管：是利用 PN 结的电容效应而工作的。容值大小不是恒定值，它与 PN 结的反偏电压大小有关，升高时，电容减小，常用于调谐电容使用。

（3）光电二极管（光敏二极管）：外界能量的（光、热）激发产生电子-空穴对，由光照射产生光生载流子。通过回路的外接电阻可获得电流，从而实现光电转换或光电控制。光子的能量与光波的频率有关，称为光谱响应特性。硅光电二极管对波长 0.8～0.9 μm 的红外光最为敏感；锗光电二极管对 1.4～1.5 μm 的远红外光最为敏感。主要参数：响应时间、灵敏度。应用于光电转换的自动探测，光接收器件。

（4）发光二极管（Light Emitting Diode，LED）：工作于正向偏置。自由电子和空穴相遇因复合而消失也会放出能量。用特殊的半导体材料，砷化镓为红光，磷化镓为绿光。当工作电流为 10 mA～30 mA 时，正向电压降为 1.5～3 V。反向击穿电压约为 5 V。显示器件优点：体积小、显示快、光度强、寿命长；缺点：功耗大。

5. 三极管

1）定义

半导体三极管又称为晶体三极管，通常简称三极管或晶体管。三极管具有电流放大作用。外形如图 2-31 所示。

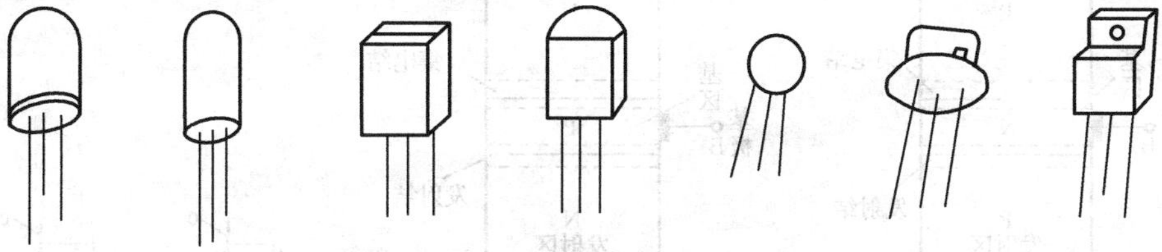

图 2-31　晶体三极管的外形

三极管内部结构：基区很薄，发射区的掺杂浓度比基区和集电区的浓度大得多，集电结的面积比发射结的面积大。

为实现电流放大作用，必须具备一定的外部条件：发射结加正压；集电结加反压。

三极管内部结构为两个 PN 结，根据三层半导体区排列方式不同，分为 PNP 型与 NPN 型两种。大功率管的集电极通常与金属外壳相连，两种不同的三极管的区别仅在于基极与发射极箭头的方向，箭头方向表示发射结正向偏置时的电流方向，以此判断 NPN 型或 PNP 型。

三极管各电极中的电流：①发射区向基区注入自由电子：发射区正偏，发射区的自由电子不断地扩散到基区，并不断从电源补充进电子，形成发射极电流。②自由电子注入基区后：由于基区很薄，从发射区向基区注入的电子在向集电结扩散的过程中，只有少量与基区中的多子（空穴）相复合。与空穴复合的电子流记作 I_{BN}。因基区的空穴是电源 V_{BB} 提供，故 I_{BN}

是基极电流 I_B 的主要成分。③集电极收集电子的情况：由于集电结反向电压，从发射区向基区注入的电子成为集电极电流 I_C 的主要成分。

三极管的放大作用，主要取决于基区中载流子的分配关系，特别是漂移电流 I_{CN} 和复合电流 I_{BS} 的比例关系。

三极管的工作依赖于两种载流子，即自由电子和空穴，因此又称为双极型晶体三极管（Bipolar Junction Type Transistor，BJT）。$I_C=\beta I_B$ 利用基极回路的小电流 I_B，实现对集电极和发射极回路的大电流 I_C（I_E）的控制，这就是三极管以弱控制强的电流放大作用。由于三极管有三个电极，必然有一个极为输入与输出的公共端。共哪个极就是哪个极为输入与输出的公共端。

2）晶体管的分类

（1）按制造材料的不同进行分类，可分为硅管和锗管，它们的特性大同小异。硅管受温度影响较小，工作较稳定。

（2）按晶体管内部结构分类，可分为 NPN 型管和 PNP 型管，如图 2-32 所示。目前我国生产的硅管多数是 NPN 型管，也有少量的 PNP 型管。锗管多数是 PNP 型管，也有少量的 NPN 型管。

（3）按工作频率分类，可分为高频管（工作频率等于或大于 3 MHz）和低频管（工作频率低于 3 MHz）。

（4）按用途的不同分类，可分为普通放大晶体管和开关管。

（5）按功率分类，可分为小功率管（耗散功率小于 1 W）和大功率管（耗散功率等于或大于 1 W）。

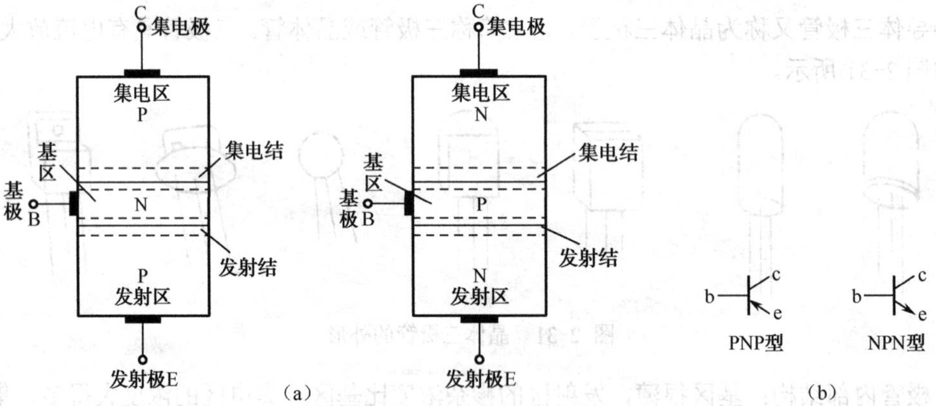

图 2-32　晶体管结构及电路符号

3）晶体管的主要参数

（1）电流放大系数（简称放大倍数）。电流放大系数用来表示三极管的电流放大能力。又有直流电流放大系数（简称直流放大倍数）和交流电流放大系数（简称交流放大倍数）之分。前者是指在直流状态下，三极管的集电极电流 I_c 和基极电流 I_b 之比，有时也称为静态电流放大系数，在共射状态下，常用 $\bar{\beta}$ 表示，即

$$\bar{\beta}=\frac{I_c}{I_b}$$

（2）极间反向电流。主要用来表示管子工作的稳定情况。管子的极间反向电流有两个：

一个是集电结反向饱和电流 I_{cb0}，是指发射极开路时，基极与集电极之间（即集电结）的反向饱和电流；另一个是穿透电流 I_{ce0}，是指基极开路时，集电极和发射极之间的反向电流。

（3）截止频率 f_α、f_β。实践证明，三极管的电流放大系数 β（或 α）不仅与 I_c 有关，而且还与工作频率有关。当工作频率较低时，β（或 α）基本为恒定值。随着工作频率的升高，β（或 α）值逐渐下降，当降低到低频时恒定值的 70.7%时，此时所对应的频率称为它的截止频率 f_β（或 f_α）。f_β 和 f_α 关系为

$$f_\beta = (1-\alpha) f_\alpha \approx \frac{f_\alpha}{\beta}$$

低频管 f_α<3 MHz，高频管的 f_α≥3 MHz。

（4）击穿电压。三极管的击穿电压主要有：$V_{(BR)EBO}$、$V_{(BR)CEO}$、$V_{(BR)CBO}$ 三种，它们的意义如下。

$V_{(BR)EBO}$：集电极开路，发射极-基极间的反向击穿电压。

$V_{(BR)CEO}$：基极开路，集电极-发射极间的反向击穿电压。

$V_{(BR)CBO}$：发射极开路，集电极-基极间的反向击穿电压。

三者的关系是：

$$V_{(BR)EBO} < V_{(BR)CEO} < V_{(BR)CBO}$$

使用晶体管时，任何情况下，各极间的电压都不允许超过上述规定值。

（5）集电极最大允许耗散功率 P_{CM}。当管子的集电极通过电流时，因功率损耗要产生热量，使其结温升高。若功率耗散过大，将导致集电极烧毁。根据管子允许的最高温度和散热条件，可以确定 P_{CM} 值。国产小功率三极管的 P_{CM}<1 W，中、大功率三极管的 P_{CM}≥1 W。

6．场效应管

1）定义

场效应管（Field Effect Transistor，FET）是一种电压控制型半导体器件。突出特点是输入电阻非常高，能满足高内阻的信号源对放大器要求，因此它是较理想的前置输入级器件。功耗低，制造工艺简单，噪声低，热稳定性好，抗辐射能力强。

2）分类

按结构不同可分为结型（Junction Field Effect Transistor，JFET）、绝缘栅型（Insulated Gate Field Effect Transistor，IGFET）场效应管。

（1）结型场效应管：输入电阻为 PN 结的反向电阻（总能存在反向电流）；栅极（g）、源极（s）、漏极（d）。利用外加电压变化产生的结内电场变化控制导电沟道电流的目的，是一种电压控制电流源。

（2）绝缘栅型场效应管：共栅极与沟道是绝缘的。目前应用最广泛的金属-氧化物-半导体场效应管，简称 MOS（Metal-Oxide-Semiconductor）管。

MOS 管除了分为 N 沟道 P 沟道之外；还可分为增强型和耗尽型。

7．晶闸管

1）定义

它的栅极像闸门一样能够控制大电流的流通，因此被称为闸流管，有阳极（a）、阴极（k）、

控制极（门极 g）。

它是一种应用广泛的半导体功率开关器件。可用作可控整流，交流调压，无触点开关（继电器）以及大功率变频和调速系统中的重要器件。与大功率三极管相比，具有效率高，电流容量大，使用方便而又经济等优点。

2）分类

晶闸管可分为普通单向和双向晶闸管、可关断晶闸管、光控晶闸管。

硅晶体闸流管（简称晶闸管）又称为可控硅［（Silicon（硅石）Controlled Rectifier（整流器，SCR）］，英文晶闸管为 Thyristor。

3）特点

要使晶闸管导通，必须具备以下两个条件。

（1）晶闸管的阳极要加上正极性电压。

（2）晶闸管的控制极要加上适当的正极性电压。

晶闸管导通后，控制极就失去作用。要使其关断，必须把正向阳极电压降到一定的数值（或者在晶闸管阳、阴极间施加反向电压）使流过晶闸管的电流小于维持电流。

4）集成稳压器

按输出电压可分为固定式稳压电路、可调式稳压电路。可通过外接元件使输出电压在较大范围内进行调节。

三端固定式稳压器：输入端、输出端、公共端。W7800 为固定式稳压电路，其输出电压有：5 V、6 V、9 V、12 V、15 V、18 V、24 V 共 7 个档次，其型号的后两位数表示输出电压值。其中有两种封装形式：一种是金属封装；另一种是塑料封装。

集成稳压器的主要参数：输出电压；最大输出电流，是个极限参数。因此要注意稳压器的散热，安装规定的散热片。

8．集成电路

1）定义

利用半导体工艺或薄、厚膜工艺（或这些工艺的结合），将晶体管、电阻及电容等元器件，按电路的要求，共同制作在一块硅或绝缘体基片上，然后封装而成。这种在结构上形成紧密联系的整体电路，称为集成电路。

封装形式有陶瓷封装、塑料封装、金属封装的；有双列直插、单列直插的；外形有圆形、长方扁平的。

2）集成电路（IC）分类

国际上形成主流的集成数字逻辑电路：7 个 TTL 系列；5 个 CMOS 系列。标准 TTL 电路（STDTTL）；高速 TTL（HTTL）；低功耗 TTL（LTTL）；肖特基 TTL（STTL）；低功耗肖待基 TTL（LSTTL）；先进肖特基 TTL（ASTTL），先进低功耗肖特基 TTL（ALSTTL）；仙童（快捷）；先进肖特基 TTL（FAST），CMOS 4000 系列电路；高速 CMOS 电路（HC 或 HCT）；先进 CMOS 逻辑电路（AC 和 ACT）。

3）型号命名方法

（1）原部标规定的命名方法：第一部分，电路类型（1 位），T—TTL，H—HTL，E—ECL，P—PMOS，N—NMOS，C—CMOS，F—线性放大器，W—集成稳压器，J—接口电路；第二部分（3 位），电路系列和品种序号；第三部分（1 位），电路规格符号（拼音字母）；第四部分（1 位），电路封装，A—陶瓷扁平，B—塑料扁平，C—陶瓷双列直插，D—塑料双列直插，Y—金属圆壳，F—金属菱形。

（2）原国标规定的命名方法：第一部分，C—中国制造；第二部分（1 位），器件类型，T—TTL，H—HTL，E—ECL，C—CMOS，F—线性放大器，D—音响、电视电路，W—稳压器，J—接口电路，B—非线性电路，M—存储器，U—微机电路；第三部分（1 位），工作温度范围，C—0～70 ℃，R—-55～85 ℃，E—-40～85 ℃，M—-55～125 ℃；第五部分，器件封装符号，W—陶瓷扁平，B—塑料扁平，D—陶瓷双列直插，P—塑料双列直插，T—金属圆壳，K—金属菱形。

（3）现行国家标准规定的命名方法：第一部分，C—中国国标产品；第二部分，器件类型（1 位），T—TTL，H—HTL，E—ECL，C—CMOS，F—线性放大器，D—音响、电视电路，W—稳压器，J—接口电路，B—非线性电路，M—存储器，U—微机电路，AD—A/D 转换器，DA—D/A 转换器，SC—通信专用电路，SS—敏感电路，SW—钟表电路，SJ—机电仪电路，SF—复印机电路；第三部分，用阿拉伯数字和字母表示器件系列品种，其中 TTL 分为 54/74***，CMOS 分为 4000 系列；第四部分（1 位），工作温度范围，C—0～70 ℃，G—-25～70 ℃，L—-25～85 ℃，E—-40～85 ℃，R—-55～85 ℃，M—-55～125 ℃；第五部分，器件封装符号，H—陶瓷扁平，F—多层陶瓷扁平，B—塑料扁平，D—多层陶瓷双列直插，P—塑料双列直插，T—金属圆壳，K—金属菱形。

4）常见生产厂商

国外主要生产厂家：AMD（先进微器件公司（美））、ANA（模拟器件公司（美））、BUB（布尔—布朗公司（美））、FSC（仙童公司（美））、HAS（哈里公司（美））、HITJ（日立公司（日））、INL（英特希尔公司（美））、ITL（英特尔公司（美））、LTC（线性技术公司（美））、MITJ（三菱电气公司（日））、MOTA（摩托罗拉公司）。

目前，集成电路的命名国际上还没有一个统一的标准，各制造公司都有自己的一套命名方法，给读者识别集成电路带来很大的困难，但各制造公司对集成电路的命名总还存在一些规律。

5）集成电路封装形式

在计算机中，存在着各种各样不同处理芯片，那么它们又是采用何种封装形式呢？并且这些封装形式又有什么样的技术特点以及优越性呢？下面介绍各种芯片封装形式的特点和优点。

（1）DIP（DualIn-line Package）双列直插式封装，如图 2-33 所示。

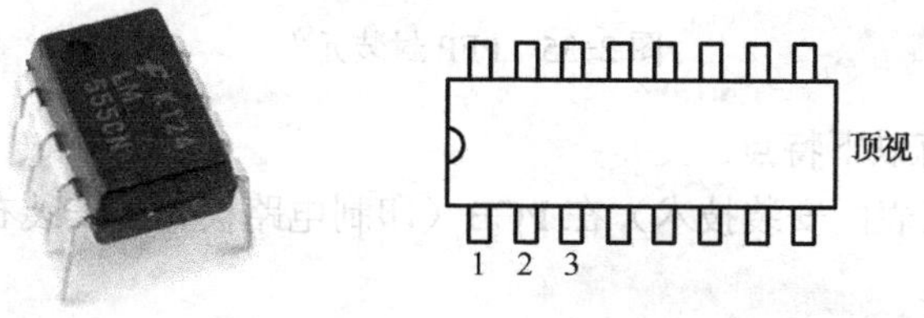

图 2-33　DIP 双列直插式封装元件

DIP（DualIn-line Package）是指采用双列直插形式封装的集成电路芯片，绝大多数中小规模集成电路（IC）均采用这种封装形式，其引脚数一般不超过 100 个。采用 DIP 封装的 CPU 芯片有两排引脚，需要插入到具有 DIP 结构的芯片插座上。当然，也可以直接插在有相同焊孔数和几何排列的电路板上进行焊接。DIP 封装的芯片在从芯片插座上插拔时应特别小心，以免损坏引脚。

DIP 封装具有以下特点。

① 适合在 PCB（印制电路板）上穿孔焊接，操作方便。

② 芯片面积与封装面积之间的比值较大，因此体积也较大。

（2）QFP 塑料方型扁平式封装和塑料四边引脚扁平封装 PQFP（Plastic Quad Flat Package），如图 2-34 所示。

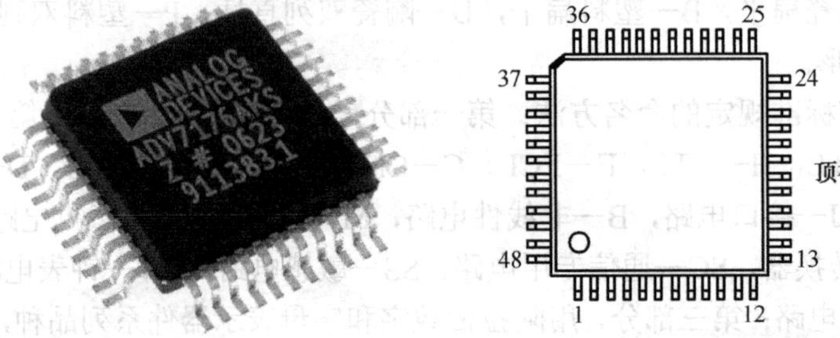

图 2-34　QFP 塑料方型扁平式封装和塑料四边引脚扁平封装元件

QFP（Plastic Quad Flat Package）封装的芯片引脚之间距离很小，引脚很细，一般大规模或超大型集成电路都采用这种封装形式，其引脚数一般在 100 个以上。用这种形式封装的芯片必须采用 SMD（表面安装技术）将芯片与主板焊接起来。采用 SMD 安装的芯片不必在主板上打孔，一般在主板表面上有设计好的相应引脚的焊点。将芯片各引脚对准相应的焊点，即可实现与主板的焊接。用这种方法焊上去的芯片，如果不用专用工具是很难拆卸下来的。

（3）PFP（Plastic Flat Package）封装，如图 2-35 所示。

PFP（Plastic Flat Package）方式封装的芯片与 QFP 方式基本相同。唯一的区别是 QFP 一般为正方形，而 PFP 既可以是正方形，也可以是长方形。

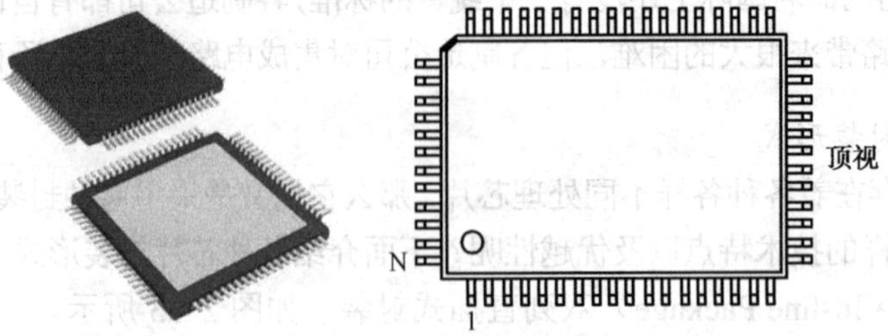

图 2-35　PFP 封装元件

QFP/PFP 封装具有以下特点。

① 适用于 SMD（表面安装技术）在 PCB（印制电路板）上安装布线。

② 适合高频使用。

③ 操作方便，可靠性高。

④ 芯片面积与封装面积之间的比值较小。

Intel 系列 CPU 中 80286、80386 和某些 486 主板都采用这种封装形式。

（4）PGA 插针网格阵列封装（Pin Grid Array Package），如图 2-36 所示。

PGA（Pin Grid Array Package）芯片封装形式在芯片的内外有多个方阵形的插针，每个方阵形插针沿芯片的四周间隔一定距离排列。根据引脚数目的多少，可以围成 2～5 圈。安装时，将芯片插入专门的 PGA 插座。为使 CPU 能够更方便地安装和拆卸，从 486 芯片开始，出现一种名为 ZIF 的 CPU 插座，专门用来满足 PGA 封装的 CPU 在安装和拆卸上的要求。

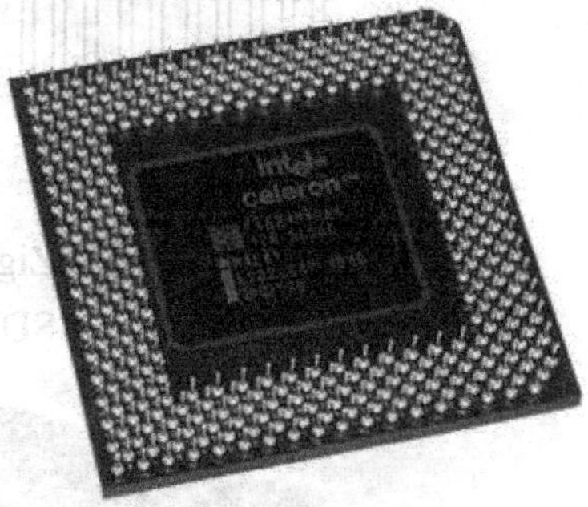

图 2-36　PGA 插针网格阵列封装元件

ZIF（Zero Insertion Force Socket）是指零插拔力的插座。把这种插座上的扳手轻轻抬起，CPU 就可很容易、轻松地插入插座中。然后将扳手压回原处，利用插座本身的特殊结构生成的挤压力，将 CPU 的引脚与插座牢牢地接触，绝对不存在接触不良的问题。而拆卸 CPU 芯片只需将插座的扳手轻轻抬起，则压力解除，CPU 芯片即可轻松取出。

PGA 封装具有以下特点。

① 插拔操作更方便，可靠性高。

② 可适应更高的频率。

Intel 系列 CPU 中，80486 和 Pentium、Pentium Pro 均采用这种封装形式。

（5）BGA（Ball Grid Array Package）球栅阵列封装（底面焊脚封装），如图 2-37 所示。

随着集成电路技术的发展，对集成电路的封装要求更加严格。这是因为封装技术关系到产品的功能性，当 IC 的频率超过 100 MHz 时，传统封装方式可能会产生所谓的“CrossTalk”现象，而且当 IC 的引脚数大于 208 Pin 时，传统的封装方式有其困难度。因此，除使用 QFP 封装方式外，现今大多数的高引脚数芯片（如图形芯片与芯片组等）均使用 BGA（Ball Grid Array Package）封装技术。BGA 一出现便成为 CPU、主板上南/北桥芯片等高密度、高性能、多引脚封装的最佳选择。

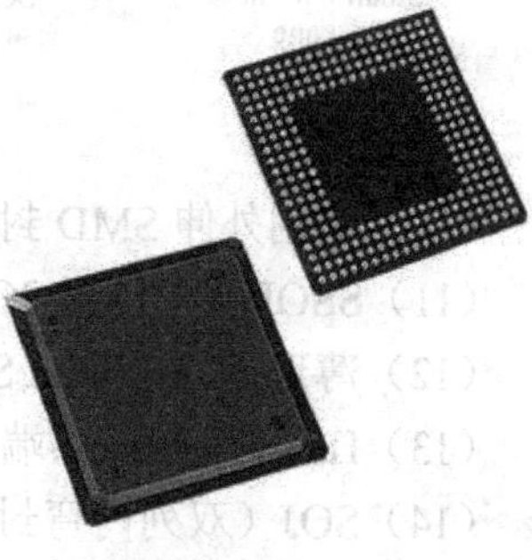

图 2-37　BGA 球栅阵列封装元件

BGA 封装具有以下特点。

① I/O 引脚数虽然增多，但引脚之间的距离远大于 QFP 封装方式，提高了成品率。

② 虽然 BGA 的功耗增加，但由于采用的是可控塌陷芯片法焊接，从而可以改善电热性能。

③ 信号传输延迟小，适应频率大大提高。

④ 组装可用共面焊接，可靠性大大提高。

（6）单列直插封装（Single Immediacy Plug，SIP），如图 2-38 所示。

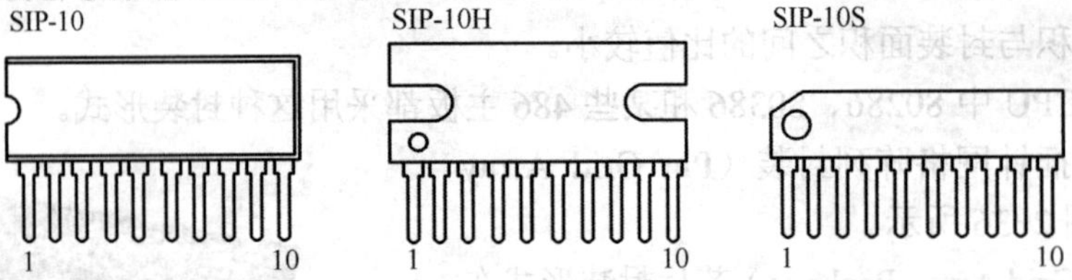

图 2-38　单列直插封装元件

（7）锯齿双列直插封装（Zig-Zag Inline Package，ZIP），如图 2-39 所示。

（8）压缩双列直插封装（SDIP），如图 2-40 所示。

图 2-39　锯齿双列直插封装元件

图 2-40　压缩双列直插封装元件

（9）微型双列封装（Small Outline Package，SOP），如图 2-41 所示。

图 2-41　微型双列封装元件

（10）双列外伸 SMD 封装（Small Outline Package，SOP），如图 2-42 所示。

（11）SSOP（小外形 SOP），如图 2-41 所示。

（12）薄形 SOP（Thin Small Outline Package，TSOP），如图 2-42 所示。

（13）HSOP（带散热端 SOP），如图 2-43 所示。

（14）SOJ（双列内弯封装），如图 2-44 所示。

图 2-42　SOP 元件

图 2-43　HSOP 元件

图 2-44　SOJ 元件

（15）BQFP（带保护垫型 QFP），如图 2-45 所示。

（16）四列内弯封装（Plastic Leaded Chip Carrier，PLCC），如图 2-46 所示。

（17）SOT-23（三引脚 SMD 元件），如图 2-47 所示。

图 2-45　BQFP 元件

图 2-46　PLCC 元件

图 2-47　SOT-23 元件

（18）LL-34（圆柱形 SMD 元件），如图 2-48 所示。

（19）DO-214AC（引脚内弯长方体 SMD 元件），如图 2-49 所示。

图 2-48　LL-34 元件

图 2-49　DO-214AC 元件

2.3.6　发光元件（显示元件）

1．作用

电子显示元件是指将电子信号转换为光信号的光电转换元件，可以来显示数字、符号、文字或图像。电子显示元件是电子显示装置的关键部件。一方面供人们直接读取测量或运算结果；另一方面用于监视数字系统的工作情况。

2．分类

1）发光管（LED）（图 2-50）

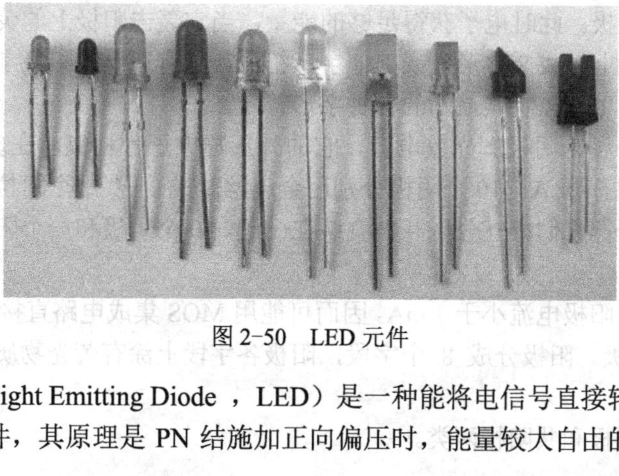

图 2-50　LED 元件

发光二极管（Light Emitting Diode ，LED）是一种能将电信号直接转化成光信号的结型电致发光半导体器件，其原理是 PN 结施加正向偏压时，能量较大自由的电子或空穴越过势垒分别流入到 P 区或 N 区，然后同 P 区或 N 区的自由电子或空穴复合，同时以光的形式辐射多余的能量而发光。发光二极管的发光颜色主要取决于制造 LED 的半导体材料。用特殊的半导体材料，砷化镓为红光，磷化镓为绿光。此外还有变色发光二极管，当通过这种发光二极管的电流大小改变时，发光颜色会随之变化。当工作电流为 10 mA～30 mA 时，正向电压降为 1.5～3 V。

优点:机械强度高、驱动电压低、体积小、显示快、光度强、寿命长；缺点：功耗大。

用途：发光二极管的最大用途是做指示灯，还可组成各种用途的显示器，如数码显示器等。还可与受光元件组合使用，组成各种光电开关。

2）液晶显示器（点阵）（图 2-51）

液晶显示器（LCD）的主要材料是液晶，它是介于晶体与液体之间的一种物质，具有晶体的各向异性和液体的流动性。液晶在电场和温度的作用下能产生各种电光效应和热光效应，利用这些效应可以进行显示。

特点：液晶显示器是一种被动式显示器件，液晶本身不会发光，而是借助自然光或外来光来显示，且外部光线越强，显示效果越好。为电压驱动器件，所需的功耗很小（$\mu W/cm^2$），可以直接用集成电路驱动。缺点：工作温度范围窄（-10～60 ℃），响应时间和余辉时间较长（ms 级）。用途：常用于仪表显示器、数字钟表显示器、电子计算机显示器及其他特种显示器。

3）荧光显示器（图 2-52）

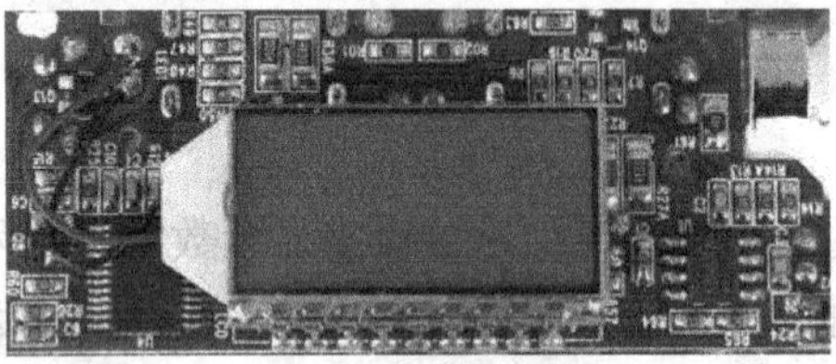

图 2-51　液晶显示器

图 2-52　荧光显示器

荧光显示器（VFD）由灯丝、栅极、阳极等组成。它们组装在真空管中，灯丝电源将直热式阴极加热到 700℃左右，使涂覆在灯丝表面的氧化物发射电子受栅极电压的控制，被阳极电位加速，射向阳极。此时电子获得足够的能量，当它轰击阳极上的荧光粉涂层时，可使荧光粉发光。在阳极上做成 8 字形段或其他字形符号，只有通电的阳极字形段部分发光，通过适当的控制电路，可以控制其显示的各种字形符号。

辉光数码管是一种冷阴极辉光放电管，它的外形与电子管相似，在玻璃管内封装有 10 个阴极 K 和一个公共阳极 A。10 个阴极分别用金属丝做成 0～9 十个阿拉伯数字的形状，在管芯内用陶瓷绝缘子把它们相互分隔开并叠装在一起，10 个阴极和一个阳极通过内部引线焊接在相应的引脚上。

荧光数码管由于阳极电流小于 1 mA，因而可能用 MOS 集成电路直接驱动。它有灯丝（称为阴极）、栅极和阳极。阳极分成 8 个字段，阳极各字段上涂有荧光物质。各个电极通过底部引出引脚。

数码管分为共阴极和共阳极两类。

4）CRT 显示器（图 2-53）

CRT（阴极射线管）显示器属电真空器件，CRT 显示器亮度、发光效率、对比度都较高。

显像管是一个特殊的、大的真空电子管，由管颈、锥体和显示屏三部分组成。

图 2-53　CRT 显示器

2.3.7　电声元件

电声元件是完成电与声转换的器件，其发展方向是高保真和立体声。

1. 蜂鸣器（微型电磁讯响器）（图 2-54）

各中讯响器体积大小不同，规格型号各异。基本外形为圆柱体，中间开孔，长、短两只引脚。内部发声部件采用电磁式，由线圈、磁铁、铁芯、金属振动膜片等组成，磁铁芯上绕线圈，上部安装振动膜片。当线圈中流过交流电流时，磁铁周期性地间断吸合膜片，使振动膜片振动并在共鸣腔的作用下发出尖锐响亮的声音。

微型电磁讯响器可分为无源式和有源式两大类。

无源讯响器自身不带音源电路，相当于一只微型扬声器，要外加音频驱动电路才能发声。

有源讯响器内部将三极管等电子元器件装成一体，组成振荡电路，使用时只需外加直流电压即可发声。

特点：体积小、质量轻、功耗低、声压高、性能可靠、寿命长，可直接安装在印制电路板上。

2. 扬声器（喇叭）及耳机（图 2-55）

图 2-54　蜂鸣器

图 2-55　扬声器

（1）其作用是将音频放大器输出的电信号转变为声信号，完成声音的重放。

（2）种类：按结构原理可分为永磁动圈式、励磁动圈式、舌簧式和晶体压电式等；按频率特性可分为高音扬声器、中音扬声器、低音扬声器、全频段扬声器；按声辐射方式可分为直射式和反射式；按外形可分为圆形、椭圆形、超薄形和号筒式等。

扬声器的文字符号用字母 B 或 BL 表示。

（3）主要参数

① 额定功率：指扬声器的非线性失真不超过某一数值时，能长时间正常工作的允许输入功率。

② 额定阻抗：指扬声器的交流阻抗，与频率有关。选用扬声器时，其标称阻抗一般应与音频功放电路的输出阻抗匹配，在这个阻抗上，扬声器可获得最大功率。扬声器交流阻抗约等于扬声器直流电阻×（1.2～1.5）。

③ 频率响应（又称为有效频率范围）：指扬声器重放音频的有效工作频率范围，给扬声器加一个幅度不变的交变信号，当信号的频率改变时，扬声器所产生的声压将随频率而改变。

④ 灵敏度：指在规定频率范围内，在自由场条件下，输入视在功率为 1 V·A 噪声信号时，在扬声器轴线上距参考点 1 m 测出的平均声压（Pa）。

（4）常见扬声器及音箱

① 电动式扬声器：又称为动圈式扬声器，主要由磁体（磁路）和振动系统组成。其中，纸盆（又称为音膜或振动板）、轭环、定心片、支架、音圈和防尘罩组成了振动系统，磁铁和芯柱构成磁路。工作原理：当音圈中通上交变的音频信号时，磁铁的固定磁场与载流导线（音圈）产生的交变磁场相互作用，使音圈随电流变化而前后运动，音圈与纸盆连接，音圈运动带动纸盆运动，纸盆运动推动空气振动而发声。

② 压电陶瓷扬声器：用压电晶体作为电-机械转换结构。当音频电压加到压电晶体上时，晶体产生逆压电效应，产生机械振动，带动附有晶体的纸盆振动，产生声音。一般用在一些小音量的场合。如微型仪表（数字万用表）、音乐贺卡，直接用压电陶瓷片做发声器件。

③ 组合音箱：将扬声器装于音箱内，有利于扩展音量，改善音质，也利于保护扬声器。音箱可以用单只喇叭装入箱内构成，也可以用几只喇叭构成组合音箱。组合音箱用分频网络将不同频率段的信号分配给具有不同频率响应的扬声器。常见的音箱结构有封闭式、倒相式、空纸盆式、迷宫式、号筒式。

④ 耳机：是在一个小的空间内将电信号转化为声信号的器件，常分耳塞式和头戴式两种。耳塞式由永久磁铁、线圈、垫圈、膜片等组成。耳塞机的音圈是固定的，发声靠动膜片，当音频电流流过线圈磁铁时，电磁铁将产生交变的磁场，对软磁材料制成的膜片产生吸引和排斥作用，使膜片振动发声。

3．传声器

传声器俗称话筒，与扬声器作用相反，是一种将声能转换为电能的器件，如图 2-56 所示。

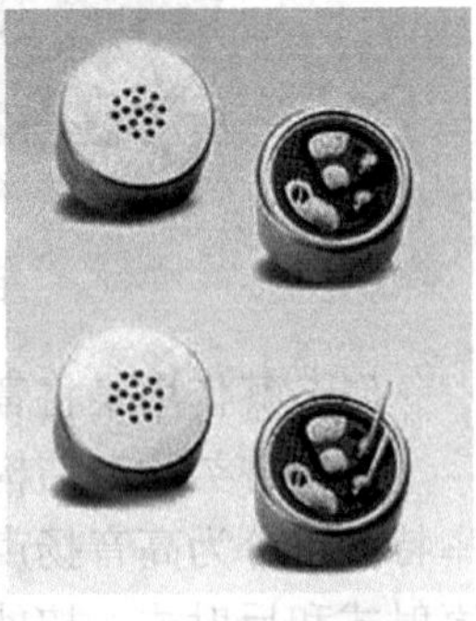

图 2-56 传声器

2.3.8 电接触件

1．接插件

接插件的分类

习惯上，常按照接插元件的工作频率和外形结构特征分类。

按接插元件的工作频率分类，低频接插件通常是指适合在 100 MHz 频率以下工作的连接器。而适合在 100 MHz 频率以上工作的高频接插件，在结构上需要考虑高频电场的泄漏、反射等问题，一般都采用同轴结构，以便与同轴电缆连接，所以也称为同轴连接器。

按照外形结构特征分类，常见的有圆形接插件、矩形接插件、印制接插件、带状电缆接插件等。

2．开关

开关作用是断开、接通或转换电路，以控制电气装置的工作或停止。文字符号用“S”或“XS”表示。大多数都是手动式机械结构，由于构造简单、操作方便、廉价可靠，使用十分广泛。随着新技术的发展，各种非机械结构的电子开关，如气动开关，水银开关及高频振荡式、感应电容式、霍尔效应式的接近开关等，正在不断出现。这里只简要介绍几种机械类开关。

按照机械动作的方式分类，有旋转式开关、按动式开关和拨动式开关。

3．继电器

1）线圈特征

额定电压，5 VDC、12 VDC、24 VDC；额定电流，180 mA、75 mA、37.5 mA；线圈电阻，27.8 Ω、160 Ω、640 Ω；工作电压，额定电压 70%，3.5 V、8.4 V；释放电压，额定电压 10%，0.5 V、1.2 V；最大电压，额定电压 110%，5.5 V、13.2 V；功率消耗，大约 0.9W。

2）触点额定值

额定负载，250 VAC 下为 20 A；额定承载电流，20 A；最大开关电压，250 VAC；最大开关电流，20 A；最大开关容量，5 VA；最小容许负载，在 5 VDC 下为 100 mA。

3）其他

触点电阻，最大 30 mΩ；工作时间，最大 20 ms；释放时间，最大 10 ms；最大工作频率，机械 18 000 次动作；绝缘电阻；介电强度；抗振动性；抗冲击性、期望寿命；环境温湿度；重量。

2.3.9　供能元件

1．晶体（晶振）

石英晶体元件简称晶振或晶振元件，它是利用石英单晶材料的压电效应而制成的一种器件，具有体积小、Q 值高、性能稳定可靠的特点，如图 2-57 所示。

图 2-57　晶振

1）结构、型号、种类

石英晶体元件一般由石英晶片、晶片支架和封装外壳等构成。石英是一种结晶体，按一定方位切割成的薄片就是石英晶片。晶片支架的作用是固定晶体及引出电极，晶片支架一般可分为焊线式和夹紧式两种。通常低、中频率的晶振采用焊线式，高频晶振用夹紧式。封装形式有玻璃真空密封型、金属壳封装型、陶瓷封装型及塑料封装型。晶振多为两个电极，但也有多电极。

国产晶振元件的型号由三部分组成，其中第一部分表示外壳形状和材料，如 B 表示玻璃壳，J 表示金属壳；第二部分表示晶体切割方式，如 A 表示 AT 切型；B 表示 BT 切型；第三部分表示主要性能及外形尺寸等，一般用数字表示。

按频率及稳定度的不同分为高精度、中精度及通用型 3 种。石英晶体一般主要是按工作频率及体积大小上的分类，在使用中只要频率和体积符合要求，一般是可以互换使用的。

2）工作原理

如果在晶片上加上交变电压，则晶片将随交变信号的变化而产生机械振动。当交变电压频率与晶片的固定频率（取决于晶片几何尺寸）相同时，机械振动最强，电路中的电流也最大，电路产生了谐振。晶振元件在电路中实际上相当于一个品质优良的 LC 谐振回路。

晶振元件在较窄的环境温度范围内具有良好的频率温度特性，如在温度变化较大的场合，为提高频率稳定度，要采取恒温或其他措施。

3）主要参数

（1）标称频率：这是一个重要参数，标在每一块石英晶体元件的外壳上，用带有小数点的数字来表示，其频率单位为 MHz。

（2）负载电容：晶振元件相当于电感，组成振荡电路时需配接外部电容。

（3）激励电平（功率）：激励电平是指晶振元件正常工作时的有效电平（消耗的功率）。激励电平应大小适中，过大会使电路频率稳定度变差，甚至“振裂”晶片，过小会使振荡幅度减少和不稳定，甚至不能起振。一般激励电平不应大于额定值，但也不要小于额定值的 50%。

（4）工作温度范围：指晶振元件保持良好的频率特性的环境温度范围。

（5）温度频差：指在工作温度范围内的工作频率相对于基准温度下工作频率的最大偏离值。

2. 电池

电池是便携式小型及微型电子产品的常用电源，常见的电池有干电池、充电电池、小型密封免维护铅蓄电池。

1）干电池

（1）电池型号由两部分组成。

第一部分是字母加上数字，如 R6、R14。其中 R 表示圆柱形电池；数字代表是几号电池，数字越大电池号数越小，常见为 1 号（20）、2 号（14）、5 号（6）、7 号（3）。

第二部分是字母，表明电池由什么构成，可 1 位也可 2 位。S 表示第一代普通糊式电池，现已淘汰；C 表示第二代高容量纸胶式电池；P 表示第三代氯化锌电池；L 表示第四碱性锌锰电池，如 LR3 是第四代碱锰圆柱形 7 号电池。

（2）干电池的特点。

间歇放电的时间比连续放电的时间要长。

存储期：碱性干电池 3～5 年；普通干电池 2 年。

2）充电电池

（1）镍镉电池：以海绵状金属镉为负极，以氢氧化镍沥表为正极活性材料，氢氧化钾水溶液为电解液的电池。镍和镉这两种金属在电池中能发生可逆反应，因此可以充电。

（2）镍氢电池：氢电极为负极，氢氧化镍为正极，由于它不含镉金属，不会污染环境。

（3）锂电池：锂电池轻薄短小且容量大，其阳极为石墨晶体，阴极通常为二氧化钴锂。

充电电池的记忆效应：是指电池使用中电能经常未被用尽，又被充电，电池重复地不完全充电与放电，使电池内容物质产生结晶的一种效应。一般只产生在镍镉电池，镍氢电池较少，锂电池无此现象。

3）小型密封式免维护铅蓄电池

特点：具有全密封、免维护、高能量、长寿命等优点。

内部是由一个个的单格密封式免维护电池串联而成的。每一单格电压都是 2 V，因此 6 V 蓄电池内部则有三个单格。标称电压和标称容量是铅蓄电池的两个基本参数。标称容量通常是以 20 小时率容量表示。例如，6 V 4.0 AH 即表示以 0.2 A（4/20）的电池放电，即单格平均终止电压为 1.75 V 时，可持续放电 20 小时。

使用过程中，一定要注意及时充电，不要等到电池单格电压降到终止电压 1.75V 才充电。即使没有使用，最好隔一段时间就充一充。如在使用中电量放净，必须在一天之内充电，否则会在极板上形成不可逆的铅化合物，造成容量减小。这种情形类似记忆效应，但却是因为电量放净而造成的。

2.4　元件极性识别

2.4.1　SMT 元件的识别

1. 表面贴装元件分类

1）按功能分类

（1）连接件（Interconnect）：提供机械与电气连接/断开，由连接插头和插座组成，将电缆、支架、机箱或其他 PCB 与 PCB 连接起来；可与板的实际连接必须是通过表面贴装型接触。

（2）有源电子元件（Active）：在模拟或数字电路中，可以自己控制电压和电流，以产生增益或开关作用，即对施加信号有反应，可以改变自己的基本特性。

（3）无源电子元件（Inactive）：当施以电信号时不改变本身特性，即提供简单的、可重复的反应。

（4）异型电子元件（Odd-form）：其几何形状因素是奇特的，但不必是独特的。因此必须用手工贴装，其外壳（与其基本功能成对比）形状是不标准的，如许多变压器、混合电路结构、风扇、机械开关块等。

2）按封装外形形状/尺寸分类

Chip：为片状阻容件，其尺寸规格如表 2-15 所示。

表 2-15　片状阻容件的尺寸规格

英制规格（英制尺寸:长×宽）	公制规格（公制尺寸：长×宽）
0201（20 mil×10 mil）	0603（0.6 mm×0.3 mm）
0402（40 mil×20 mil）	1005（1.0 mm×0.5 mm）
0603（60 mil×30 mil）	1608（1.6 mm×0.8 mm）
0805（80 mil×50 mil）	2125（2.0 mm×1.25 mm）
1206（120 mil×60 mil）	3216（3.2 mm×1.6 mm）
1210（120 mil×100 mil）	3225（3.2 mm×2.5 mm）
1812（180 mil×120 mil）	4532（4.5 mm×3.2 mm）

Melf：为圆柱形元件，如玻璃二极管。

SOT：为小型装片状晶体管，如二极管、三极管，SOT23、SOT143、SOT89 等。

SOP（Small outline Package）：零件两面有引脚，引脚向外张开（一般称为鸥翼型引脚）。

SOJ：（Small outline J-lead Package）：零件两面有引脚，引脚向零件底部弯曲（J 型引脚）。

QFP：（Quad Flat Package）：零件四边有引脚，零件引脚向外张开。

PLCC：（Plastic Leadless Chip Carrier）：零件四边有引脚，零件引脚向零件底部弯曲，如 PLCC20、28、32、44、52、68、84……

BGA：（Ball Grid Array）：零件表面无引脚，其引脚成球状矩阵排列于零件底部，列阵间距规格为 1.27、1.00、0.80……

CSP（CHIP SCAL PACKAGE）：零件尺寸包装，元件边长不超过芯片边长的 1.2 倍。

2. 常用电子元件的字母代号与符号表示（表 2-16）

表 2-16　常用电子元件的字母代号与符号表示

元件类别	字母代号	PCB 符号表示	元件类别	字母代号	PCB 符号表示
电阻	R		微调电容器	CT	
电容	C		水晶发振器	X	
电解电容	EC		集成电路	IC	
电感	L		连接器	CN	
二极管	D		保险丝	F	
三极管	Q		地线	G	
陶瓷滤波器	CF		插座		
滤波器	BPF		电池	E	
连接线	JP JW		交流	AC	
开关	SW		直流	DC	
线圈	T				

3. 电阻

1）种类

（1）按制作材料可分为水泥电阻（制作成本低、功率大、热噪声大、阻值不够精确、工作不稳定）、碳膜电阻、金属膜电阻（体积小，工作稳定，噪声小，精度高）及金属氧化膜电阻等。

（2）按功率大小可分为 1/8 W 以下（Chip）1/8 W、1/4 W、1/2 W、1 W、2 W 等。

（3）按阻值标示法可分为直标法和色环标示法。

（4）按阻值的精密度又可分为精密电阻和普通电阻（精密色环电阻为五环、普通色环电阻为四环）。精密度 F=±1%、G=±2%、J=±5%。

（5）按装配形式可分为贴片电阻（图 2-58）、插装电阻。

料盘如图 2-59 所示。

2）电阻单位及换算

（1）电阻单位：人们常用的电阻单位为千欧（kΩ）、兆欧（MΩ）。电阻最基本的单位为欧姆（Ω）；

（2）电阻单位的换算：$1\ \mathrm{G\Omega}=10^3\ \mathrm{M\Omega}=10^6\ \mathrm{k\Omega}=10^9\ \Omega$；$1\ \Omega=10^{-3}\ \mathrm{k\Omega}=10^{-6}\ \mathrm{M\Omega}=10^{-9}\ \mathrm{G\Omega}$。

图 2-58　贴片电阻

图 2-59　料盘

（3）直标法与电阻值的换算：102=1 000 Ω、1 001=1 000 Ω、470=47 Ω、1R0=1 Ω、105=1 MΩ。

3）电阻的电路符号及字母表示（图 2-60）

电路符号：人们常用的电路符号有两种，如图 2-60 所示。

图 2-60　电阻符号

4）电阻的作用

阻流、分压。

5）电阻的认识

各种材料的物体对通过它的电流呈现一定的阻力，这种阻碍电流的作用称为电阻。具有一定的阻值，一定的几何形状，一定的技术性能的在电路中起电阻作用的电子元件称为电阻器，即通常所说的电阻。电阻阻值 R 在数值上等于加在电阻上的电压 U 通过的电流 I 的比值，即 $R=U/I$。

6）电阻的阻值辨认

由于电阻阻值的表示法有数字表示法和色环表示法两种，因而电阻阻值的读数也有两种。

数字表示法，常用于 Chip 元件中，辨认时前三位数字为有效数字，而第四位为倍率，如图 2-61 所示。

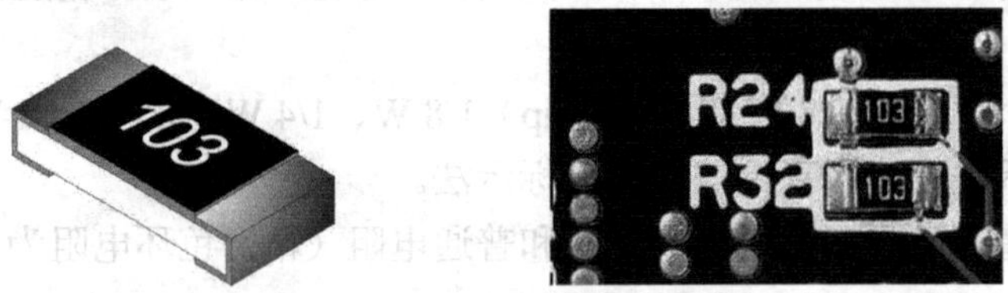

图 2-61　贴片电阻数字表示法

例如：

3323 表示 $332\times10^{3}\ \Omega=332\ \text{k}\Omega$；

275 表示 $27\times10^{5}\ \Omega=2.7\ \text{M}\Omega$；

1001 表示 $100\times10^{1}\ \Omega=1\ 000\ \Omega$；

1002 表示 $100\times10^{2}\ \Omega=10\ \text{k}\Omega$。

电阻型号说明

下面以某厂商型号为例说明电阻的标识方法。

RC	--05	K	1R0	J	T
片状电阻	尺寸（英寸）	电阻温度系数	标称电阻值	精密度	包装
02：0402（额定功率 1/16 W）		K≤±100 ppm/℃	1R0=1.0 Ω	F=±1%	T：编带包装
03：0603（额定功率 1/16 W）		L≤±200 ppm/℃	000=跨接电阻	G=±2%	B：塑料盒散包装
05：0805（额定功率 1/10 W）				J=±5%	
06：1206（额定功率 1/8 W 或特殊定制 1/4W）					

4．电容

陶瓷电容、钽电容和电解电容分别如图 2-62～图 2-64 所示。

图 2-62　陶瓷电容

图 2-63　钽电容

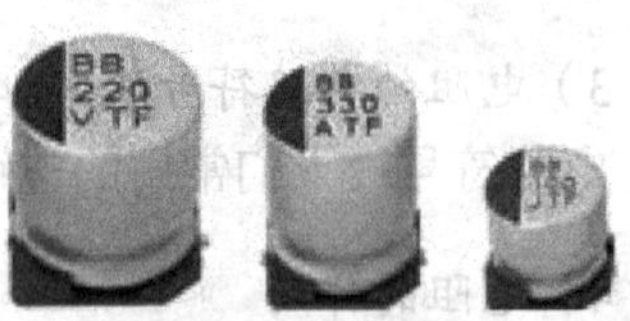

图 2-64　电解电容

1）种类

（1）按极性可分为有极性电容和无极性电容，其中常用的有极性电容为电解电容和钽电容。无极性电容常用的有陶瓷电容（又称为瓷片电容）和塑胶电容（又称为麦拉电容）。

（2）按电容器介质材料可分为钽电解、聚苯乙烯等非极性有机薄膜，高频陶瓷、铝电解、合金电解、玻璃釉、云母纸、聚酯等极性有机薄膜等。

（3）按其容值可调性可分为可调电容和定值电容。

（4）按其装配形式可分为贴片电容和插装电容。

2）电容的电路符号及字母表示法

（1）电容的电路符号有两种，如图 2-65 所示。

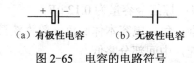

（a）有极性电容　　（b）无极性电容

图 2-65　电容的电路符号

（2）电容的特性：隔直通交。

（3）作用：用于储存电荷的元件，储存电量充放电、滤波、耦合、旁路。

3）电容的单位及换算公式

（1）电容的单位：基本单位为法拉（F），常用的有毫法（mF）、微法（μF）、纳法（nF）、皮法（pF）。

（2）换算公式：$1F=10^3\ mF=10^6\ \mu F=10^9\ nF=10^{12}\ pF$

4）电解电容（EC）的参数

如图 2-66 所示，电解电容有容量、耐压系数、温度系数三个基本参数，其中 10 μF 为电容容量，50 V 为耐压系数，105 ℃为温度系数。电解电容的特点是容量大、漏电大、耐压低。按其制作材料又分为铝电解电容及钽质电解电容。前者体积大、损耗大；后者体积小、损耗小、性能较稳定。极性区分：通常情况下长脚为正，短脚为负，负极有一条灰带，常用单位为μF 级。

图 2-66　电解电容

5）陶瓷电容（CC）

图 2-67 为常用的陶瓷电容，其中有一横的为 50 V，二横的为 100 V，而没有一横的为 500 V，容量为 0.022 μF。换算 223J 电容为 22×10^3 pF=0.022 μF，“J”表示误差为 5%。

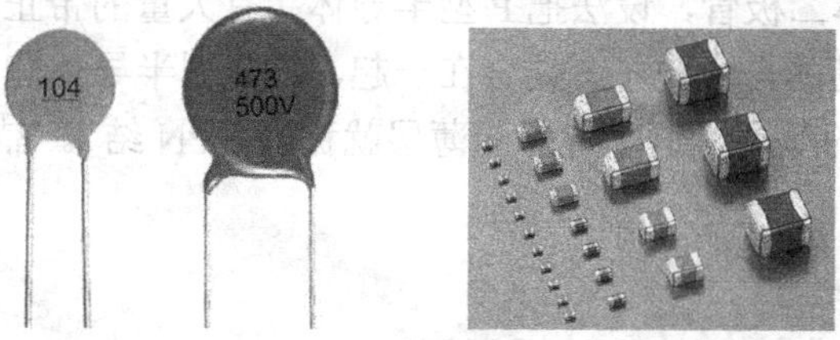

图 2-67　陶瓷电容

6）麦拉电容（MC）

常用的麦拉电容表示法，如104J表示容量为0.1 μF，J为误差，100 V为耐压值。

7）色环电容

材料一般为聚酯类，体积较小，数值与电阻读法相似，但后面单位为pF。例如：棕红黄银容量为0.12 μF，误差为±10%；棕红金容量为0.12 μF。

色环电容与色环电阻的区别：色环电容本体底色一般为淡黄色或红色，中间部分比两端略高，而色环电阻一般两端隆起，中间部分略低。

8）电容常用字母代表误差

B：±0.1%
C：±0.25%
D：±0.5%
F：±1%
G：±2%
J：±5%
K：±10%
M：±20%
N：±30%
Z：+80%　−20%

9）电容型号说明

下面以某厂商型号为例说明电阻的标识方法。

CC41	−0805	CG	102	K	500	N	T
CC41：一类瓷介	尺寸（英寸）	介质种类	标称容量	精密度	额定电压	端极材料	包装
CT41：二类瓷介	0603	COG	102：1 000 pF	D=±0.5	160：16 V	S：全银	
	0805	（N：NPO）	1R0：1 pF	F=±1%	250：25 V	N：三层电镀	
	1206	B：X7R		K=±10%	500：50 V		
	1210	F：Y5V		M=±20%	630：63 V		
	1812	E/Z：Z5U		Z=+80−20%	101：100 V		

5. 二极管

1）组成

一个PN结构成晶体二极管，设法把P型半导体（有大量的带正电荷的空穴）和N型半导体（有大量的带负电荷的自由电子）结合在一起，在P型半导体和N型半导体相结合的地方，就会形成一个特殊的薄层，这个特殊的薄层就称为“PN结”。晶体二极管实际上就是由一个PN结构成的。

2）种类

（1）根据构造分类：半导体二极管主要是依靠PN结而工作的，与PN结不可分割的点接触型和肖特基型也被列入一般的二极管的范围内，包括这两种型号在内，根据PN结构的特点，把晶体二极管分类如下。

点接触型二极管、键型二极管、合金型二极管、扩散型二极管、台面型二极管、平面型二极管、合金扩散型二极管、外延型二极管、肖特基二极管等。

（2）根据用途分类：检波二极管、整流二极管、限幅二极管、调制二极管、放大二极管、开关二极管、变容二极管、频率倍增二极管、稳压二极管、PIN 型二极管（PIN Diode）等。

（3）根据特性分类：点接触型二极管、肖特基二极管 SBD、光电二极管（LED）、真空管/电子管等。

（4）半导体材料可分为锗二极管（Ge 管）和硅二极管（Si 管）。

3）二极管导电特性

二极管最重要的特性就是单方向导电性。在电路中，电流只能从二极管的正极流入，负极流出。

4）二极管主要参数

用来表示二极管的性能好坏和适用范围的技术指标，称为二极管的参数，不同类型的二极管有不同的特性参数，主要参数为：额定正向工作电流；最高反向工作电压；反向电流。

5）二极管特性

晶体二极管（或 PN 结）具有单向导电特性晶体二极管用字母“D”代表，在电路中电流（正电荷）只能顺着箭头方向流动，而不能逆着箭头方向流动。图 2-68 是常用的晶体二极管的外形及符号。

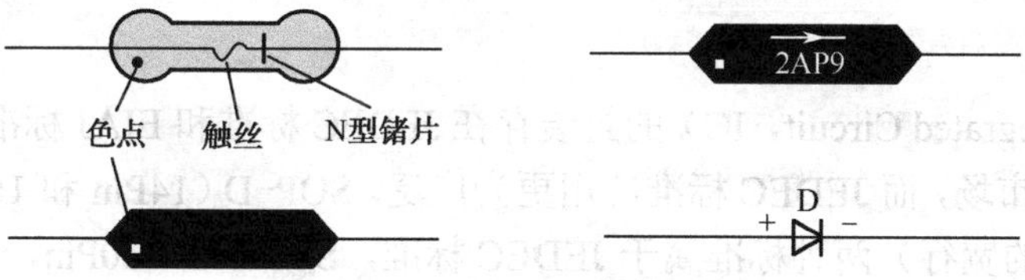

图 2-68　晶体二极管的外形与符号

6）电路符号及字母表示（图 2-69）

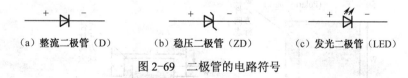

（a）整流二极管（D）　（b）稳压二极管（ZD）　（c）发光二极管（LED）

图 2-69　二极管的电路符号

7）二极管测试

初学者在业余条件下可以使用万用表测试二极管性能的好坏。测试前先把万用表的转换开关拨到欧姆挡的 R×1 kΩ档位（注意不要使用 R×1 Ω挡，以免电流过大烧坏二极管），再将红、黑两根表笔短路，进行欧姆调零。

6. 三极管

1）晶体三极管的结构和类型

晶体三极管是半导体基本元器件之一，具有电流放大作用，是电子电路的核心元件。三极管是在一块半导体基片上制作两个相距很近的PN结，两个PN结把正块半导体分成三部分，中间部分是基区，两侧部分是发射区和集电区，排列方式有PNP和NPN两种，如图2-70所示，从三个区引出相应的电极，分别为基极b、发射极e和集电极c。

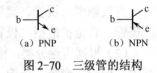

图2-70　三级管的结构

2）晶体三极管的作用

晶体三极管具有电流放大作用，其实质是三极管能以基极电流微小的变化量来控制集电极电流较大的变化量。这是三极管最基本的和最重要的特性。将$\Delta Ic/\Delta Ib$的比值称为晶体三极管的电流放大倍数，用符号“β”表示。电流放大倍数对于某一只三极管来说是一个定值，但随着三极管工作时基极电流的变化也会有一定的改变。

7. 电感

1）定义

电感是用来储存电场能量的元器件，用字母L表示，在电路中的符号如图2-71所示。

图2-71　电感符号

2）电感的单位

最基本的单位为亨利（H），常用的有毫亨（mH）、微亨（μH）、享（H）。

3）换算公式

$1\ \text{H}=10^3\ \text{mH}=10^6\ \mu\text{H}$。

8. 集成电路

集成电路（Integrated Circuit，IC）的封装存在JEDEC标准和EIAJ标准两种，其中EIAJ标准主要用于日本市场，而JEDEC标准应用更为广泛。SOP-D（14Pin和16Pin）和SOP-DW（20Pin，通常所称的宽行）两种标准属于JEDEC标准，SOP-NS（20Pin，通常所称的窄行）属于EIAJ标准。

集成电路（Integrated Circuit，IC）以及其他部分元器件方向的识别，如图2-72所示。

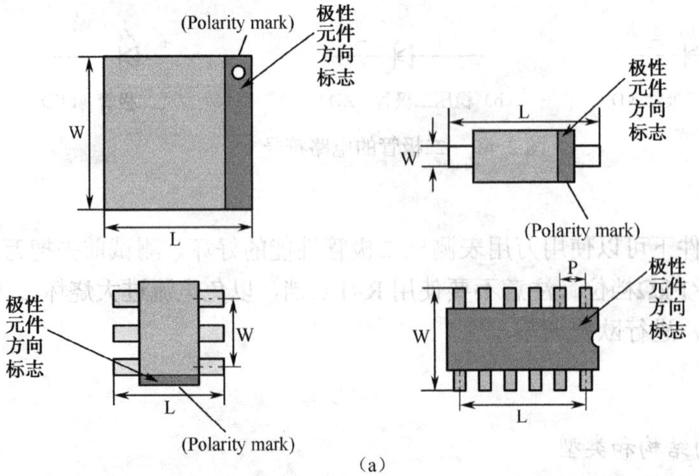

（a）

图2-72　集成电路元件方向标志

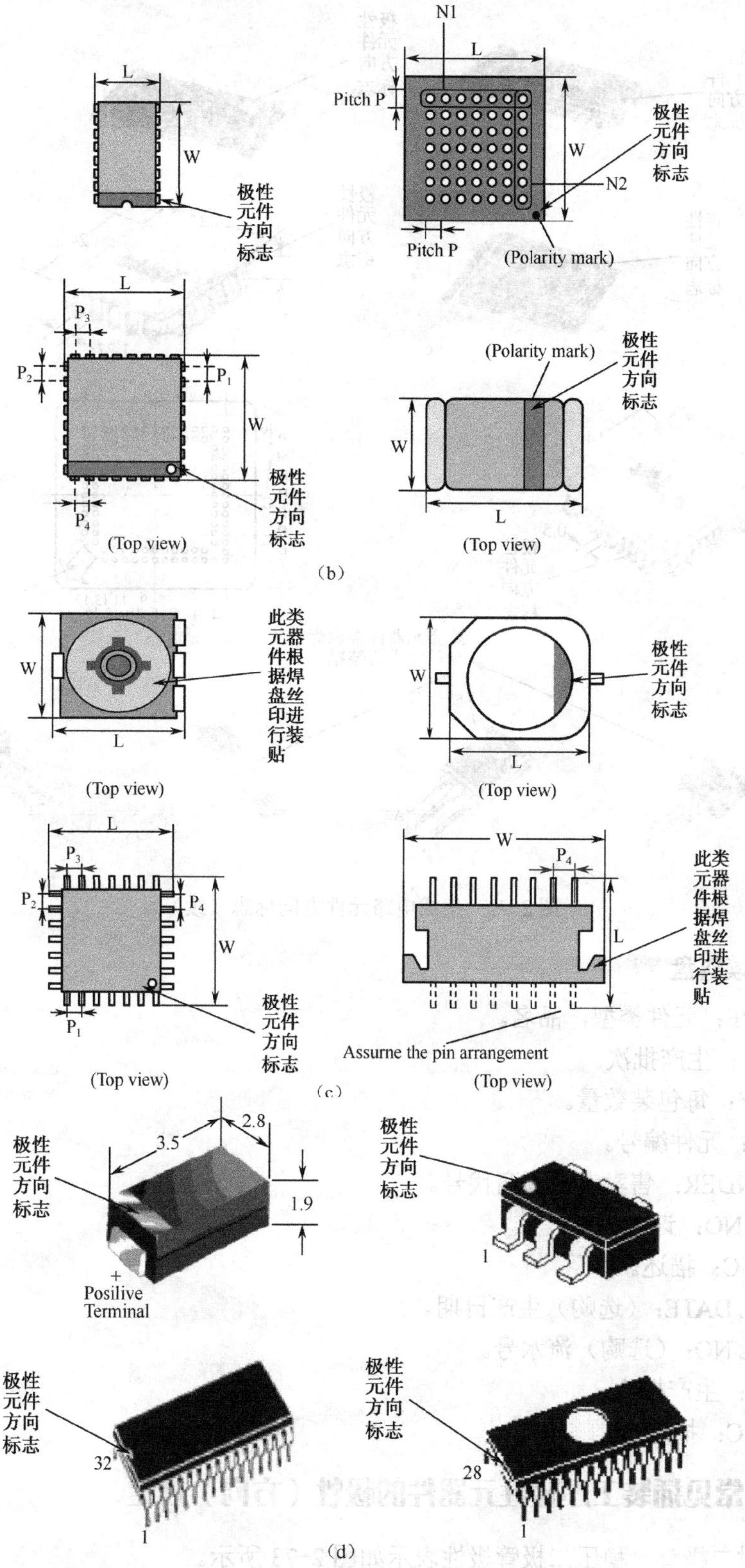

图 2-72　集成电路元件方向标志（续）

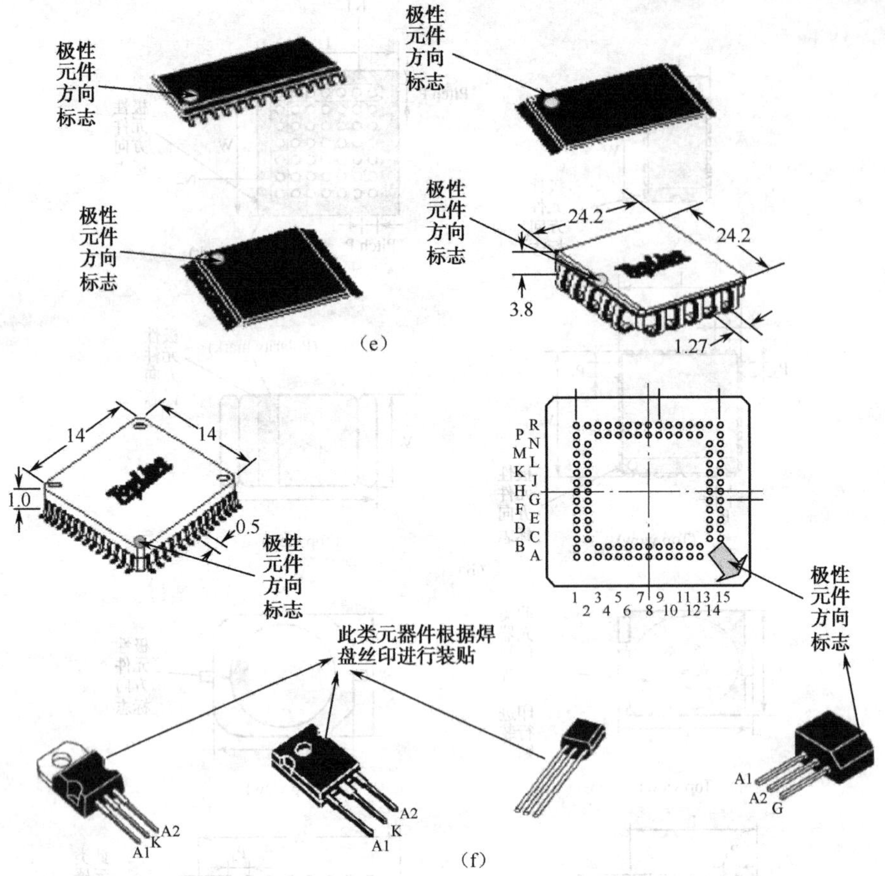

图 2-72　集成电路元件方向标志（续）

9. 学会读料盘

TYPE：元件类型，品名。

LOT：生产批次。

QTY：每包装数量。

P/N：元件编号。

VENDER：售卖者，厂商代号。

P/O NO：订单号码。

DESC：描述。

DEL DATE：（选购）生产日期。

DEL NO：（选购）流水号。

L/N：生产批次。

SPEC：描述。

2.4.2　常见插装工序极性元器件的极性（方向）规定

（1）玻封二极管、稳压二极管极性表示如图 2-73 所示。

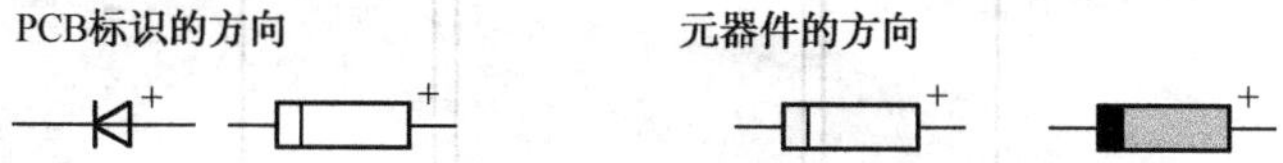

图 2-73　玻封二极管、稳压二极管极性表示

（2）IN 系列硅整流二极管（如 IN4001、IN4007 等）极性表示如图 2-74 所示。

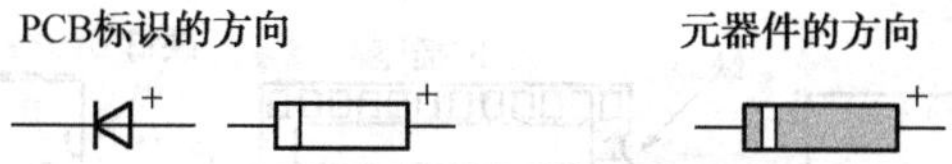

图 2-74　IN 系列硅整流二极管极性表示

（3）排阻极性表示如图 2-75 所示。

图 2-75　排阻极性表示

（4）发光二极管极性表示如图 2-76 所示。
发光二极管长腿为正极。

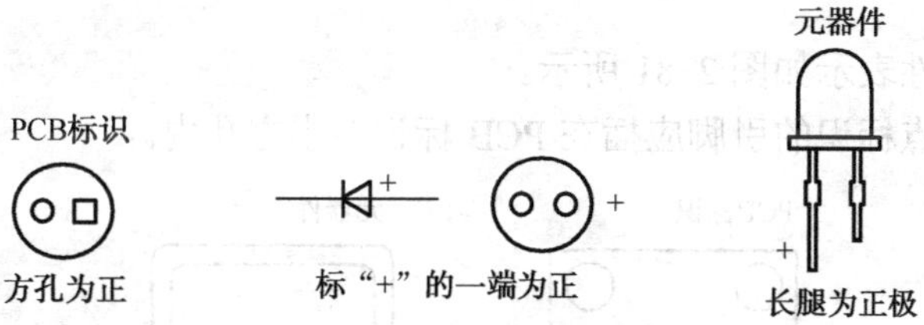

图 2-76　发光二极管极性表示

（5）电解电容极性表示如图 2-77 所示。
（6）钽电解电容极性表示如图 2-78 所示。

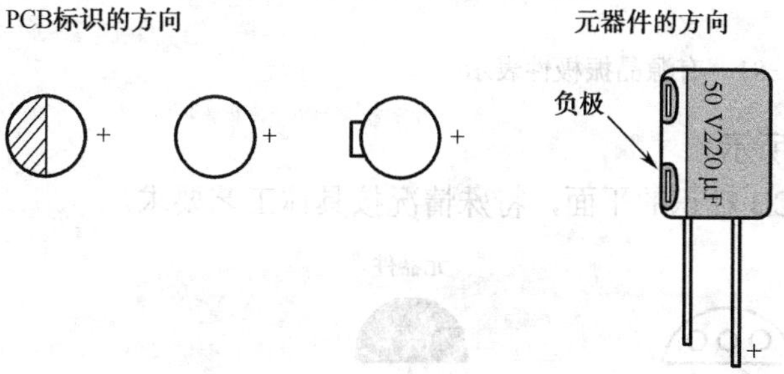

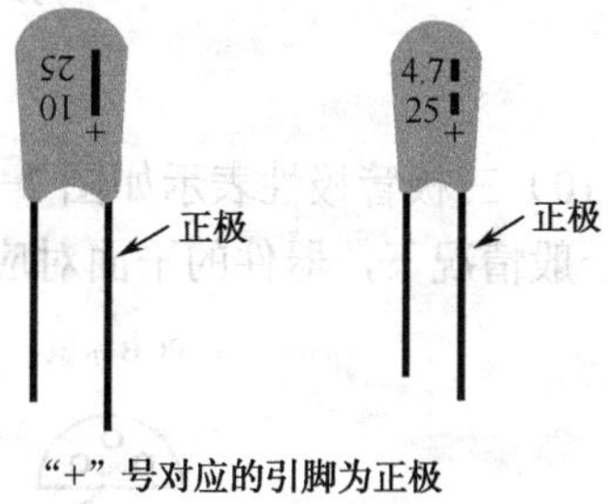

图 2-77　电解电容极性表示　　　　图 2-78　钽电解电容极性表示

（7）集成电路（芯片）极性表示如图 2-79 所示。
（8）拨码开关极性表示如图 2-80 所示。

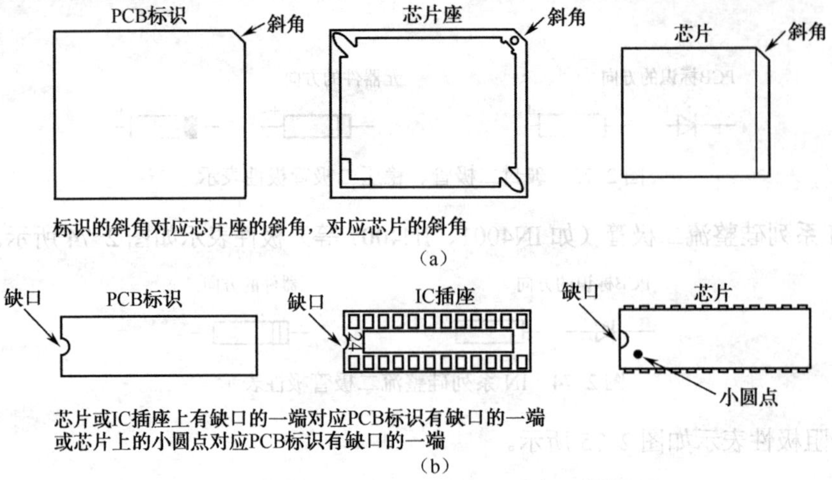

图 2-79　集成电路极性表示

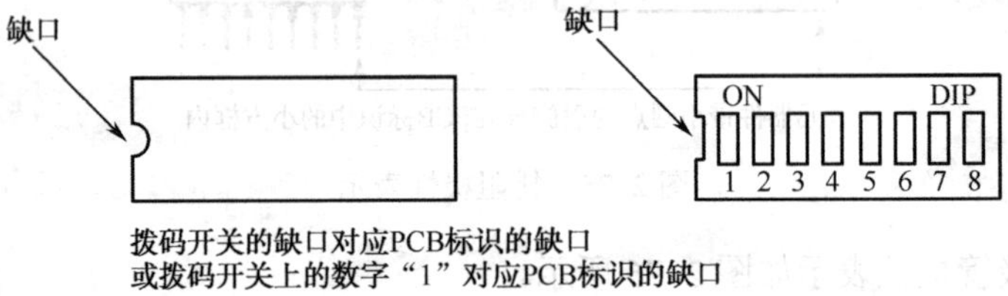

图 2-80　拨码开关极性表示

（9）有源晶振极性表示如图 2-81 所示。

元器件上有小圆点标识的引脚应插在 PCB 标识的小方孔内。

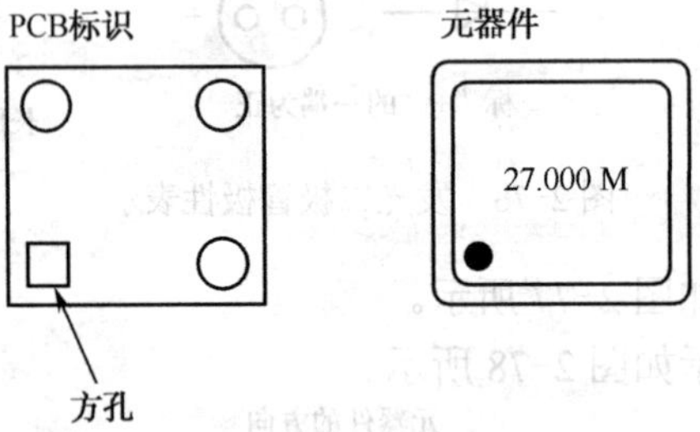

图 2-81　有源晶振极性表示

（10）三极管极性表示如图 2-82 所示。

一般情况下，器件的平面对应 PCB 标识的平面，特殊情况按具体工艺要求。

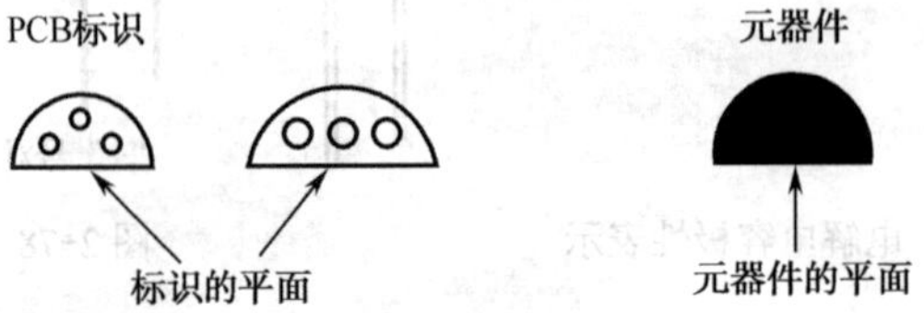

图 2-82　三极管极性表示

（11）蜂鸣器极性表示如图 2-83 所示。

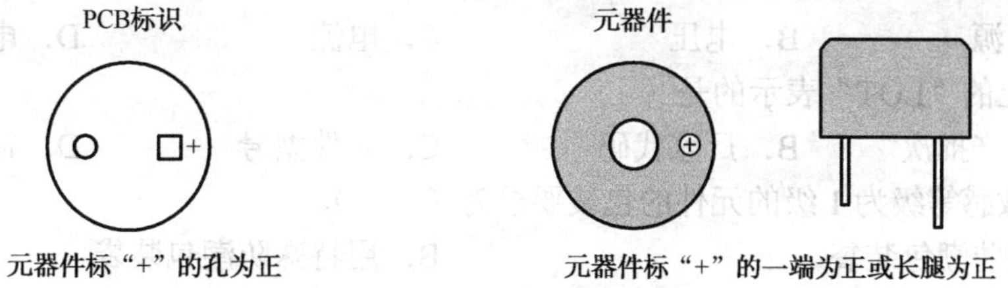
PCB标识
元器件
+
元器件标“+”的孔为正
元器件标“+”的一端为正或长腿为正

图 2-83　蜂鸣器极性表示

（12）其他有方向性的元器件还有接插座、变压器等，这些元器件的方向应按具体的图纸要求或工艺规定来确定。

习题 2

一、填空题

1．静电放电（Electrostatic Discharge，ESD）：带有不同静电电势的物体或表面之间的静电电荷转移。有两种形式：________放电，________放电。

2．________（ESD）和________（ESA）是电子工业中的两大危害。

3．电阻的电路符号为________，其单位为________。

4．标识“102”的 SMD 电容，其容值为________；标识“43R0”的 SMD 电阻，其阻值为________。

5．按照工艺要求，防静电手环应每天测量________次。

6．单位时间内通过导体横截面的电荷量称为________。

7．按材料分，二极管一般分为硅二极管和________二极管。

8．电阻在电路中一般起到________和________的作用。

9．PCB 板标识中的“HF”表示的是________。

10．湿度敏感元件烘干时的温度一般设定为 125℃或________℃。

二、选择题（每小题只有一个选项是符合题目要求的，请将正确选项的字母填在题后的括号内）

1．静电引起的元件立即损坏情况较少，被损坏的元器件还可以用，但可靠性会大大降低的情况约占（　　）。

A．95%　　B．10%　　C．90%　　D．59%

2．电感的单位是（　　）。

A．法拉（F）　　B．欧姆（Ω）　　C．亨利（H）　　D．瓦特（W）

3．下列在电容单位中最大的是（　　）。

A．法拉　　B．毫法　　C．微法　　D．纳法

4．电阻允许误差为 2%时可以用（　　）替代。

A．5%　　B．20%　　C．1%　　D．10%

5．由电工设备和元器件按一定方式连接起来的总体，为电流流通提供了路径称为（　　）。

A．电源　　B．电压　　C．电流　　D．电路

6．料盘上的“LOT”表示的是（　　）。

A．生产批次　　B．厂家代码　　C．元件型号　　D．订单号码

7．湿度敏感等级为1级的元件的包装要求为（　　）。

A．用防潮包装袋　　B．用特殊防潮包装袋

C．放特殊干燥材料　　D．无要求

8．色标法色码的读取方向是（　　）。

A．从顶部向引脚方向读　　B．从引脚向顶部读

C．无规定　　D．无方向性

9．一般瓷片电容具有（　　）。

A．有方向性　　B．有频点区分　　C．无频点区分　　D．无方向性

10．排阻PCB与实物对应关系是（　　）。

A．排阻小圆点对应PCB小方框　　B．排阻小圆点对应PCB小圆点

C．实物小圆点对应PCB小方框的对侧　　D．无规定

三、判断题

1．如果员工佩戴的防静电手环紧贴手腕时会感觉手臂发麻，可以让员工戴得松一些。（　　）

2．ICT主要是对产品的功能进行模拟测试。（　　）

3．出厂检验是对包装完成的整机进行抽检，以判断该批生产是否合格。（　　）

4．可以用干净的手直接接触CMOS元件或密腿芯片的引脚，对器件不会造成污染或损坏。（　　）

5．对开封后的湿度敏感元件使用前不能用高温烘烤，以免造成元件损坏。（　　）

6．对没有ESDS标志的器件，可以不作为ESDS组件处理。（　　）

7．电阻属于耗能元件。（　　）

8．SMT元件标识中0805表示的是元件的外形尺寸。（　　）

9．三极管是有极性的，二极管没有极性要求。（　　）

10．无铅产品中要求产品中不能含有铅成分。（　　）

四、简答题

1．简述产品生产加工的业务流程。

2．常见的静电防护措施有哪些？

3．简述ROHS指令的大体要求。

4．电阻的一般标识方式有哪些？

5．供能元件有哪些？

第3章

电路板表面贴装工艺与设备

学习指导

本章分5节，主要讲述电路板表面贴装的基本知识、生产工艺流程，并按照生产流程顺序分别介绍了印刷工艺、贴装工艺、回流焊接工艺、贴装质量检测及相关生产设备。

其中3.1节建议1课时，3.2节～3.4节建议各4课时，3.5节建议1课时。

本章需要掌握电子产品表面贴装生产的基本流程，熟悉印刷、贴片、焊接的基本工艺要求，了解相关的设备操作知识。

3.1 SMT 的特点与 PCBA 生产工艺

SMT 是 Surface Mounting Technology 的缩写，中文意思是表面贴装技术或者表面组装技术，如图 3-1 所示。相对于传统的 THT（Through Hole Technology）技术（图 3-2），SMT 是一种新型的电子组装技术，是目前电子组装行业应用非常广泛的一种技术。它是将表面组装元器件贴、焊到印制电路板表面规定位置，人们日常使用的手机、笔记本电脑的主板等，都是应用 SMT 技术的产物。

图 3-1　SMT 贴装产品

图 3-2　THT 插装产品

目前 SMT 技术应用非常广泛，大体可体现在以下几方面。

（1）消费类通用产品：包括游戏机、玩具、相机、计算机等。

（2）通信产品：电话机、手机等。

（3）工业产品：如起重设备、监控设备等。

（4）汽车电子产品：如汽车仪表板等。

（5）高性能产品：如航天航空、军用产品、医疗设备等。

（6）目前新兴的可穿戴类的电子产品。

3.1.1　SMT 的特点与组成

1. SMT 的特点

SMT 是从传统的通孔插装技术（THT）发展起来的，SMT 与 THT 相比较，它的优点表现在以下几个方面。

（1）组装密度高、电子产品体积小、质量轻，贴片元件的体积和重量只有传统插装元件的 1/10 左右，一般采用 SMT 之后，电子产品体积缩小 40%～60%，质量减轻 60%～80%。

（2）可靠性高、抗振能力强，焊点缺陷率低。

（3）易于实现自动化，提高生产效率。

（4）降低成本，自动化生产节约大量的人力成本。

2. SMT 技术的组成

SMT 技术涵盖的范围非常广泛，从硬件上来讲，它包含 SMT 设备、表面贴装 PCB、元器件和组装材料；从软件方面讲，包含 SMT 设计、SMT 生产工艺。从相关的技术角度来讲，涉及机械、电子、光学、材料学、化学、计算机等各项技术；从制造行业角度来讲，SMT 技术涉及设备、元器件、PCB、材料等制造技术，因此 SMT 技术是一项复杂的、综合性的工程科学技术。

3.1.2　PCBA 的生产工艺流程

PCBA 是 Printed Circuit Board Assembly 的缩写，也就是说 PCB 空板经过 SMT 贴片，再经过 THT 的整个制程，简称 PCBA。

根据 SMT 的工艺制程不同，把 SMT 分为贴片胶（红胶）制程和锡膏制程。它们的主要区别如下。

（1）贴片前的工艺不同，前者使用贴片胶，后者使用焊锡膏。

（2）贴片后的工艺不同，前者过回流炉只起固定作用，还需过波峰焊，后者过回流炉起焊接作用。

1．单面表面贴装工艺流程

单面表面贴装工艺流程如图 3-3 所示。

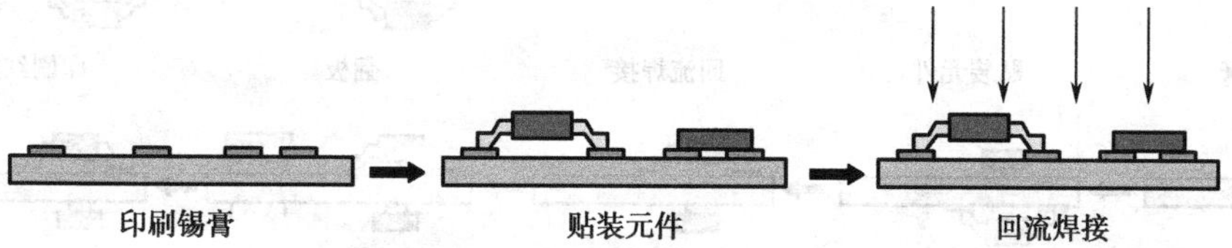

图 3-3　单面表面贴装工艺流程

2．双面表面贴装工艺流程

双面表面贴装工艺流程如图 3-4 所示。

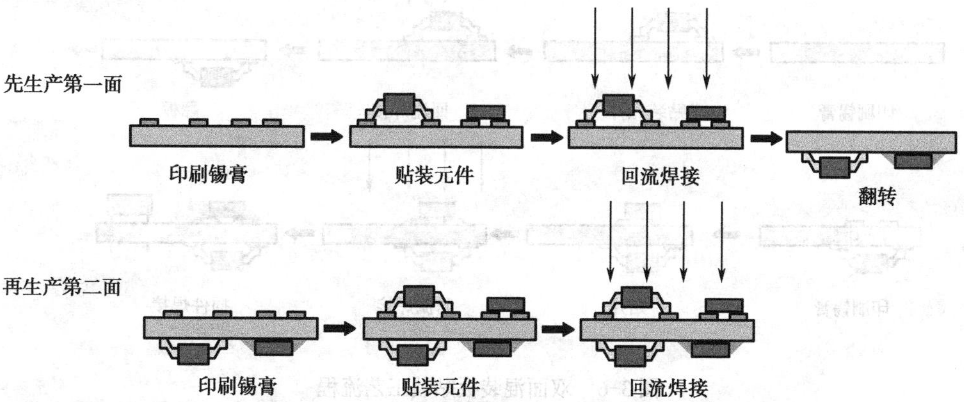

图 3-4　双面表面贴装工艺流程

3．单面混装板贴装工艺流程

单面混装板贴装工艺流程如图 3-5 所示。

4．双面混装板贴装工艺流程

双面混装板根据元件布局位置的不同分为三种贴装方式，如图 3-6 所示。

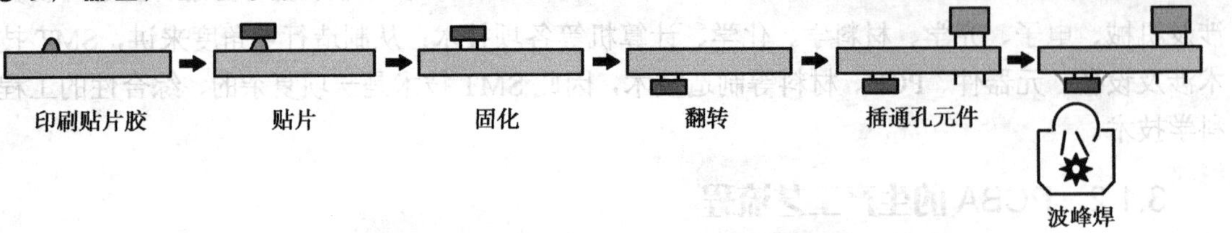

图 3-5 单面混装板贴装工艺流程

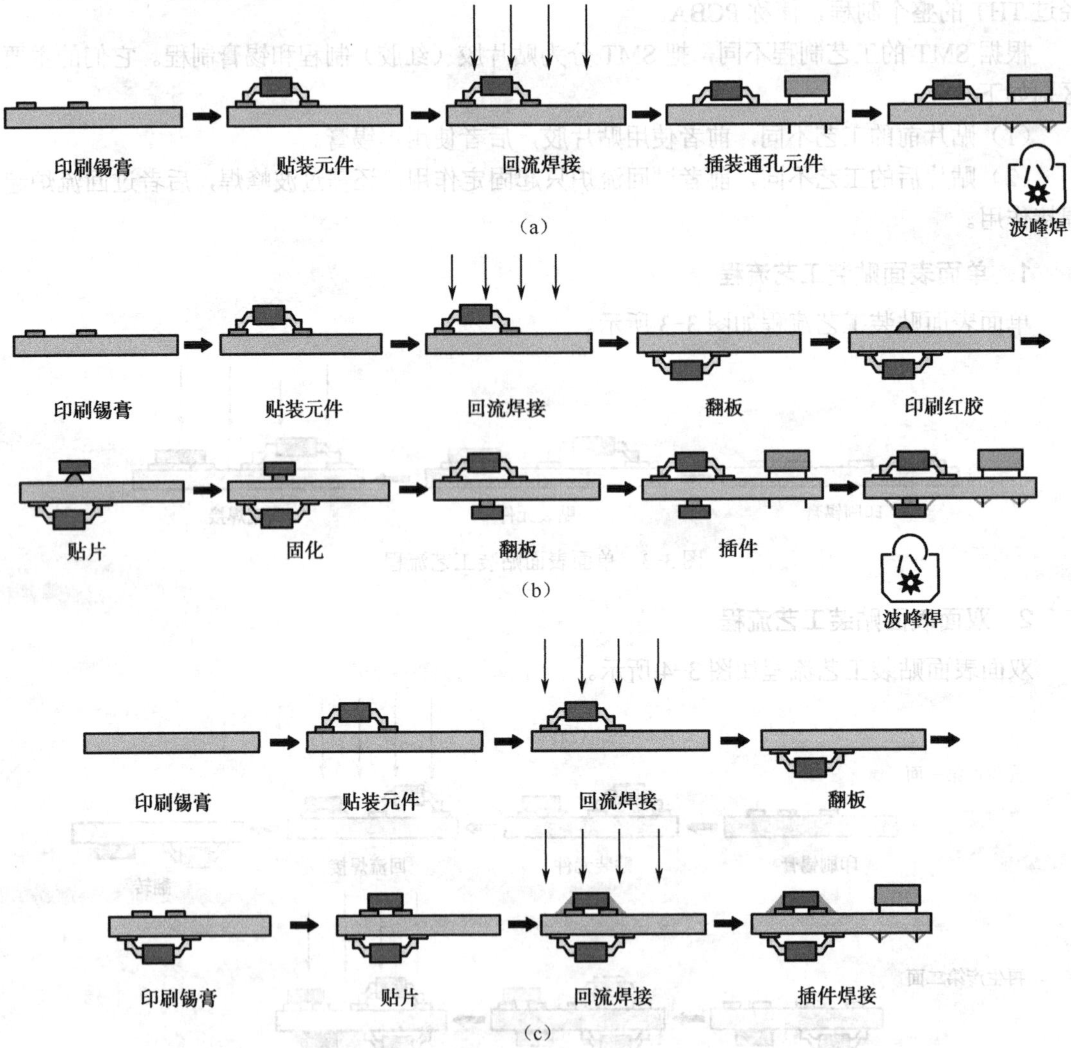

图 3-6 双面混装板贴装工艺流程

3.1.3 SMT 生产线的配置

SMT 主要生产工序包括印刷、贴片、焊接、检测，对应的 SMT 设备包括印刷机、贴片机、回流焊炉、AOI 等。一条完整的 SMT 生产线配置如下。

上板机→印刷机→SPI（锡膏印刷检查）→贴片机 1→贴片机 2→…→贴片机 n→炉前 AOI（贴片质量检查）→回流焊炉→炉后 AOI(焊接质量检查）→下板机。

3.2 SMT 印刷工艺及设备

3.2.1 印刷工艺材料

1. 锡膏的定义

锡膏是由球型金属合金粉末和助焊剂等均匀混合的膏状体，其中金属颗粒约占锡膏总体积的 90%，如图 3-7 所示。锡膏具有一定的黏性和良好的触变性。在常温下，可将电子元器件粘接在既定位置，被加热到一定温度时，随着溶剂的挥发和合金粉末的熔化，被焊元器件和焊盘连在一起，冷却后形成永久连接的焊点。

图 3-7 放大后的锡膏颗粒状态

1）合金焊料粉

球型合金焊料粉是锡膏的主要组成部分，目前加工球型焊粉通常有气体雾化、超声雾化、离心雾化三种方法。目前离心雾化是主流的加工方式。

常用的合金焊料粉有以下几种：锡-铅（Sn-Pb）、锡-铅-银（Sn-Pb-Ag）、锡-银-铜（Sn-Ag-Cu）等。合金焊料粉的成分和配比，及其形状、粒度和表面氧化度对焊锡膏的性能影响很大。金属含量较高（大于 90%）时，可以改善焊锡膏的坍落度，有利于形成饱满的焊点，并且由于焊剂量相对较少，故可减少焊剂残留物，有效防止焊球的出现，其缺点是对印刷和焊接工艺要求较严格；金属含量较低（小于 85%）时，印刷性好，焊锡膏不易粘刮刀，连续印刷时间长，缺点是易坍落，易出现焊球和桥接等缺陷。

2）助焊剂

助焊剂的主要成分及其作用如下。

（1）活化剂：主要起到去除 PCB 铜膜焊盘表层及零件焊接部位的氧化物质的作用，同时具有降低锡、铅表面张力的功效。

（2）触变剂：主要是调节焊锡膏的黏度以及印刷性能，起到在印刷中防止出现拖尾、粘连等现象的作用。

（3）树脂：主要起到加大锡膏黏附性，而且有保护和防止焊后 PCB 再度氧化的作用，对零件固定起到很重要的作用。

（4）溶剂：在锡膏的搅拌过程中起调节均匀的作用，对焊锡膏的寿命有一定的影响。

2. 锡膏的分类

1）按焊剂的活性分类

无活性（R）、中等活性（RMA）、活性（RA）焊锡膏，常用的为中等活性焊锡膏。

2）按熔点的高低分类

中温焊锡膏、高温焊锡膏（熔点大于 250 ℃）和低温焊锡膏（熔点小于 150 ℃），常用的成分为 Sn63Pb37 的焊锡膏的熔点为 183 ℃。

3）按合金粉末成分分类

（1）有铅锡膏，如 Sn63Pb37、Sn60Pb40 等，其中 Sn63Pb37 的熔点为 183 ℃；加入 2% 的 Ag 之后，熔点为 179℃。Sn63Pb37 具有较好的物理特性和优良的焊接性能，使用范围广，加入 Ag 可提高焊点的机械强度。

（2）无铅锡膏：目前应用较广的无铅锡膏为 Sn96.5Ag3.0Cu0.5。

4）按焊剂的成分分类

免清洗、有机溶剂清洗和水清洗。

5）按黏度可分类

印刷用和滴涂用。

6）按合金粉末的颗粒直径分类

按合金粉末的果粒直径可分为 1 号粉、2 号粉、3 号粉等，如表 3-1 所示。目前使用较多的是 3 号粉、4 号粉。

表 3-1　合金粉末的颗粒直径

类　型	直　径	用　途
1 号粉	75～150 μm	普通间距
2 号粉	45～75 μm	普通间距
3 号粉	25～45 μm	细间距
4 号粉	20～38 μm	细间距
5 号粉	15～25 μm	超细间距

3．锡膏的存储和使用

锡膏是一种化学特性很活跃的物质，因此它对环境的要求是很严格的。锡膏需要冷藏保存，不同厂家的锡膏对储存温度及有效期限都有不同的要求。

以锡膏 TAMURA　RMA-010-FP 为例，对其储存、使用、保管有如下规定。

（1）锡膏应存放于冰箱内的有铅锡膏放置区域，温度要求为 0～10 ℃，保存期限为 90 天，日常应确认冰箱的温度并记录实际测量温度。

（2）锡膏从冰箱中取出时填写《锡膏使用记录表》。

（3）手工搅拌：锡膏提前从冰箱中取出，置于温室环境下至少 1 小时。锡膏回温后打开包装，用搅拌刀沿一个方向均匀搅拌 5～10 分钟后，将搅拌刀提起，如果搅拌刀上的锡膏连续下落，可以投入使用。注意搅拌速度不要太快。

（4）锡膏搅拌机搅拌：从冰箱中取出的锡膏可不需回温，直接放入锡膏搅拌机内搅拌 3～5 分钟，然后投入使用。

（5）锡膏不能一次投入到网板上太多，每次投入大约三分之一筒，剩余桶内的锡膏用盖子（内外两层）密封好。锡膏桶边缘要擦拭干净，不要有残留的锡膏。生产中根据锡膏量的变化及时添加锡膏，以保证锡膏在刮刀运行时能在网板上滚动为宜。锡膏从冰箱取出后常温下 24 小时内使用完。

（6）印刷过程中用刮板将刮到印刷区域外的锡膏及时刮回印刷区域内，以防止锡膏劣化。搅拌刀及刮刀使用后及时用酒精擦拭干净，不要有残留的锡膏。

（7）从网板上刮回的锡膏应使用单独的容器（不能与未使用的锡膏混合）存放后，放回冰箱，并在锡膏桶上标识如下内容。

① 使用线体（即在哪条线体的印刷机上使用）。

② 时间（即重新放回桶内的时间，应具体到某日某时）。锡膏装回桶内时，桶内不要装太满，桶边缘擦拭干净，不要有残留的锡膏，要密封好。

（8）已劣化不能继续使用的锡膏做好标识隔离存放。

（9）锡膏使用应遵循先进先出的原则。

4．焊锡膏的选用

（1）根据产品的组装工艺、印制板和元器件选择焊锡膏的合金组分。

（2）根据 PCB 的组装密度来选择合金粉末的颗粒度，有细间距元件的产品一般选择锡粉颗粒最大直径为 20～45 μm。

（3）根据产品对清洁度的要求及焊后不同的清洗工艺来选择，采用免清洗工艺时，选用不含卤素和强腐蚀性化合物的免清洗焊锡膏。

5．贴片胶

贴片胶的作用是将表面安装元器件固定在 PCB 上，使其在插件和过波峰焊过程中避免元器件的脱落或移位。

贴片胶分为两大类：环氧树脂类型和丙烯酸类型。

一般生产采用环氧树脂热固化类胶水，其特点是：热固化速度快，连接强度高。一般固化温度为 140 ℃±20 ℃，开始固化的最低温度为 100 ℃，160 ℃以上的温度会加快固化过程，但容易造成胶点脆弱。

SMT 工艺对贴片胶的基本要求如下。

（1）快速固化，尽可能低的温度，以最快的速度固化。

（2）触变特性好，触变性是胶体物质的黏度随外力作用而改变的特性。具有触变特性的胶在丝网漏印过程中，受到压力时，黏度暂时降低，有利于胶通过网孔印刷到 PCB 板上，随着压力的消失，黏性升高，不再发生流动，不塌陷。

（3）黏结强度适当，在焊接前能有效地固定片状元器件，但黏结强度也应适当，便于拆卸和更换不合格的片状元器件。

（4）耐高温，固化后能短时间承受波峰焊接时的高温，在高温下，胶黏剂不分解，元器件不脱落。

（5）化学稳定性，因为胶黏剂要长期留在 PCB 板上，所以应具有高化学稳定性，不腐蚀元器件或基板，与助焊剂、清洗剂等化学物品不发生反应，并具有抗湿性。

（6）较高的电绝缘性。

（7）可鉴别的颜色。

（8）无毒、无味、不燃和不挥发性。

3.2.2 印刷原理

焊锡膏（贴片胶）都是触变流体，具有黏性。当刮刀以一定速度和角度向前移动时，对焊锡膏（贴片胶）产生一定的压力，推动焊锡膏在刮刀前滚动，产生将焊锡膏（贴片胶）注入网孔所需的压力，焊锡膏（贴片胶）的黏性摩擦力使其在刮刀与网板交接处产生切变，切变力使焊锡膏（贴片胶）的黏性下降，并顺利地注入网孔，如图 3-8 所示

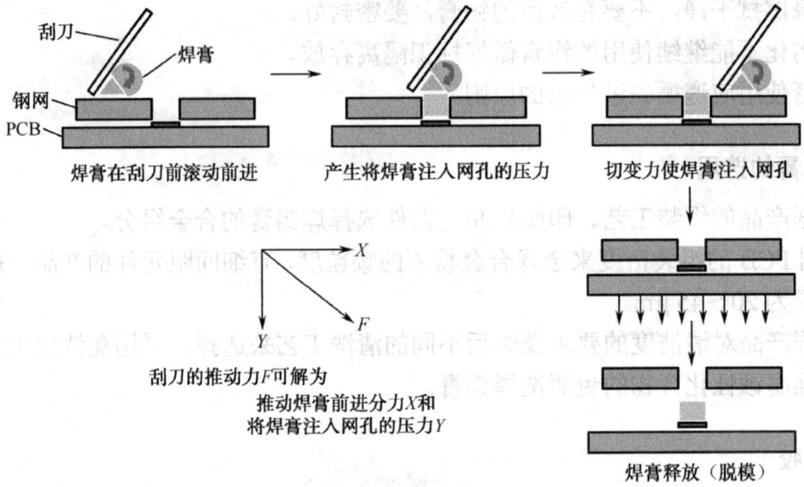

图 3-8　印刷原理示意图

3.2.3 模板（网板）

印刷模板，又称为网板、钢网。模板的主要功能是将一定量的焊锡膏（贴片胶）印刷到 PCB 板的正确位置，是保证印刷质量的关键工装。

1. 模板的加工工艺

有 3 种常见的制作模板的工艺：化学腐蚀、激光切割、电铸成型，如表 3-2 所示。

表 3-2　模板的加工工艺

方　法	材　料	优　点	缺　点	适用对象
化学腐蚀	锡磷青铜/不锈钢	价格低廉，易加工	（1）窗口图形不好； （2）孔壁不光滑； （3）模板尺寸不宜过大	0.65 mm QFP 以上的器件
激光切割	不锈钢	（1）尺寸精度高； （2）窗口形状好； （3）孔壁较光滑	（1）价格较高； （2）孔壁有时会有毛刺，需二次加工	0.5 mm QFP BGA
电铸成型	镍	（1）尺寸精度高 （2）窗口形状好 （3）孔壁光滑	（1）价格昂贵； （2）制作周期长	0.3 mm QFP BGA

2. 模板开口尺寸及厚度

（1）为了控制焊接过程中出现焊球或桥接等质量问题，模板开口的尺寸通常情况下比焊

盘图形尺寸略小，特别是对于 0.5 mm 以下的细间距器件来说，其开口宽度应比相应焊盘宽度缩减 15%～20%。由此引起的锡膏量减少，可以通过适当加长焊盘长度方向的设计尺寸来弥补。

设计依据如下。

① 三球定律：至少有三个最大直径的合金颗粒，能够垂直排列在钢网开孔的厚度方向上，能够水平排列在钢网最小开孔的宽度方向上。

② 宽厚比：宽厚比=开口的宽度/模板的厚度=W/T，一般要求宽厚比大于 1.5。

③ 面积比：面积比=开口面积/开口孔壁的横截面积=$W \times L/2T(W+L)$，一般要求面积比大于 0.66。

④ 如果开口长度小于 5 个开口宽度，则考虑宽厚比，否则考虑面积比。

一般的锡膏印刷模板开口参考尺寸及模板厚度，如表 3-3 所示。

表 3-3　锡膏印刷模板开口参考尺寸及模板厚度

元件类型	引脚间距（mm）	焊盘宽度（mm）	焊盘长度（mm）	开口宽度（mm）	开口长度（mm）	模板厚度（mm）
PLCC	1.27	0.65	2.00	0.60	1.95	0.15～0.25
QFP	0.635	0.35	1.50	0.30	1.45	0.15～0.18
QFP	0.5	0.254～0.33	1.25	0.22～0.25	1.20	0.10～0.125
QFP	0.4	0.25	1.25	0.2	1.20	0.10～0.125
QFP	0.3	0.2	1.00	0.15	0.95	0.075～0.125
0402	—	0.5	0.65	0.45	0.60	0.125～0.15
0201	—	0.25	0.40	0.23	0.35	0.075～0.125
BGA	1.27	ϕ0.8	—	ϕ0.75	—	0.15～0.20
μBGA	1.00	ϕ0.38	—	ϕ0.35	ϕ0.35	0.115～0.135
μBGA	0.5	ϕ0.3	—	ϕ0.28	ϕ0.28	0.075～0.125
Flip Chip	0.25	0.12	0.12	0.12	0.12	0.08～0.10
Flip Chip	0.2	0.1	0.10	0.10	0.10	0.05～0.10
Flip Chip	0.15	0.08	0.08	0.08	0.08	0.025～0.08

关于模板的开孔设计，针对不同的元件会有不同的要求，原则是必须保证有利于锡膏的释放和脱模。

（2）印胶模板开孔设计。胶水钢网常采用 0.15～0.2 mm 的厚度，开口位置在元件两焊盘中心，开口形状一般为长条形或圆孔。

实际应用中制作模板需要考虑的因素如下。

① 根据印刷机型号确定模板的外框尺寸及 MARK 的加工方式，及 MARK 点位于模板底部还是顶部。

② 根据 PCB 生产时在机器内的流向，确定模板长边对应 PCB 的长边还是短边（适合尺寸小于 736 mm×736 mm 的网板）。

③ 根据板卡加工工艺确定制作印刷锡膏模板还是印刷贴片胶模板。

3.2.4 刮刀

在印刷时，刮刀刮动锡膏使其在前面滚动，并流入钢网的开孔内，然后刮去多余锡膏，在 PCB 焊盘上留下与模板一样厚度的锡膏。

1. 刮刀的材料

常见刮刀类型有橡胶刮刀、金属刮刀。

橡胶刮刀的缺点是：当印刷压力过大或刮刀材料硬度过小时，容易嵌入金属模板的开孔（尤其是大的开孔）中，将开孔中的锡膏挤出，造成焊锡膏图形凹陷，而且使用过高的压力，渗入到模板底部的锡膏容易造成短路，另外橡胶刮刀容易磨损。

使用金属刮刀，较高的压力时，不会将锡膏从网板开孔中挤压出去，而且不向橡胶刮刀那样容易磨损，但比橡胶刮刀的成本贵得多，并且易引起模板的磨损。

2. 刮刀的形状

刮刀的形状有两种形式：菱形和拖裙形，如图 3-9 所示。

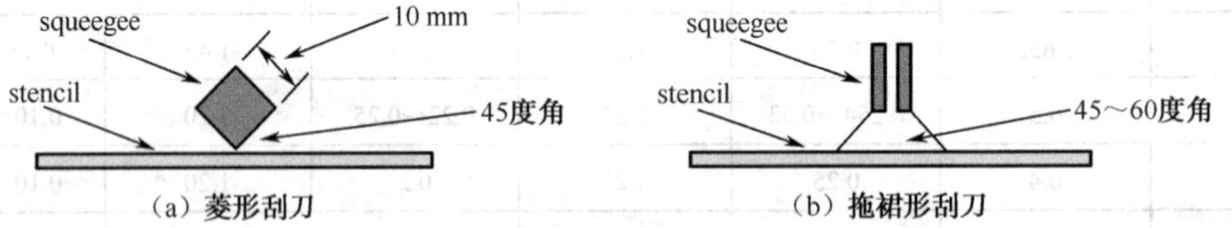

图 3-9 刮刀示意图

菱形刮刀是由一块方形聚氨酯材料（10 mm×10 mm）及支架组成的，方形聚氨酯夹在支架中间，前后呈 45° 角。这类刮刀可双向刮印锡膏，只需一个刮刀可以完成双向刮印。这种类型已很少应用。

应用最为普遍的是拖裙形刮刀，由两把刮刀完成印刷工作，每个印刷行程方向需要一把刮刀，锡膏位于两把刮刀中间。

3. 刮刀的宽度

如果刮刀相对于 PCB 过宽，那么就需要投入更多的锡膏，从而造成锡膏的浪费。一般刮刀的宽度为 PCB 印刷方向的宽度加上 50 mm 为最佳，并要保证刮刀能够全部落在模板上。

3.2.5 印刷机

印刷机用来将焊膏（或贴片胶）正确地漏印到印制板相应的焊盘（位置）上。印刷机可分为全自动、半自动和手动三种，如图 3-10 所示。

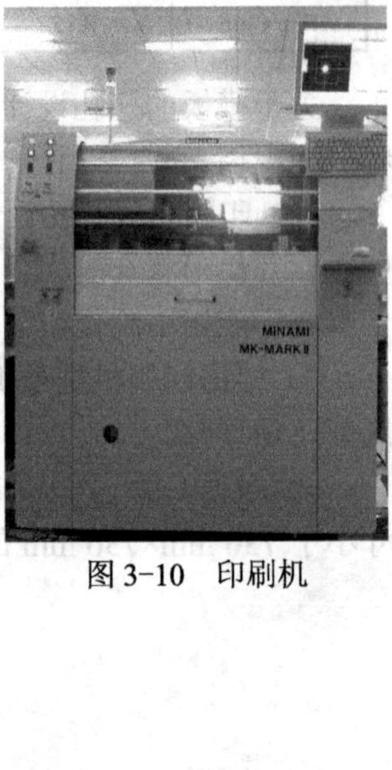

图 3-10 印刷机

全自动印刷机指装卸 PCB、视觉定位、印刷、网板分离等所有动作全部自动按照事先编制的印刷程序完成印刷机，完成印刷后，PCB 通过导轨自动传送到贴片机的入口处。全自动印刷机可连线，自动化程度高，适用于大、中批量生产。

半自动印刷机指手工印刷 PCB，印刷、网板分离的动作由印刷机自动完成。半自动印刷机装卸 PCB 是往返式，完成印刷后装载 PCB 的工作台会自动退出来。目前半自动印刷机大多可以配置视觉定位系统、自动擦板等功能。半自动印刷机不能与其他 SMT 设备连线，适合中、小批量生产。

手动印刷机指手工装卸 PCB、手工图形对准、手工印刷的设备，所有印刷动作全部由手工完成。印刷时，PCB 是固定在工作台上不动的，网板分离靠手工将网板框架抬起和放下。手动印刷机印刷精度和一致性比较差，劳动强度大。其结构简单、价格便宜，适合科研院所使用。

1. 印刷机结构

全自动印刷机的结构一般包括机架（机座）、夹持基板的 X、Y、θ 工作台、印刷头系统、PCB 视觉定位系统、传送机构、清洁装置等。

1）机架（机座）

稳定的机座是印刷机保持长期稳定性和长久印刷精度的基本保证，是机器的基础，所有的传动、定位、传送机构均固定在它上面，包括显示装置、操作面板、控制系统、信号及线缆、电源和气压线路及接口等，目前流行高刚性一体化结构的机座。

2）夹持基板的 X、Y、θ 工作台

此工作台包括工作台面、真空或边夹持机构、工作台传输控制机构。由于全自动印刷机的对准定位是由 X、Y、θ 工作台完成的，因此工作台 X、Y、θ 定位精度稳定可靠，就保证了印刷机精度和速度的长期稳定性和安全性。

3）印刷头系统

印刷头系统包括印刷头的传输控制系统、刮刀固定机构。

（1）印刷方法是由两个刮刀来进行的，可根据需要选择单次印刷、两次印刷和无印刷的传送方式。

（2）刮刀移动距离（印刷距离）的设定可通过传感器的位置的移动来调整、刮刀速度（印刷速度）也可通过电位器的调节来设定。

（3）印刷时由于刮刀可浮动因此可确保平均的印刷锡膏量，也可用 0.125 mm/L 刻度单位来调整刮刀的下降量，也可选择自动印压调整机构。

4）PCB 视觉定位系统

PCB 视觉定位系统是修正 PCB 加工误差用的。为了保证印刷质量的一致性，使每一块 PCB 的焊盘图像都与网板相对应的开口对准，每一块 PCB 印刷前首先要使用视觉系统定位。摄像头识别机构对网板和基板的基准标记进行识别对位，通过底部工作台 X、Y、θ 方向的自动微调，实现高精度定位。

5）传送机构

（1）通过输送皮带进行基板的传送。

（2）基板传送是由 3 个部分组成的，分别是传入、印刷台、传出。

（3）在传入的出入口的位置，如果在没有基板的情况下印刷机会发出基板要求的信号，同样在基板传出时也会发出许可的信号。

6）清洁装置

（1）数据做成画面的自动清洁方式有 3 种可选择（手动、湿干式、干式），湿干式和干式的情况下自动清洁间隔可用设定次数来进行自动清洁的操作。

（2）湿干式清洁方式是先用被喷湿的擦网纸擦去留在网板反面上的锡膏。然后用真空装置边吸，边用干的擦网纸擦，同时再用吹气管吹去残留在网板反面上的清洁剂。

2．印刷机主要技术指标

印刷机的主要技术指标有印刷精度、重复精度、印刷速度等。

（1）印刷精度：根据印制板组装密度和引脚间距或球距尺寸最小的器件确定，一般要求达到±0.025 mm。

（2）重复精度：一般要求达到±0.01 mm。

（3）印刷速度：一般由 PCB 定位速度和刮刀印刷速度组成。

3.2.6 影响印刷质量的工艺参数

1．刮刀压力

刮刀压力的改变，对印刷影响重大。太小的压力将导致印刷锡膏量过少或者过厚，太大的压力，导致锡膏印刷太薄或者印刷图形模糊。刮刀的速度与压力存在一定的转换关系，即降低刮刀速度等于提高刮刀压力。

2．印刷速度

在印刷过程中，刮刀刮过模板的速度是非常重要的，因为焊锡膏需要时间滚动并流进模板的开孔中。刮刀的速度和锡膏的黏度有很大的关系，锡膏的黏度越大，刮刀的速度越慢，锡膏的黏度越小，刮刀的速度越快。调节这个参数要参照锡膏的成分和 PCB 元件的密度以及元件的种类等因素，目前一般选择在 30～60 mm/s。最大印刷速度决定于 PCB 上最小引脚间距的芯片，在进行高精度印刷时（引脚间距≤0.5 mm），印刷速度一般为 20～30 mm/s，如果速度过快，刮刀经过模板开孔的时间太短，锡膏不能充分渗入到开孔中，容易造成焊膏图形不饱满或者漏印的缺陷。

3．印刷行程

印刷行程的前后极限应该设置在印刷图形前后各 20 mm 处，以防止锡膏漫流到起始和终止印刷位置的开孔处，造成该位置的印刷图形粘连等缺陷。

4．印刷厚度

印刷厚度是由模板的厚度所决定的，与机器设定和焊锡膏的特性也有一定的关系。一般细间距芯片间距为 0.5 mm 或以上时，模板厚度可为 0.15 mm，间距为 0.4 mm，模板厚度一般为 0.12～0.15 mm,间距为 0.3 mm，模板厚度一般为 0.1 mm。

5. 印刷间隙

印刷间隙是指模板底面与 PCB 表面之间的距离。如果模板厚度合适，一般都应采用紧密接触印刷，至印刷间隙为零。印刷间隙一般控制在 0～0.07 mm。

6. 分离速度

锡膏印刷完成一个行程后，模板离开 PCB 的瞬时速度即分离速度，是关系印刷质量的一个重要参数，其调节能力也是体现印刷机质量好坏的参数，在精密印刷机中尤其重要。印刷完成后，PCB 与模板分开，将锡膏留在 PCB 上而不是网孔内，对于细间距网孔来说，锡膏可能会更容易黏附在孔壁上而不是焊盘上。这时锡膏的重力和焊盘的黏附力同时作用将锡膏拉出，粘着于 PCB 的焊盘上，因此将分离延时，使模板离开锡膏图形时有一个微小的停留过程，让锡膏从模板的开口中完整释放出来（脱模），以获得最佳的焊膏图形。有细间距元件时，分离速度要设置得稍微慢一些。

7. 清洗模式和清洗频率

正确的清洗模式和清洗频率是保证印刷质量的重要因素。清洗模式一般有湿擦、干擦、真空吸附。生产中需要根据实际印刷情况确定清洗频率，以保证印刷质量，如果 PCB 有细间距器件或密度较大时，清洗频率要高一些。

8. 印刷质量检查标准

印刷质量检查标准如表 3-4 所示。

3.2.7　印刷机操作

1. 基本设置

设置 PCB 的 MARK 坐标，如图 3-11 所示。

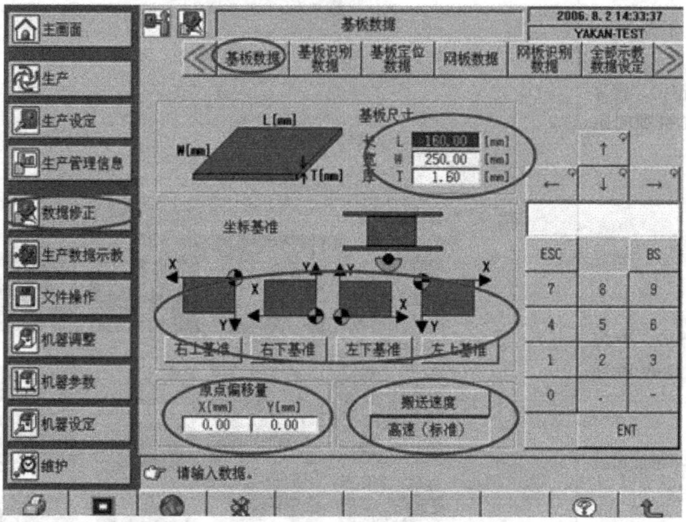

图 3-11　设置 PCB 的 MARK 坐标

根据 PCB 的 MARK 的形状进行设置，如图 3-12 所示

表 3-4 印刷质量检查标准

<table>
<tr><th>作 业 步 骤</th><th>作业指导图</th></tr>
<tr><td>1. 锡膏印刷部分
1）标准
（1）印刷锡膏无偏移
（2）印刷锡膏量、厚度符合要求
（3）印刷锡膏成型佳，无崩陷断裂
（4）锡膏覆盖焊盘 90%以上（CHIP、SOT 及 1206 以上元件），锡膏 100%覆盖焊盘（IC 等元件）
2）允收
（1）印刷锡膏偏移不超过 15%，引脚间距=0.65 mm 的元件偏移不超过 10%，引脚间距≤0.5 mm 的元件不能有印刷偏移
（2）印刷锡膏量、厚度符合要求
（3）印刷锡膏成型佳，无崩陷断裂
（4）锡膏覆盖焊盘 85%以上（CHIP、SOT、1206 以上元件及引脚间距>0.65 mm 以上元件），锡膏 90%以上覆盖焊盘（引脚间距≤0.65 mm 元件）
3）拒收
（1）印刷锡膏偏移超过 15%，引脚间距≤0.65 mm 的元件偏移超过 10%
（2）印刷锡膏量不足
（3）印刷锡膏成型不良，且崩陷断裂
（4）锡膏覆盖焊盘不足 85%（CHIP、SOT、1206 以上元件及引脚间距>0.65 mm 以上元件），锡膏覆盖焊盘不足 90%（引脚间距≤0.65 mm 元件）
2. 贴片胶印刷部分
1）标准
（1）胶量饱满
（2）印刷无偏移
2）允收
规定：A=印刷胶的中心，B=焊盘中心，P=焊盘尺寸，C=A-B=印刷偏移量
（1）C≤1/4P
（2）胶量足，稍多但不形成溢胶即不污染焊盘与元件引脚
3）拒收
（1）C>1/4P
（2）胶量不足或胶量太多污染焊盘与元件引脚</td>
<td>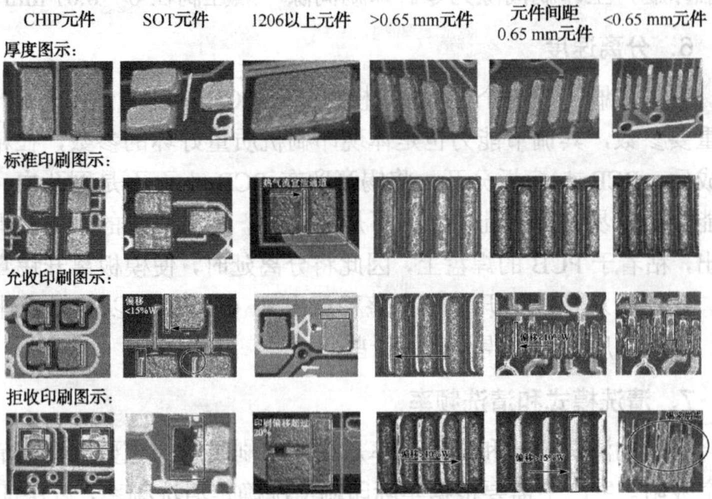

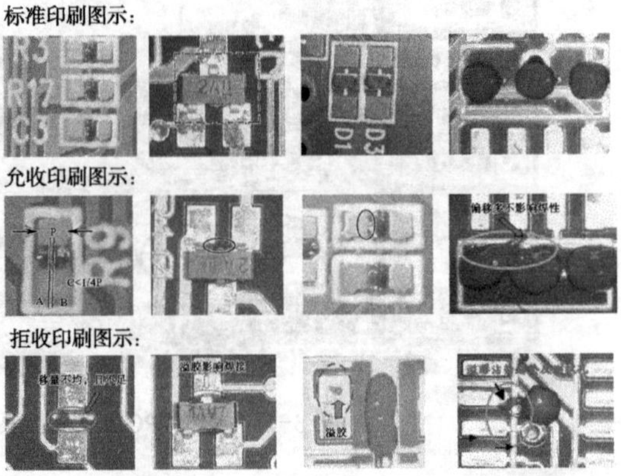
</td></tr>
</table>

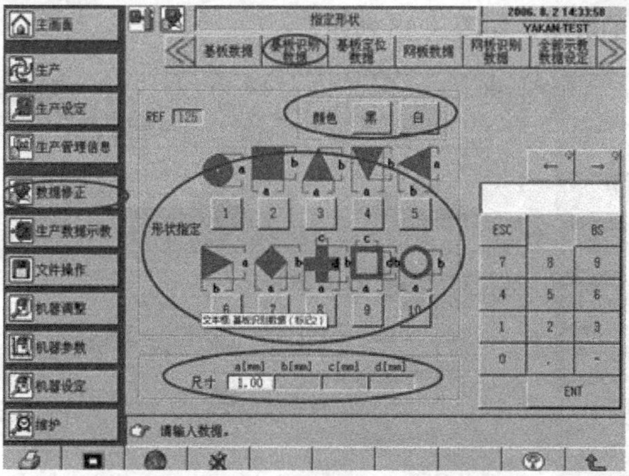

图 3-12　设置 PCB 的 MARK 的形状

设置 PCB 基板的定位数据，如图 3-13 所示。

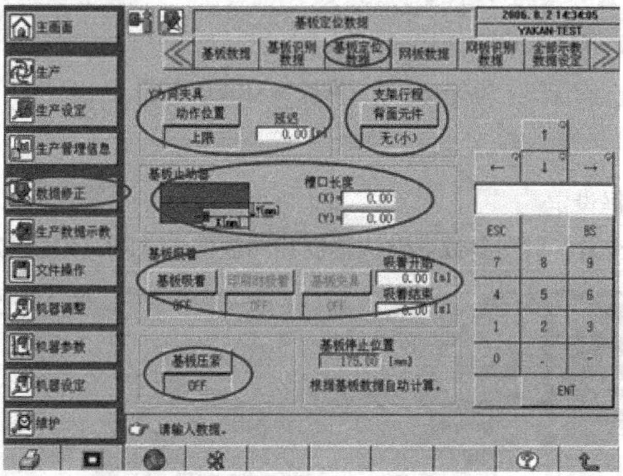

图 3-13　设置 PCB 基板的定位数据

依据网板的大小尺寸设定印刷的范围，如图 3-14 所示。

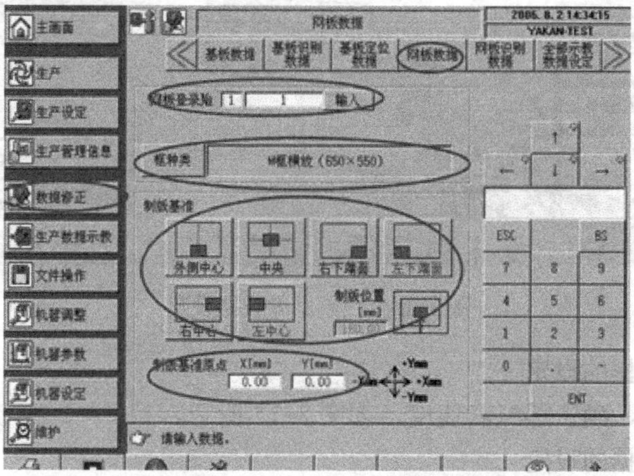

图 3-14　依据网板的大小尺寸设定印刷的范围

设置网板 MARK 的数据，如图 3-15 所示。

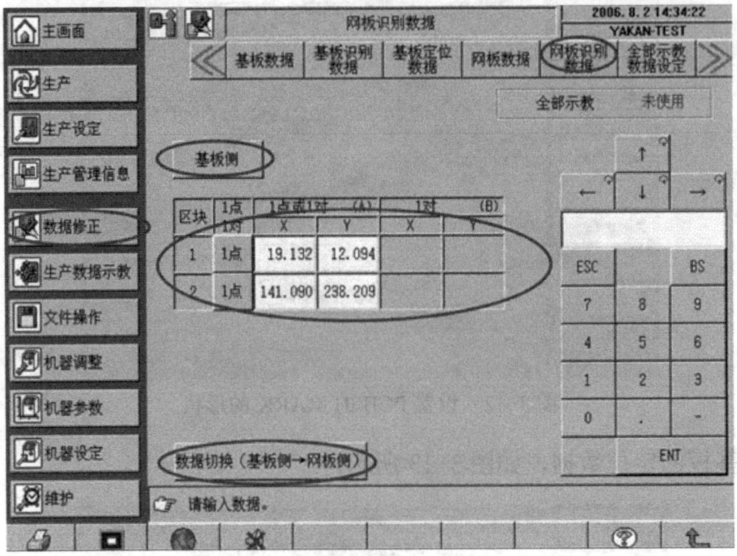

图 3-15　设置网板 MARK 的数据

2．示教

（1）全部示教数据设定

确认基板，网板检索，识别参数，确认基板和网板的 MARK 颜色设定，如图 3-16 所示。

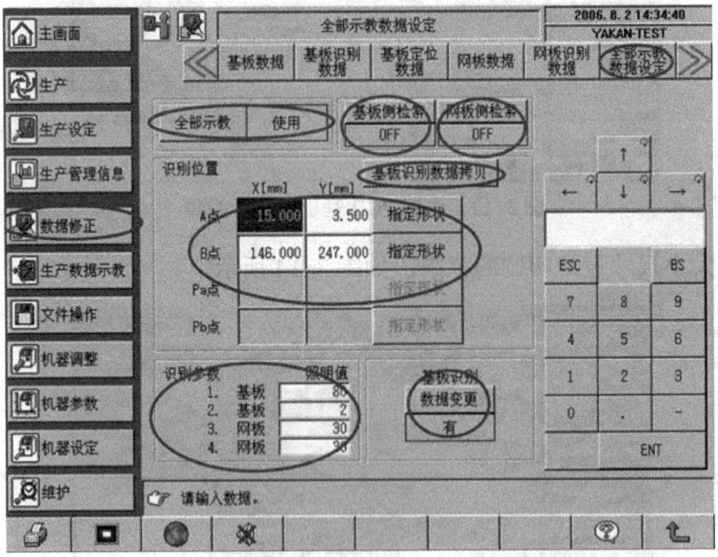

图 3-16　全部示教数据设定

（2）印刷位置数据的设定

确认基板的种类，确认焊料和速度，如图 3-17 所示。

（3）印刷条件数据的设定

刮刀动作模式、优先顺序、印刷压力和速度、刮刀种类和长度，如图 3-18 所示。

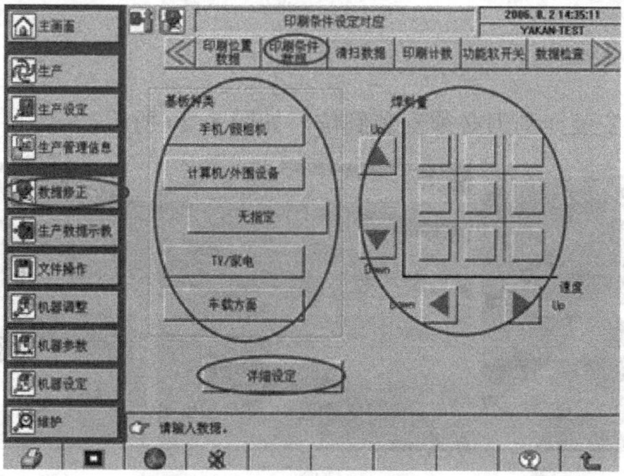

图 3-17　印刷位置数据的设定

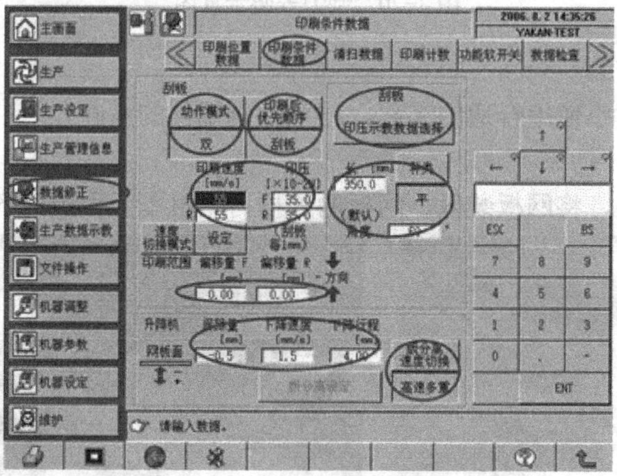

图 3-18　印刷条件数据的设定

（4）生产数据示教

把治具安装刮刀上，印压治具安装到工作台上，连接印压治具分别示教前后刮刀压力，如图 3-19 所示。

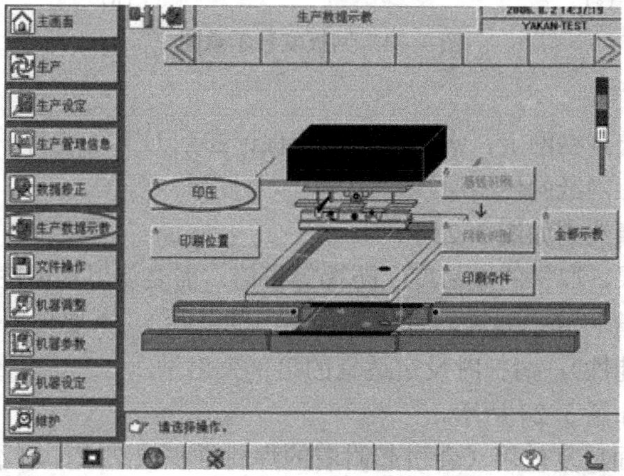

图 3-19　生产数据示教

3. 生产准备

（1）安装刮刀

注意前后刮刀的安装，刮刀必须安装到位，如图 3-20 所示。

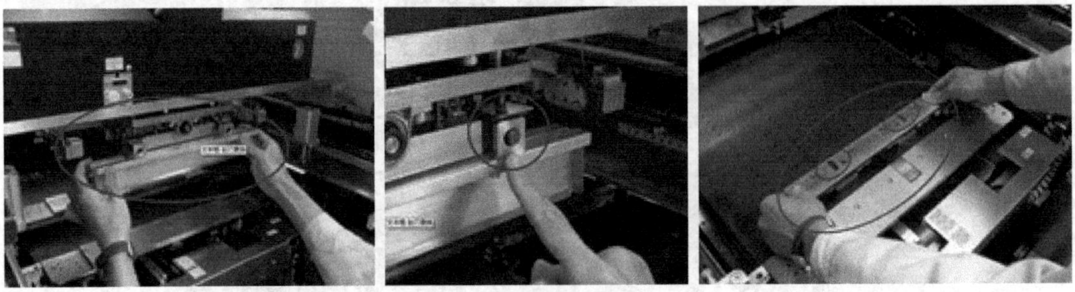

(a) (b) (c)

图 3-20 刮刀安装示意图

（2）支架顶块的安装

按照生产的产品大小使用合适的支架，注意固定螺丝的紧固。

（3）网板的安装

打开网板固定汽缸，将网板装入，网板的外框与相机单元大致对齐，如图 3-21 所示。

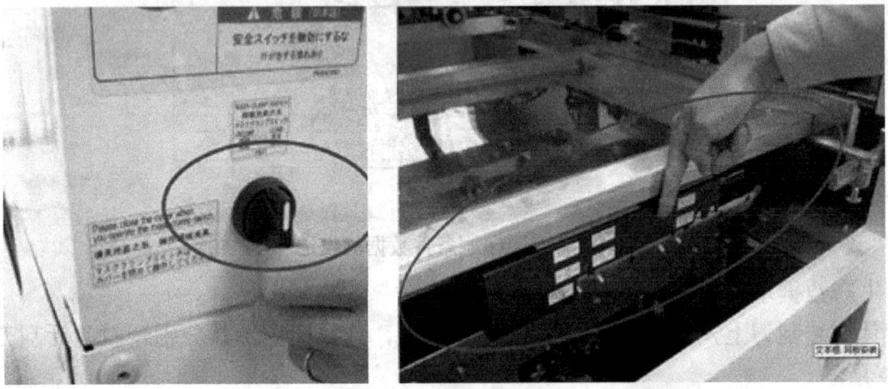

(a) (b)

图 3-21 网板安装示意图

（4）锡膏的投放

将锡膏搅匀后涂覆到钢网上，锡膏的用量能保证在刮刀下面滚动，如图 3-22 所示。

（5）清洁溶剂、擦网纸的使用

湿式清扫装置的清洗剂如图 3-23 所示。

考虑到清扫的效果、取得的难易度、防爆等事情，需要使用水溶性的溶剂，绝对不要使用丙酮（易损坏溶剂管和清扫装置，有清洗剂漏出的危险），不要使用有引火性的溶剂（有导致发火、故障的可能性），清扫时设定适宜的溶剂突出量。

清洁纸的使用，如图 3-24 所示。

避免清洁纸正反面反复使用（会引起附着的焊料堆积或造成印刷不良），绝对不能使用高带电性化学纤维质清洁纸。

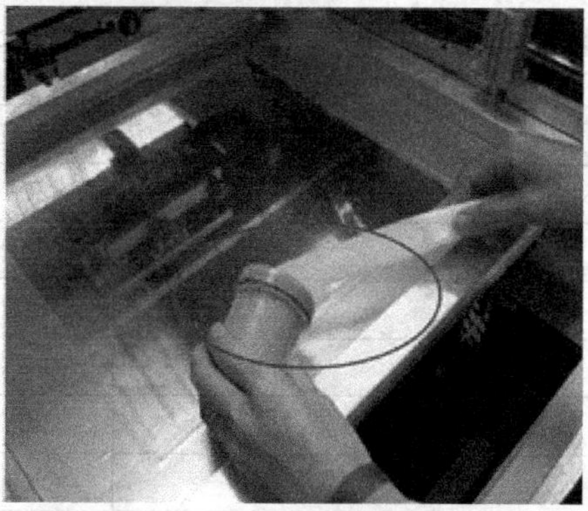

图 3-22　锡膏的投放

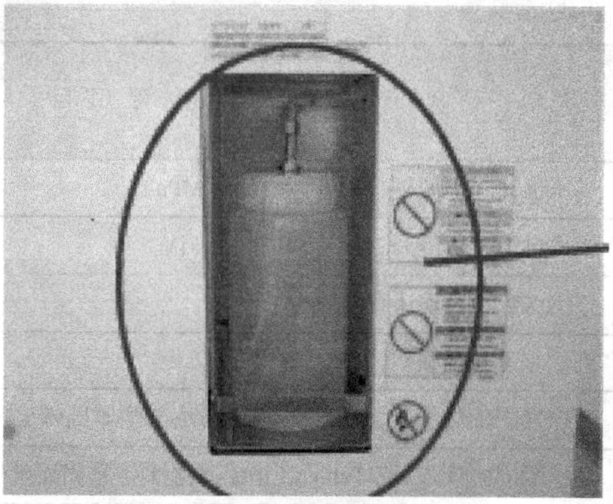

图 3-23　湿式清扫装置的清洗剂

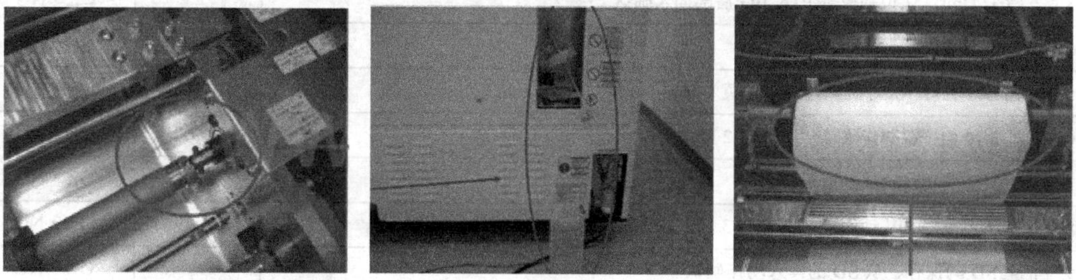

(a)　(b)　(c)

图 3-24　清洁纸的使用

3.2.8　印刷机维护保养

印刷机的印刷质量和使用寿命，除了与机器的制造精度有关外，很大程度上还取决于使用过程中的维护和润滑情况，在印刷机中，为了保证印品质量，提高设备利用率，延长其使用寿命，防止损坏事故发生，对机器的安全操作和维护保养，都规定有相应的规章制度，并要求严格执行，如清洁管理制度、按时加油制度、安全操作规程、定期检查和维修制度，如表 3-5 所示。

表 3-5　印刷机维护保养

序号	检查项目			结果：检查	结果：调整后
1	接插电缆（电源）端子接入			OK	OK・NG
2	信号灯固定确认			OK	OK・NG
3	各相电压测定值是否正常			OK	OK・NG
4	电压测定 计测器 No. 记入 计测器 No. （　　）	CPUBOX DC电源 Unit	DC5 V(5.10±0.05V)	测定值	(5.03 V)
			DC12 V(12.20±0.10 V)	测定值	(12.09 V)
			DC−12 V(−12.20±0.10 V)	测定值	(−12.08 V)
			DC24 V(24.20±0.10 V)	测定值	(24.10 V)
		POWER BOX2	DCl2 V(12.20±0.10 V)	测定值	(12.10 V)
			DC24 V(24.20±0.10 V)	测定值	(24.20 V)
5	Air Pressure SW 调至 0.4 MPa			0.52 MPa	OK・NG

续表

序号	检 查 项 目	结果	
		检查	调整后
6	气压确认（机械停止时 0.54～0.68 MPa）	0.58	OK・NG
7	接插电缆（信号）-XL，-XR 接插确认		OK・NG
8	移动 XY 轴（确认有无阻碍）		OK・NG
9	确认有无外观损伤　NC 的处所：（　　　　　　）		OK・NG
10	螺栓紧固确认　下受台&Lifter 马达 T 型紧固螺丝		OK・NG
11	螺栓紧固确认　Z Table&Lifter 马达 T 型紧固螺丝		OK・NG
12	螺栓紧固确认　Z Table 用 T 型紧固螺丝		OK・NG
13	CCU Unit、认识基板部 PTN JIG 后部插入确认		OK・NG
14	蜂鸣器 ON 确认		OK・NG
15	信号灯亮灯、灭灯确认　红、黄、绿		OK・NG
16	非常停止按钮动作确认　前后部 2 处		OK・NG
17	伺服开关动作确认　前后部 2 处		OK・NG
18	本体部盖子 SW 动作确认　前部 3 处，后部 1 处，左右传送带盖子		OK・NG
19	至 SD 的保存、从 SD 的读入动作确认		OK・NG
20	硬盘的读入，保存动作确认		OK・NG
21	确认基板 Clamp 在气压 0.1 MPa 情况下正常动作	0.1 MPa	OK・NG
22	下部的平面度测定　规格 M&D　0.03 mm	0.1	OK・NG
23	基板 Clamp 的平面度测定　规格 M&D　0.02 mm	0.15	OK・NG
24	机器参数 Teach 中 θ　轴原点，基板原点的确认 生产后 OK 的话，保存下来。 （比较 Teach 前后的数据）		OK・NG
25	确认清洁纸用完检出传感器是否工作		OK・NG
26	确认清洁液用完检出传感器是否工作		OK・NG
27	确认网板清洁液的喷出量是否正常		OK・NG
28	确认网板清洁是否漏液		OK・NG
29	清洁动作确认		OK・NG
30	印刷前所使用的刮刀进行印压 Teach		OK・NG
31	HUB 的电源，通信电缆接插确认　仅在 PT 连接时		OK・NG
32	各传感器在没有基板时能否检出		OK・NG
33	各传感器能否正常检出基板（用户基板）		OK・NG
34	浓晶显示屏操作盘的保护板是否取走		OK・NG
35	基板搬送确认（用户基板）		OK・NG
36	认识不良判定值设定（设定值 85%）		OK・NG
37	盖子 SW 等的安全 SW 及绑线等是否固定		OK・NG
38	将生产情报内的停止履历清除并将机器移交给客户		OK・NG

续表

序号	检 查 项 目	结果	
		检查	调整后
39	记入各机器的装机担当者，装机担当者（机械，电气）在空格中签名		OK・NG
40	锁紧螺栓的记号确认（黄色）		OK・NG

3.3 贴装工艺及设备

3.3.1 贴装过程

PCB 传入贴片机，进行定位并基准校准，贴装头拾取元器件，通过激光或者相机识别校准，贴装头将元件准确地贴装到 PCB 指定的位置，这一过程就是贴装的过程，英文称“Pick and Place”，即拾取与放置两个动作。

贴片机进行自动贴装时，元器件的坐标位置是以 PCB 的某个顶角位置（一般为左下角或右下角）为原点计算的。由于 PCB 加工时多少会存在一定的加工误差，因此在高精度贴装时，必须对 PCB 的基准标志（MARK）进行基准校准。

基准标志分为 PCB MARK 和局部 MARK。

PCB MARK 是用来修正 PCB 加工误差的。贴片前将 PCB MARK 的坐标及标准图像保存到贴片程序中，贴片时，每定位一块 PCB，首先识别 PCB MARK，一是比较 PCB MARK 图像是否正确，二是比较每块 PCB 的坐标与标准图像坐标的偏移量。贴片机会自动根据偏移量（ΔX、ΔY）修正每个贴装元器件的贴装位置。利用 PCB MARK 修正 PCB 加工误差示意如图 3-25 所示。

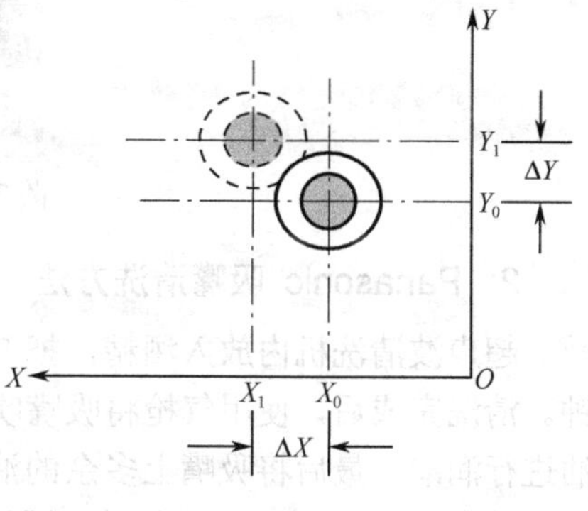

图 3-25 利用 PCB MARK 修正 PCB 加工误差示意图

多引脚细间距的器件，贴装精度要求非常高，靠 PCB MARK 不能满足定位要求，需要采用局部 MARK 单独定位，以保证单个器件的贴装精度。

3.3.2 吸嘴

随着元件的微型化，而吸嘴又高速与元件接触，其磨损是非常严重的，特别是在高速贴片机中，故吸嘴的材料与结构也越来越受到人们的重视。早期，吸嘴采用合金材料，以后又改为碳纤维耐磨塑料材料，更先进的吸嘴则采用陶瓷材料及金刚石，使吸嘴更耐用。

不同形状、不同大小的元件使用不同的吸嘴进行拾取，因此在编辑程序时，一定要根据元件不同选取适合的吸嘴，否则会造成拾取、贴装不良。

吸嘴使用中需要定期进行清洗，清洗时注意轻拿轻放，并按要求正确清洗吸嘴。

下面以 JUKI 、Panasonic BM 吸嘴为例。

1. JUKI 吸嘴清洗方法

502、503、504 吸嘴清洗方法：超声波清洗机内放入酒精，把吸嘴放入清洗机内清洗，时间约 5 分钟。清洗完成后，使用气枪将吸嘴吹干，然后使用针管对吸嘴与支架间缝隙进行润滑。

将针头放到注油处（图 3-26），使用针管通过注油孔向吸嘴内部滴注一滴润滑油进行润滑，然后上下活动吸嘴，使吸嘴与支架间缝隙润滑，最后将多余的油用干净的纸擦拭干净。

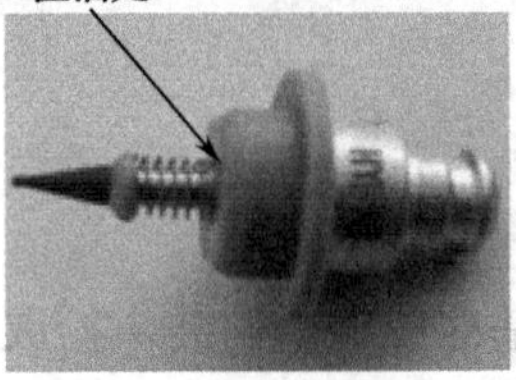

图 3-26　吸嘴

505、506、507、508 吸嘴清洗方法：用干净的纸蘸酒精擦拭吸嘴被贴片头夹持部位，吸嘴顶端的橡胶头务必不能接触酒精（图 3-27）。

图 3-27　吸嘴清洗部位示意图

2. Panasonic 吸嘴清洗方法

超声波清洗机内放入酒精，把 SA、S、M、MELF 吸嘴放入清洗机内清洗，时间约 5 分钟。清洗完成后，使用气枪将吸嘴吹干，然后使用针管通过注油孔向吸嘴内部滴注一滴润滑油进行润滑，最后将吸嘴上多余的油用干净的纸擦拭干净（图 3-28）。

MG、MG-P 吸嘴清洗方法：用干净的纸蘸酒精擦拭吸嘴被贴片头夹持部位，吸嘴顶端的橡胶头务必不能接触酒精。

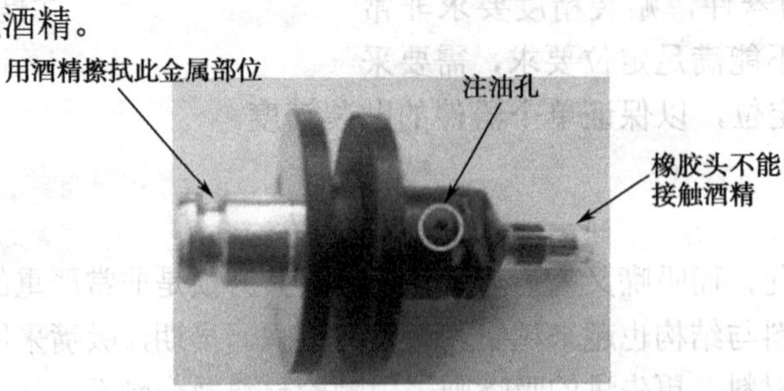

图 3-28　吸嘴清洗方法示意图

3.3.3　送料器（上料器）

送料器的作用是将表面贴装元器件按照一定规律和顺序提供给贴片头，以便准确、方便地拾取。

根据元器件包装的不同，送料器通常有带状（Tape）、管状（Stick）、托盘状（Tray）、散装（Bulk）送料器等几种。带状送料器又分为 8 mm、12 mm、16 mm、24 mm、32 mm、44 mm、56 mm 等种类。

送料器使用过程中，也要注意轻拿轻放，并需要定期对送料器进行维护保养。生产过程中如果发现某个送料器抛料严重，需要做好标识，放到不良送料器放置区，进行调整维修后才能使用。

3.3.4　贴片机

1．按速度分类

按速度分，可分为中速贴片机、高速贴片机、超高速贴片机。

特点：4 万片/h 以上，采用旋转式多头系统。Assembleo-FCM 型和 FUJI-QP-132 型贴片机均装有 16 个贴片头，其贴片速度分别达 9.6 万片/h 和 12.7 万片/h。

2．按功能分类

按功能分，可分为高速贴片机、超高速贴片机。

特点：主要以贴片式元件为主体，贴片器件品种不多。

多功能贴片机的特点：能贴装大型器件和异型器件。

3．按方式分类

按方式分，可分为顺序式贴片机、同时式贴片机和同时在线式贴片机。

顺序式贴片机的特点：它是按照顺序将元器件一个一个贴到 PCB 上。

同时式贴片机的特点：使用放置圆柱式元件的专用料斗，一个动作就能将元件全部贴装到 PCB 相应的焊盘上。产品更换时，所有料斗全部更换，已很少使用。

同时在线式贴片机的特点：由多个贴片头组合而成，依次同时对一块 PCB 贴片，assembleon-FCM 就是该类。

4．按自动化分类

按自动化分，可分为全自动机电一体化贴片机和手动式贴片机。

全自动机电一体化贴片机的特点：大部分贴片机就是该类。

手动式贴片机的特点：手动贴片头安装在 Y 轴头部，X、Y、e 定位可以靠人手的移动和旋转来校正位置，主要用于新产品开发，具有价廉的优点。

3.3.5　保证贴装质量的要素

1．元件贴装正确无误

要求贴片机上料器上的元件规格型号、精度等与 BOM、作业指导书一致，PCB 所贴的所有元件标称值、极性等与 BOM、元件位置图或者 PCB 丝印标记相符合，不能有贴装错误。

2．元件贴装位置正确

表 3-6 是参照 IPC 标准制作的作业指导书，以此判断元件贴装位置是否符合要求。

表 3-6　元件贴装位置标准作业指导书

<table>
<tr><th>作业步骤</th><th>作业指导图</th></tr>
<tr><td>
一、CHIP 元件
1．标准
元件放置于焊盘中央（图 1.1）
2．允收
W=元件宽度，P=焊盘宽度，A=偏移容许误差，L=焊端宽度
（1）元件放置于焊盘上未超偏移容许误差，A≤25%×W、P 中较小者（图 1.2.1）
（2）元件斜置于焊盘上未超偏移容许误差，A≤25%×W、P 中较小者（图 1.2.2）
（3）元件纵向偏移时焊端与焊盘接触部分不小于 1/4 焊端宽度 L（图 1.2.3）
3．拒收
（1）元件放置于焊盘上超过偏移容许误差，A>25%×W、P 中较小者（图 1.3.1）
（2）元件斜置于焊盘上超过偏移容许误差，A>25%×W、P 中较小者
（3）相邻元件短路，元件与相邻焊盘短路（图 1.3.2、图 1.3.3）
（4）元件纵向偏移时焊端与焊盘接触部分小于 1/4 焊端宽度 L
二、SOT 元件
1．标准
元件放置于焊盘中央（图 2.1）
2．允收
W=元件宽度，A=偏移容许误差
（1）元件引脚不可超出焊盘
（2）元件引脚偏移量 A≤1/3W（图 2.2）
3．拒收
（1）元件引脚超出焊盘（图 2.3）
（2）元件引脚偏移量 A>1/3W
三、圆柱状元件
1．标准
（1）元件放置于焊盘中央（图 3.1）
（2）元件极性正确与 PCB 标识一致
2．允收
W=元件宽度，A=偏移容许误差，L=焊端宽度
（1）元件放置于焊盘上未超偏移容许误差，A≤25%W（图 3.2.1）
（2）元件焊极不能超出焊盘外侧，元件焊端超出焊盘内侧部分小于等于 1/2 焊端宽度（图 3.2.2）
3．拒收
（1）元件放置于焊盘上超过偏移容许误差，A>25%×W（图 3.3）
</td><td>

图1.1

图1.2.1

图1.2.2
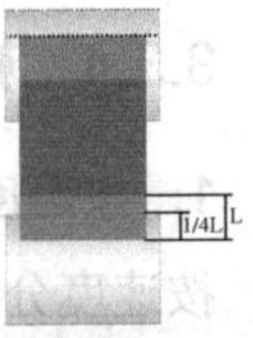

图1.2.3

图1.3.1

图1.3.2

图1.3.3

图2.1

图2.2
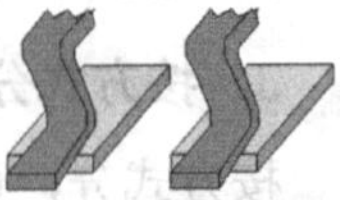
图2.3

图3.1

图3.2.1
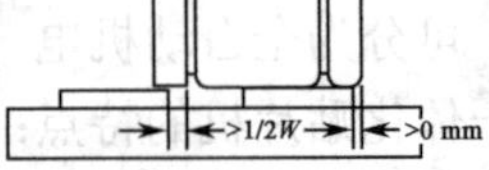

图3.2.2
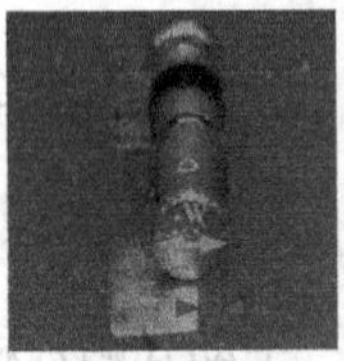
图3.3
</td></tr>
</table>

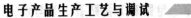

续表

作 业 步 骤	作业指导图
（2）元件极性反向 （3）元件焊极超出焊盘外侧，元件焊端超出焊盘内侧部分小于 1/2 焊端宽度（图 3.2.2） 四、鸥翼型多引脚元件 1．标准 （1）元件放置于焊盘中央（图 4.1） （2）元件平贴于焊盘上 2．允收 *W*=元件脚宽度，*A*=偏移容许误差 （1）元件引脚偏移量 *A*≤1/3*W*（图 4.2） （2）元件引脚前端不超出焊盘 3．拒收 （1）元件引脚前端超出焊盘（图 4.3） （2）元件引脚偏移量 *A*>1/3*W*（图 4.4） 五、J 型引脚元件 1．标准 （1）元件放置于焊盘中央（图 5.1） （2）元件平贴于焊盘上 2．允收 *W*=元件脚宽度，*A*=偏移容许误差 元件引脚偏移量 *A*≤1/3*W*（图 5.2） 3．拒收 元件引脚偏移量 *A*>1/3*W*（图 5.3）	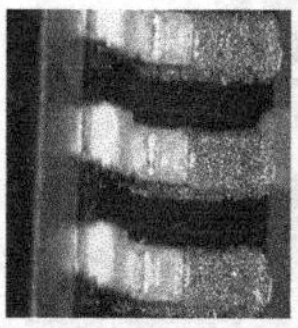 图4.1 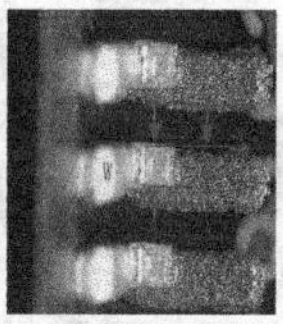 图4.2  图4.3  图4.4  图5.1 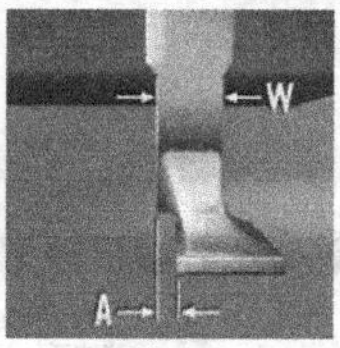 图5.2 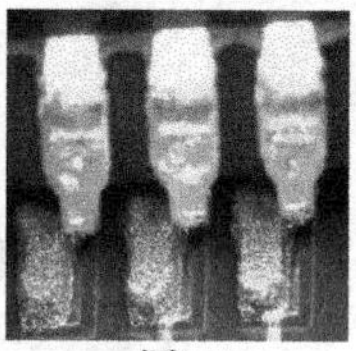 图5.3

3．压力（贴片高度）适合

贴片压力过小，元器件焊端或引脚浮在焊膏表面，焊膏粘不住元器件，在传递和回流焊时容易产生位置移动，另外由于 *Z* 轴高度过高，贴片时元器件从高处扔下，会造成贴片位置偏移；贴片压力过大，焊膏挤出量过多，容易造成焊膏粘连，再流焊时容易产生桥接，同时也会由于滑动造成贴片位置偏移，严重时还会损坏元器件。

贴片头吸嘴拾起元件并将其贴放到 PCB 上的瞬间，通常是采取两种方法贴放，一是根据元件的高度，即事先输入元件的厚度，当贴片头下降到此高度时，真空释放并将元件贴放到焊盘上，采用这种方法有时会因元件厚度的误差，出现贴放过早或过迟的现象，严重时会引起元件移位或焊膏粘连，更为严重的会引起元器件的损坏；二是，吸嘴会根据元件与 PCB 接触瞬间产生的反作用力，在压力传感器的作用下实现贴放的软着陆，又称为 *Z* 轴的软着陆，不易出现上述缺陷。

3.3.6 贴片机操作

（1）接通电源，确认设备内没有基板和工具等，确认压力表，如图 3-29 所示。

（2）Windows XP 和主机软件依次启动后，选择设备返回元件并进行预热，如图 3-30 所示。

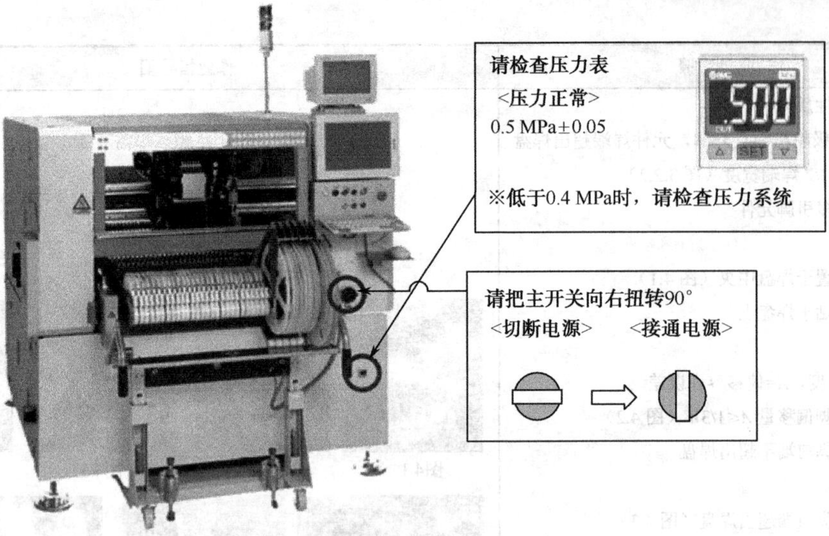

图 3-29　贴片机操作示意图 1

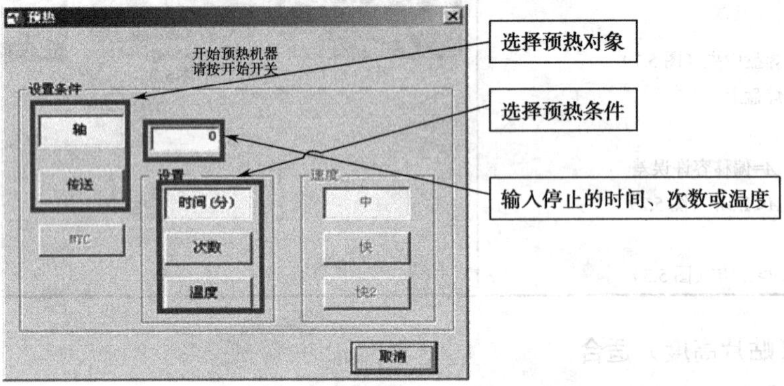

图 3-30　贴片机操作示意图 2

（3）读入生产程序，在主画面上打开文件管理，选择所生产产品需要的程序，如图 3-31 所示。

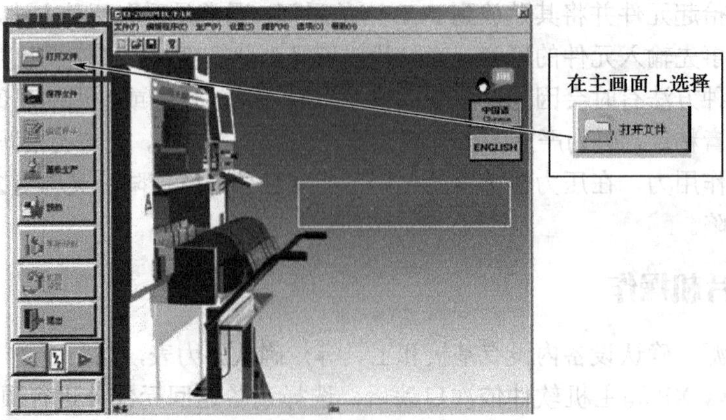

图 3-31　贴片机操作示意图 3

（4）选择生产画面，在主画面上选择生产并根据生产的基板宽度设置传送轨道的宽度，并在调节完轨道宽度后，调整基板在工作台的支撑，合理地放置支撑顶针，如图 3-32 所示。

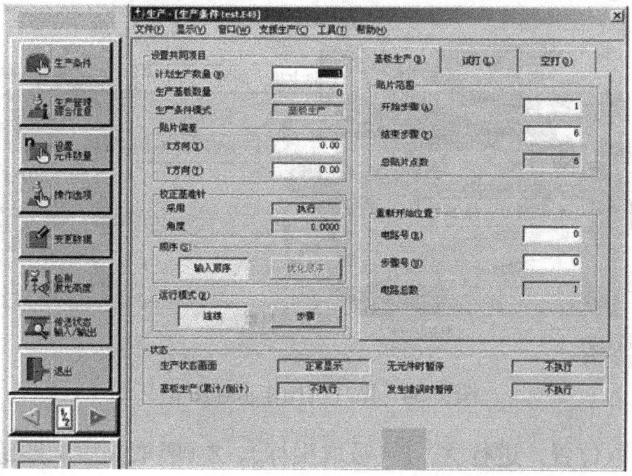

图 3-32　贴片机操作示意图 4

（5）在现实外形基准位置画面中通过手持 HOD 进行基板外形位置调整，如图 3-33 所示。

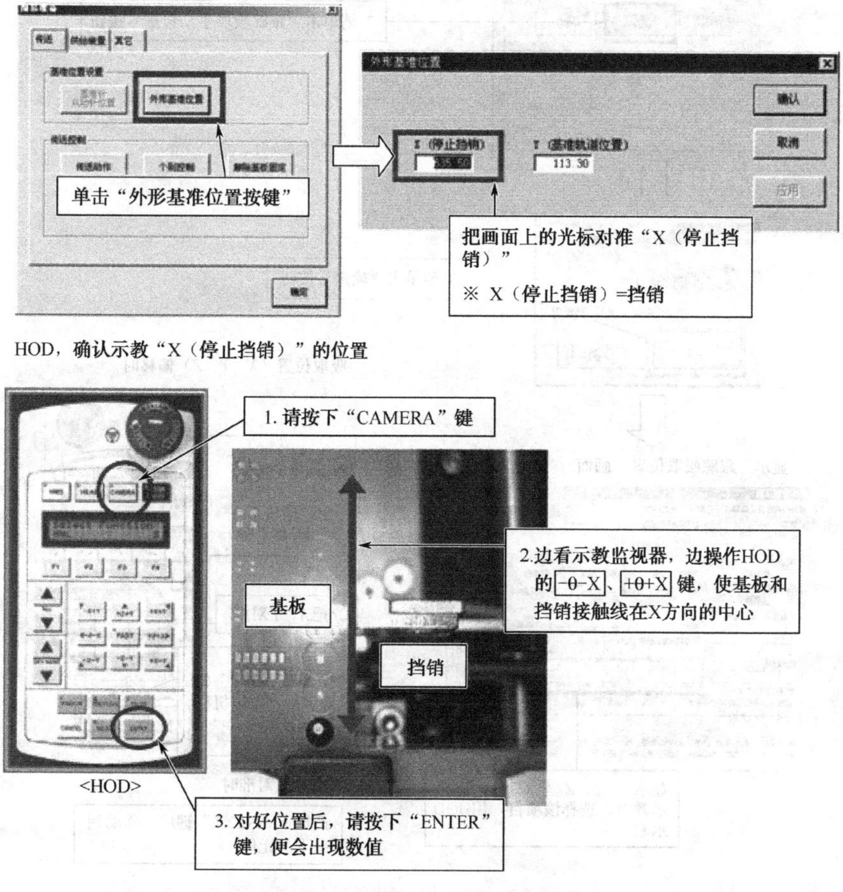

图 3-33　贴片机操作示意图 5

（6）把生产使用的元件安装到送料器上，并按照作业指导书规定位置进行把送料器对应的台架的编号上。确认插入正直后，把分离杆把头向主机方向推，把锁定托盘固定在锁定轴上，如图 3-34 所示。

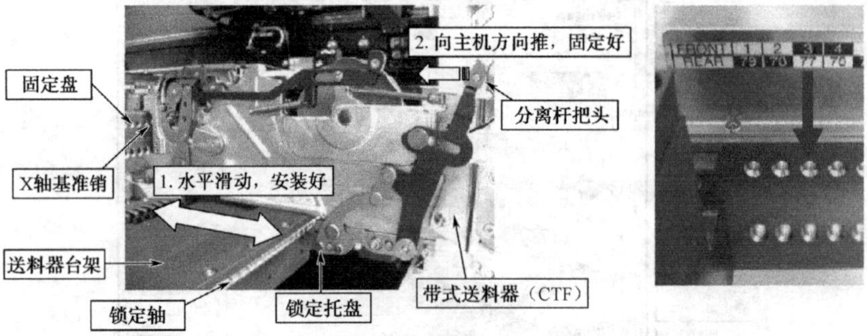

图 3-34　贴片机操作示意图 6

（7）确认元件吸取位置，进行 *X*、*Y*（吸取坐标）、*Z*（吸取高度）跟踪，如图 3-35 所示。

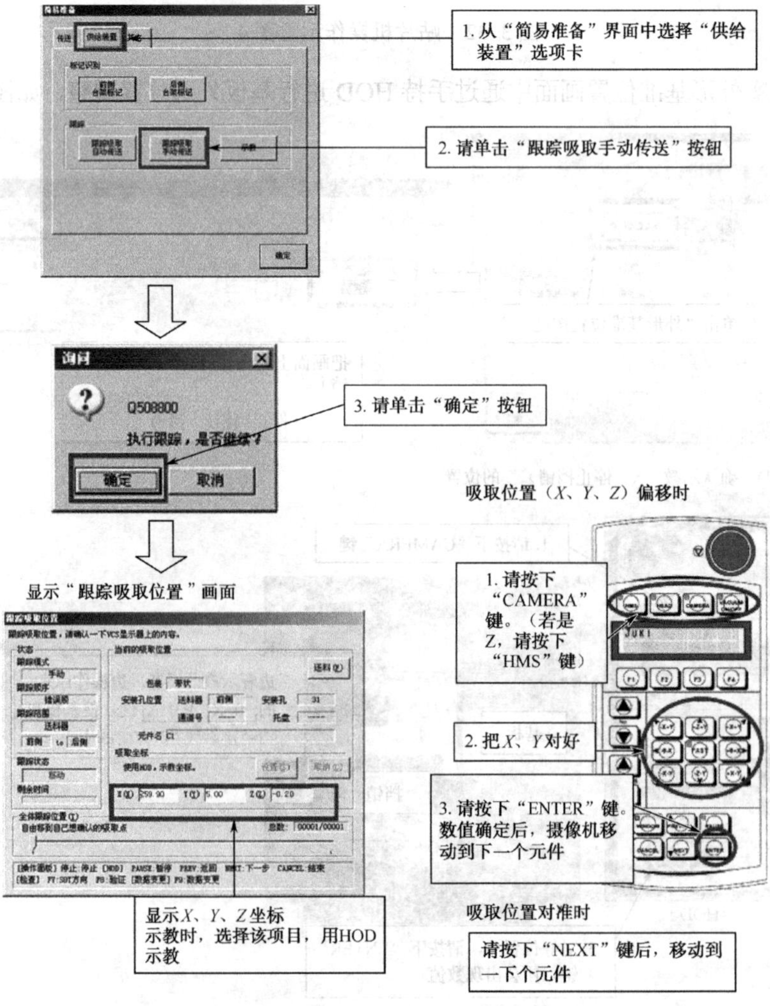

图 3-35　贴片机操作示意图 7

（8）做完上面的工作后，在“基板生产”界面上设置“计划生产数量”后，再按下“开始”键，生产即开始，如图 3-36 所示。

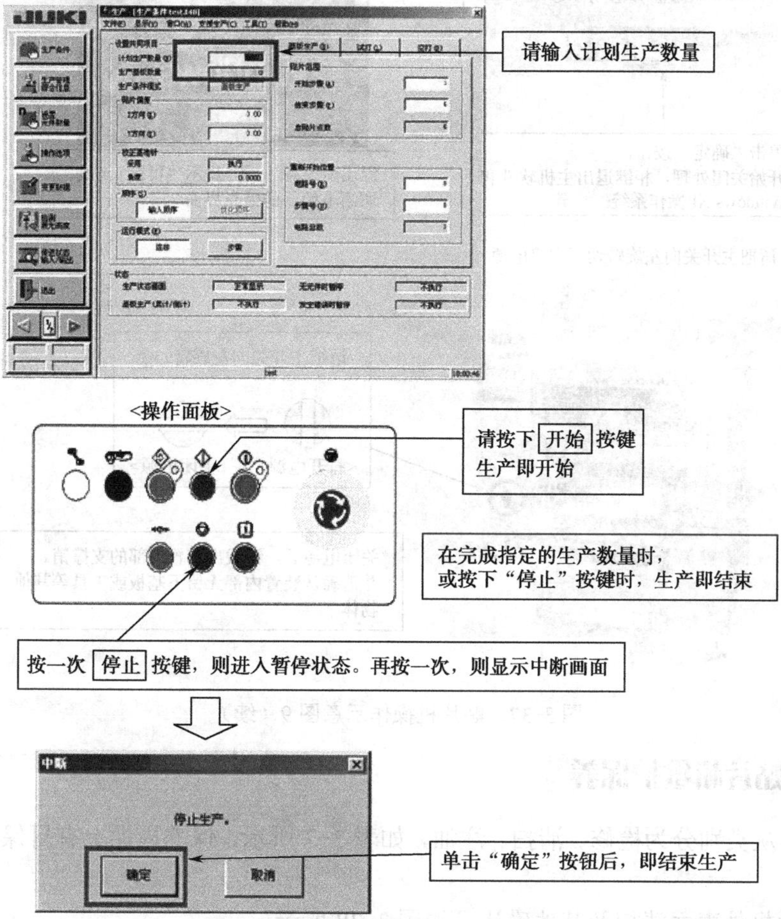
请输入计划生产数量
<操作面板>
请按下 开始 按键
生产即开始
在完成指定的生产数量时，
或按下“停止”按键时，生产即结束
按一次 停止 按键，则进入暂停状态。再按一次，则显示中断画面
中断
停止生产。
确定
取消
单击“确定”按钮后，即结束生产

图 3-36　贴片机操作示意图 8

（9）生产结束关闭电源，如图 3-37 所示。

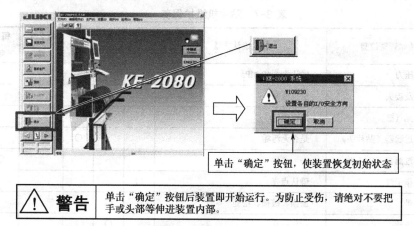

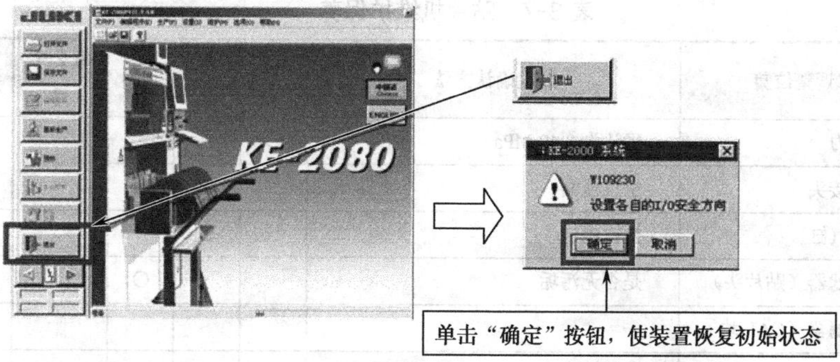
退出
KE-2080
KE-2000 系统
¥109230
设置各自的I/O安全方向
确定
取消
单击“确定”按钮，使装置恢复初始状态

⚠ 警告	单击“确定”按钮后装置即开始运行。为防止受伤，请绝对不要把手或头部等伸进装置内部。

图 3-37　贴片机操作示意图 9

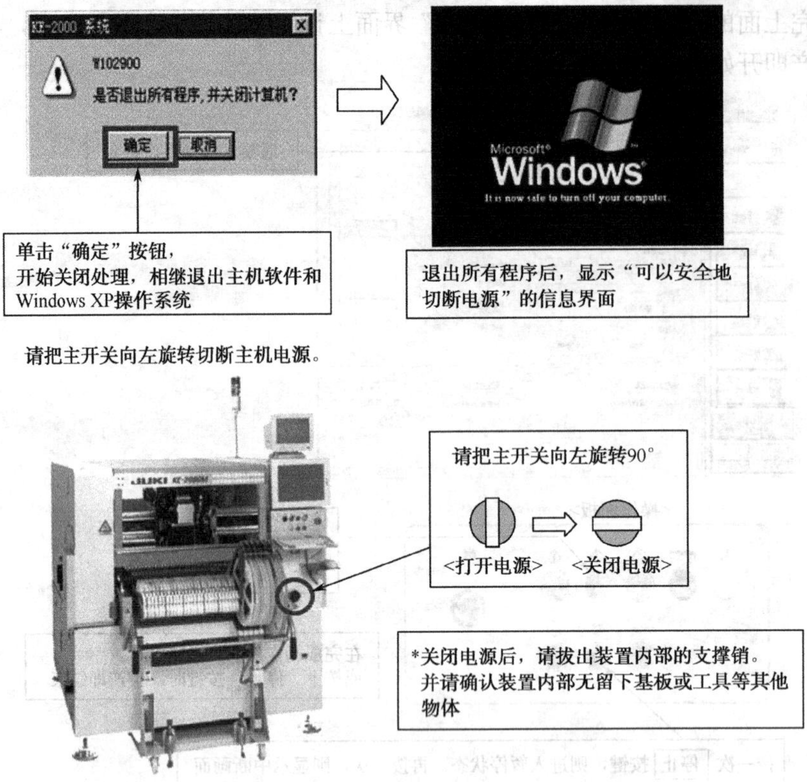

图 3-37　贴片机操作示意图 9（续）

3.3.7　贴片机维护保养

（1）保养从类别分为检修、清扫、注油，如表 3-7 所示，保养周期上有日保养、周保养、月度保养。

（2）贴片机外表面清扫及其他确认，如图 3-38 所示。

（3）激光传感器擦拭，在激光波形确认中如发现波形超过限值或生产中出现激光错误报警，则要进行激光传感器的擦拭，如图 3-39 所示。

表 3-7　贴片机维护保养

处理方法	检修调整位置	处理确认方法	每天	每周	每月	每2个月	每半年	每年
检修	空气压力	确认为 0.49 MPa	○					
	配管及接头	空气泄漏		○				
	各单元气缸	操作确认		○				
	空气过滤器（贴片头）	是否无污垢			○			
	空气过滤器（CAL 块）	—					○	
	开机指示灯	确认点亮	○					
	传送带	磨损、破损、松弛		○				
	传送滑轮	动作确认		○				

续表

处理方法	检修调整位置	处理确认方法	每天	每周	每月	每 2 个月	每半年	每年
检修	挡片	磨损、破损		○				
	电气类	电压、电线、连接器	随时					
清扫	X、Y 轴直动单元	除去灰尘、油污			○			
	传送带	除去灰尘、异物		○				
	各传送传感器	清扫			○			
	激光校准传感器	清扫传感器视窗的脏污		○				
	吸嘴	清扫		○				
	吸嘴外轴	清扫轴的内部			○			
	ATC 托架	除去灰尘、油污		○				
	CVS（可选）	除去灰尘、异物		○				
	送料器台、统一交换台	除去异物		○				
	OCC（偏光滤镜）	除去灰尘、异物		○				
	VCS	清扫上面的赃污		○				
	CAL 块	除去灰尘、异物		○				
	跟踪球	除去灰尘、异物			○			
	共面性（可选）	清扫传感器视窗的赃污	○					
注油	X、Y 轴直动单元导轨	活动是否平滑；润滑脂（EP2）						○
	传送螺杆（轴）	润滑脂（EP2）			○			
	传送导轴	润滑脂（EP2）			○			
	基板挡块部分	润滑脂（EP2）			○			
	滚珠丝杠与直线型（贴片头部）	润滑脂（C 润滑脂）				○		
	校准轴（贴片头部）	润滑脂（C 润滑脂）				○		
	吸嘴	润滑油	清扫后					
	吸嘴外轴	润滑油、润滑脂（EP2）						
	统一交换台	润滑脂（EP2）			○			
	支撑台	润滑脂（EP2）				○		

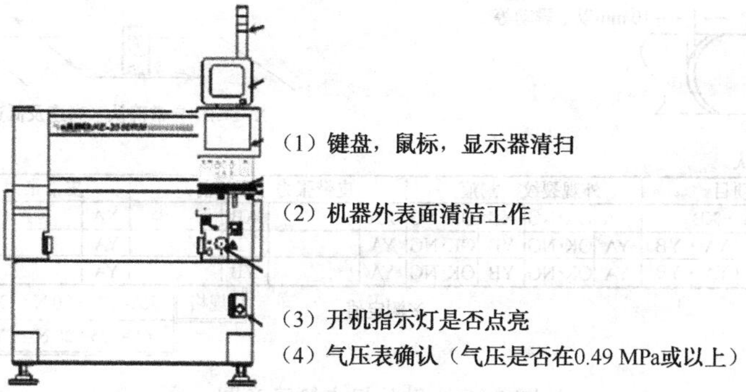
（1）键盘，鼠标，显示器清扫
（2）机器外表面清洁工作
（3）开机指示灯是否点亮
（4）气压表确认（气压是否在0.49 MPa或以上）

图 3-38　贴片机清扫确认示意图

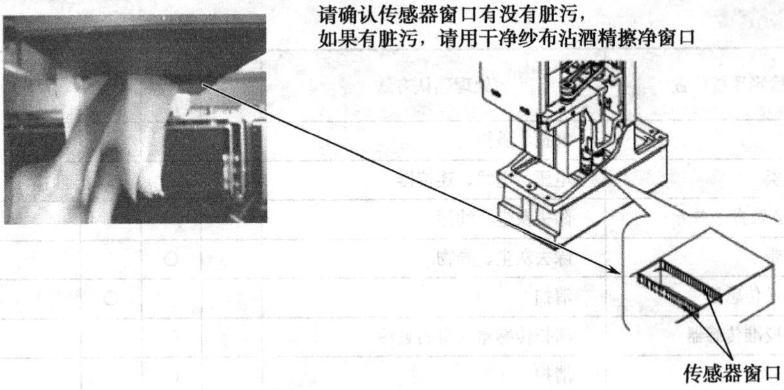

请确认传感器窗口有没有脏污，
如果有脏污，请用干净纱布沾酒精擦净窗口
传感器窗口

图 3-39　贴片机激光传感器擦拭示意图

（4）贴片机 *X* 轴、Y 轴等控制单元定期的清扫、注油，如图 3-40 所示。

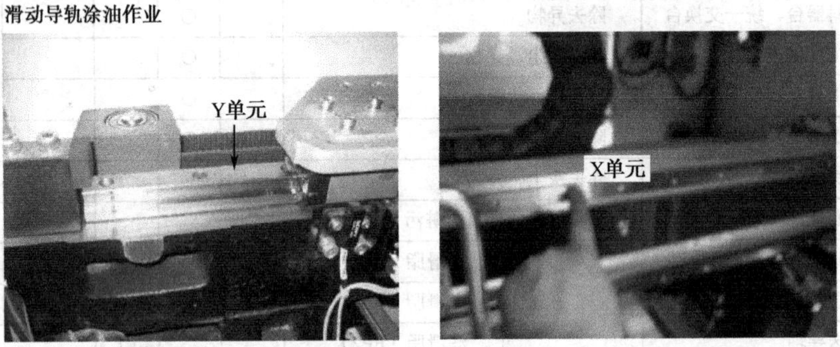

滑动导轨涂油作业

图 3-40　贴片机清扫、注油示意图

（5）设备的点检可以及早地发现设备故障隐患，减少设备故障率，提高生产的效率，如图 3-41 所示。

XY部分确认

	检查项目	检查方法	结果	检查结果
1	坦克链磨损确认（X轴）	连接部的震动情况	震动（无·有）　部品交换（不要·要）	
2	（Y轴）		震动（无·有）　部品交换（不要·要）	
3	X-Y动作异常确认	无异音	异音（无·有）　部品交换（不要·要） 部品名（　　　　）	

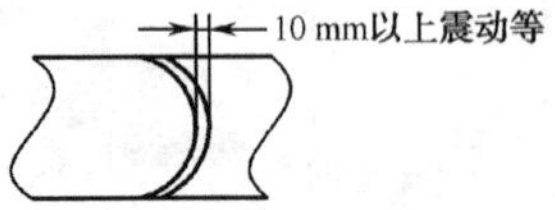

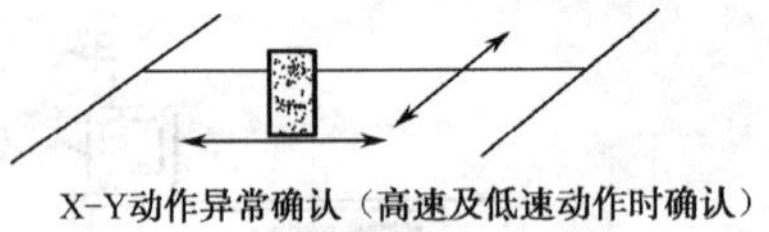

10 mm以上震动等

X-Y动作异常确认（高速及低速动作时确认）

XY皮带状态确认

	检查项目	外观裂纹、割痕				皮带张力（调整前）				皮带张力（调整后）			
1	X皮带（XA · XB）	XA	OK·NG	XB	OK·NG	XA		XB		XA		XB	
2	右侧Y皮带（YA · YB）	YA	OK·NG	YB	OK·NG	YA		YB		YA		YB	
3	左侧Y皮带（YA · YB）	YA	OK·NG	YB	OK·NG	YA		YB		YA		YB	

※测定值

规格		
	XA=175±20 N	XB=1 070±50 N
	YA=325±20 N	YB=1 230±50 N

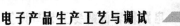

图 3-41　贴片机点检示意图

激光波形确认，如图 3-42 所示。

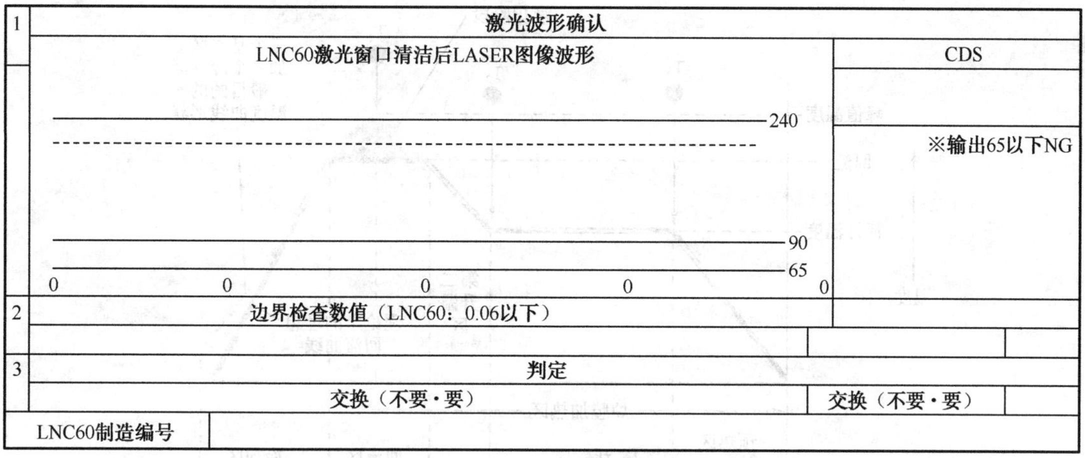
1
激光波形确认
LNC60激光窗口清洁后LASER图像波形
CDS
240
※输出65以下NG
90
65
0 0 0 0 0
2
边界检查数值（LNC60：0.06以下）
3
判定
交换（不要・要）
交换（不要・要）
LNC60制造编号

图 3-42 激光波形确认示意图

头部电磁阀动作及确认，如图 3-43 所示。

	检查项目	确认方法	结果							部品交换	检查结果
			L1头	L2头	L3头	L4头	L5头	L6头	R1头		
1	真空电磁阀	ON・OFF 动作	无・有	无・有	无・有	无・有	无・有	无・有	无・有	不要・要	
2	吹气电磁阀	ON・OFF 动作	无・有	无・有	无・有	无・有	无・有	无・有	无・有	不要・要	
3											
4	压力传感器表示	大气压 ±2.67 kPa 以内	kPa	kPa	kPa	kPa	kPa	kPa	kPa	不要・要	
5	无吸嘴真空值	—	kPa	kPa	kPa	kPa	kPa	kPa	kPa	不要・要	
6	完全负压值	−83.5 kPa 以上	kPa	kPa	kPa	kPa	kPa	kPa	kPa	不要・要	

图 3-43 头部电磁阀动作及确认

3.4 回流焊接设备及工艺

3.4.1 回流焊接原理

回流焊是通过熔化预先印刷到 PCB 焊盘上的焊锡膏，实现表面组装元器件焊端或引脚与 PCB 焊盘之间机械与电气连接的过程。

从图 3-44 所示的温度曲线分析回流焊接的原理：当 PCB 进入预热区时，锡膏中溶剂、气体等挥发，同时助焊剂润湿焊盘、元器件焊端和引脚；PCB 进入保温区时，使 PCB 和元器件得到充分的预热以防 PCB 突然进入焊接高温区而损坏 PCB 和元器件；当 PCB 进入焊接区时，温度迅速上升使焊锡膏达到熔化状态，液态焊锡膏对 PCB 焊盘、元器件焊端和引脚润湿、扩散形成焊锡节点；PCB 进入冷却区，使焊点凝固。

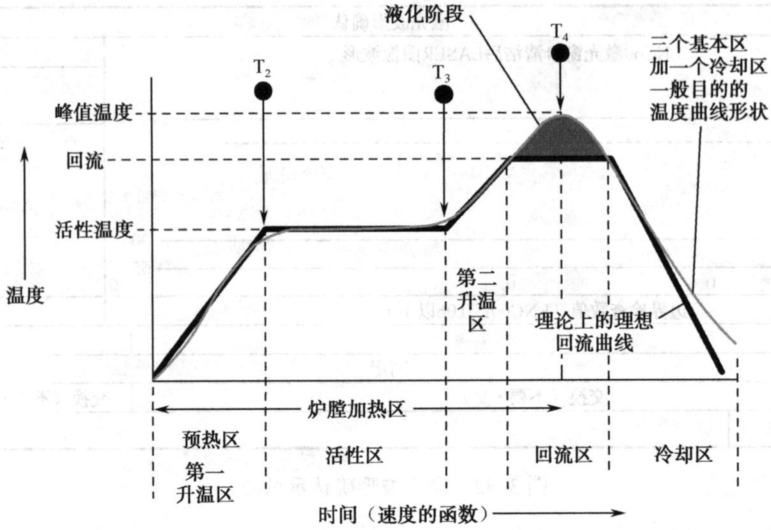

图 3-44　回流焊温度曲线

3.4.2　回流焊温度曲线的温区分布及各温区功能

温度曲线是指通过回流焊炉时，PCB 上某一焊点的温度随时间变化的曲线。一个典型的温度曲线分为预热区、保温区、回流区及冷却区。

1．预热区

预热区的目的是使 PCB 和元器件预热，以达到平衡，同时除去焊锡膏中的水分、溶剂，以防焊锡膏发生塌落和焊料飞溅，升温速率要控制在适当范围内，过快时会产生热冲击，如引起元件开裂，造成焊料飞溅，使在整个 PCB 的非焊接区域形成焊料球和焊料不足的焊点。一般规定最大升温速率为 4 ℃/s。

2．恒温区（保温区、活性区）

恒温区的主要目的是使 PCB 上各元件的温度趋于均匀，尽量减少温差，保证在达到回流焊接温度之前焊料能完全干燥。到恒温区结束时，焊盘、锡膏颗粒及元件引脚上的氧化物应被去除，整个电路板的温度达到均衡。恒温时间为 60～120 s，具体时间根据焊料不同有所差异。

3．回流区（焊接区）

此区域温度迅速上升使焊锡膏达到熔化状态，呈流动状态，液态焊锡膏对 PCB 焊盘、元器件焊端和引脚润湿，焊接峰值温度视锡膏不同而不同，一般推荐为锡膏的熔点温度+（20～40）℃。

4．冷却区

以尽可能快的速度进行冷却，将有助于得到明亮的焊点、饱满的外形和低的接触角度。缓慢冷却会导致焊盘的更多分解物进入焊锡中，产生灰暗、毛糙的焊点，甚至引起焊接不良、减弱焊点的结合力。降温速率一般为-4 ℃/s。

3.4.3 回流焊温度曲线的测量

因回流焊设备的结构和工作原理决定了温区的设定温度反映到生产的产品上时会有不小的差异。回流焊设备上显示的温区温度并不是实际的温区温度，显示温度只是代表该温区内热敏电偶所感应到的环境温度，如果热电偶靠近加热源，显示的温度将相应比温区内其他区域的温度高，热电偶越靠近印刷线路板的传送轨道，显示的温度将越能反映产品的实际温度。因此在设定了温度之后还必须对产品进行实际的测量以得到产品实际的温度，并对设定的温度进行分析，修改以得到一条针对某种产品的最佳温度曲线。

1．炉温曲线测量需要的设备和辅助工具

温度曲线仪：测温仪一般分为两类，一种实时测温仪，能够即时传送温度、时间、数据并作出图形；另一种非实时测温仪，通过采样、储存，然后将采集来的数据上传到计算机进行分析。

热电偶：用于感受环境温度的介质。其工作原理是由两种不同成分的导体组成回路，当测温端和参比端存在温差时回路中就会产生热电流，通过电流的大小来反映外界温度的变化。热电偶一般要求较小直径，因为较小直径的热电偶热质量小、响应快，得到的结果较为精确。目前一般采用 K 型（普通型-镍铬合金与镍铝合金）热电偶。

将热电偶附着于印刷线路板上的工具：焊料、胶黏剂、高温胶带。

2．测试点的选择

实际在生产一块印刷线路板过程中，板面上各个区域所承载的各种元器件的温度是不尽相同的。炉内的热空气在热风机的作用下在炉内流动（从上、下两个加热板向传输轨道方向流动，当遇到阻隔时就沿着印刷线路板的表面向板的边缘扩散，这样板的中心区域就变成了温度最低的地方）。元器件体积的大小也决定着温度的高低，体积小的元器件温度高，体积大的元器件温度低。因此在实际测量中要较真实、较全面地反映被测产品的真实温度，对被测点的选取尤为重要。一般遵循以下几个原则。

（1）在允许的条件下尽量多地选取被测点。

（2）对温度有特殊要求的元器件。

（3）板面温度最高的位置。

（4）板面温度最低的位置。

（5）有大型 IC，或者异形元件的需要测量其相应焊点的温度。其中 IC 类还要测量其本体温度，防止无铅产品峰值温度过高导致元件电气性能不良发生。

（6）BGA 产品一定要测量其焊球的温度和本体温度。

（7）小型元件(该产品的贴装元件最小尺寸) 以及耐热差的部品焊点温度需要测量。

（8）测量点如果存在多个选取点的时候，尽量选择在该基板对角线上面的焊点。

（9）如果该产品的基板或焊盘受热易发生变化，如基板变形，焊盘变色等情况发生，则需要对基板或焊盘增加一个测量点来测量其温度。

3．热电偶的固定

选择好被测点后则需在被测点安置热电偶，一般有以下几种方法。

（1）使用焊料固定，一般使用 Pb 含量较高的高温焊料将热电偶固定在被测点。要求焊点要尽可能小，因为高温焊料的可焊性不高所以对焊接的技能要求较高，由于是高温焊接因此对元器件的热冲击也较大，测温效果较好。

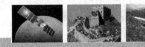

（2）使用胶黏剂固定，一般使用环氧树脂类的胶黏剂将热电偶固定在被测点。要求胶点要尽可能小，测温效果一般。

（3）使用高温胶带固定，一般使用具有耐高温、导热性能好的胶带将热电偶固定在被测点。要求要尽可能地将热电偶靠近被测点。这种方法操作方便，但测量效果最差。

每种方法都应该将热电偶的测量端尽可能地靠近被测点，这样才能够得到较真实的测量结果，如图 3-45～图 3-48 所示。

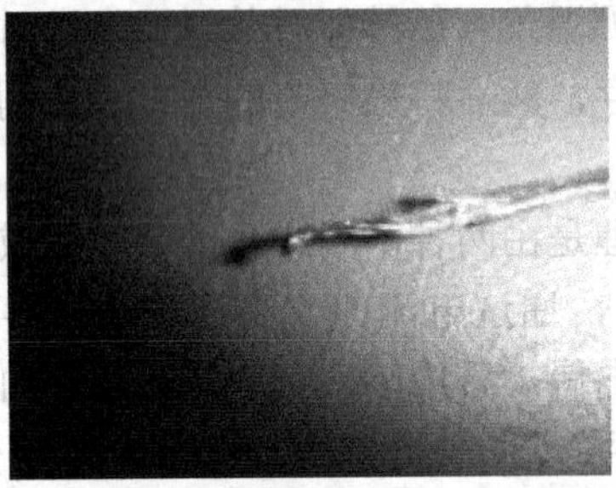

图 3-45　热电偶触点（NG）

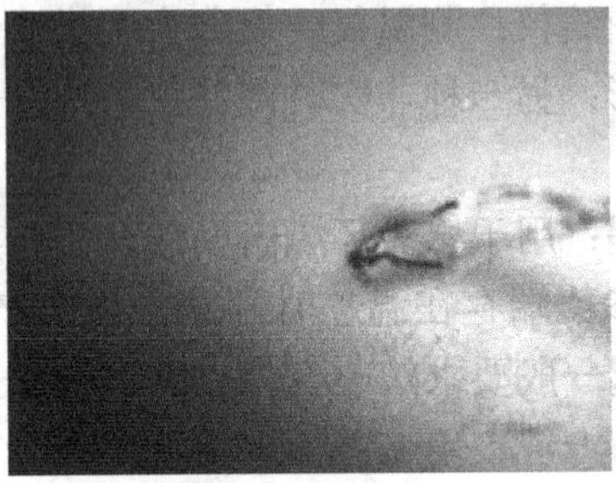

图 3-46　热电偶触点（OK）

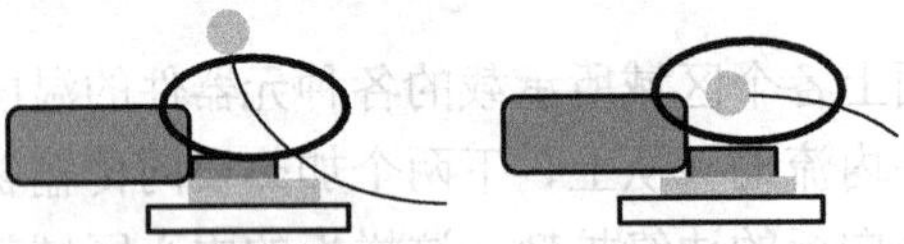

图 3-47　热电偶触点（NG）

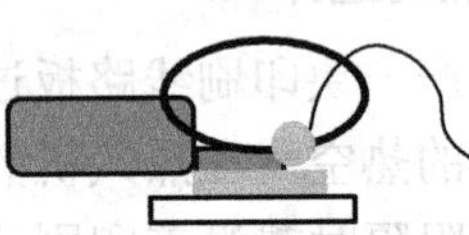

图 3-48　热电偶触点（OK）

（4）将测温仪连同被测的印刷线路板一同放入回流焊炉内，然后将从炉中采集好数据的测温仪接入计算机，生成温度曲线，如图 3-49 所示。

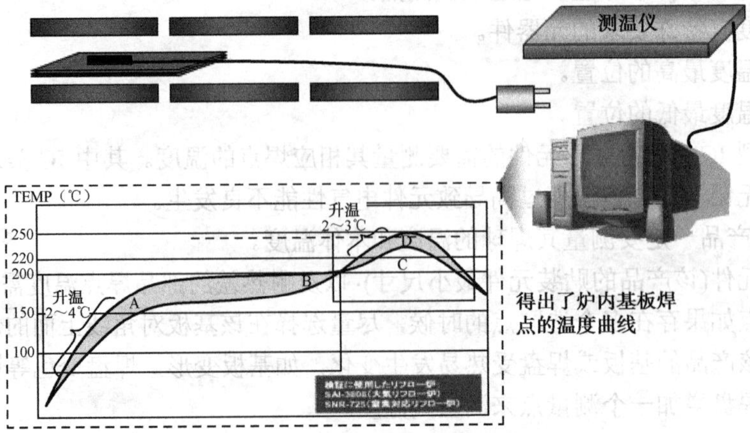

图 3-49　温度曲线生成示意图

3.4.4 回流焊炉

回流焊技术在电子制造领域并不陌生，计算机内使用的各种板卡上的元件都是通过这种工艺焊接到线路板上的，这种设备的内部有一个加热电路，将空气或氮气加热到足够高的温度后吹向已经贴好元件的线路板，让元件两侧的焊料融化后与主板黏结。这种工艺的优势是温度易于控制，焊接过程中还能避免氧化，制造成本也更容易控制，如图 3-50 所示。

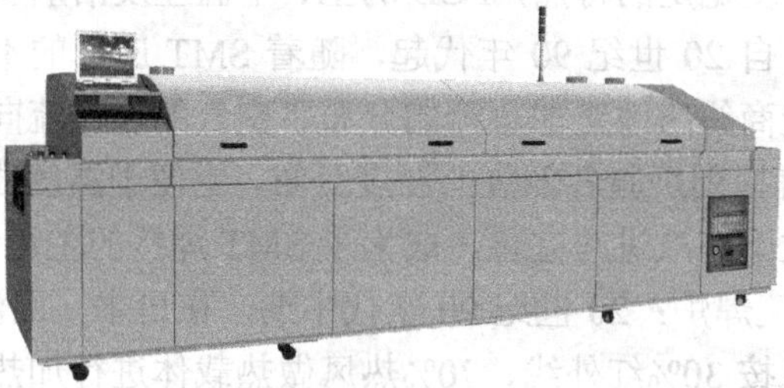

图 3-50　回流焊炉

1. 主要特点

独立加热模块，热效率大大提高，温度均匀性更好；导轨及运输链条设计，保证 PCB 运输平稳顺畅；助焊剂管理系统，炉膛空气循环过滤，维护次数减少，维护时间减短（OPTION）；完全对应高性能无铅回流焊接制程，适合 BGA、CSP 等所有的 SMT 元件焊接；采用独立温控和风速可调设计，满足各种高精度无铅焊接工艺要求；PLC+模块控制，性能稳定可靠，重复精度更高；双温度传感器，双安全控制系统，系统异常时会自动切断加热电源；控制程序可自动生成和备份各项数据报表，便于 ISO9000 运输链条自动润滑和张紧，由计算机设定润滑模式，保证 PCB 运输平稳顺畅；具有链条、网带双重传输功能，网带传输及链条传输等速并行，由计算机闭环控制，可满足不同品种的 PCB，具有故障智能诊断功能，可显示各故障，自动在报警列表中显示及存储。

2. 控制系统

（1）热板传导回流焊炉：这类回流焊炉依靠传送带或推板下的热源加热，通过热传导的方式加热基板上的元件，用于采用陶瓷（Al_2O_3）基板厚膜电路的单面组装，陶瓷基板上只有贴放在传送带上才能得到足够的热量，其结构简单，价格便宜。中国的一些厚膜电路厂在 20 世纪 80 年代初曾引进过此类设备。

（2）红外（IR）回流焊炉：此类回流焊炉也多为传送带式，但传送带仅起支托、传送基板的作用，其加热方式主要依靠红外线热源以辐射方式加热，炉膛内的温度比前一种方式均匀，网孔较大，适于对双面组装的基板进行回流焊接加热。这类回流焊炉可以说是回流焊炉的基本型。在中国使用得很多，价格也比较便宜。

（3）气相回流焊接：又称为气相焊（Vapor Phase Soldering，VPS），也称凝热焊接（Condensation Soldering）。加热碳氟化物（早期用 FC-70 氟氯烷系溶剂），熔点约 215 ℃，沸腾产生饱和蒸汽，炉子上方与左右都有冷凝管，将蒸汽限制在炉膛内，遇到温度低的待焊 PCB 组件时放出气化潜热，使焊锡膏融化后焊接元器件与焊盘。美国最初将其用于厚膜集成电路（IC）的焊接，气化潜热释放对 SMA 的物理结构和几何形状不敏感，可使组件均匀加热到焊接温度，焊接温度保持一定，无须采用温控手段来满足不同温度焊接的需要，VPS 的气相中是饱和蒸汽，含氧量低，热转化率高，但溶剂成本高，且是典型臭氧层损耗物质，因此应用上受到极大的限制，国际社会现今基本不再使用这种有损环境的方法。

（4）热风回流焊炉：热风式回流焊炉通过热风的层流运动传递热能，利用加热器与风扇，使炉内空气不断升温并循环，待焊件在炉内受到炽热气体的加热，从而实现焊接。热风式回流焊炉具有加热均匀、温度稳定的特点，PCB 的上、下温差及沿炉长方向的温度梯度不容易控制，一般不单独使用。自 20 世纪 90 年代起，随着 SMT 应用的不断扩大与元器件的进一步小型化，设备开发制造商纷纷改进加热器的分布、空气的循环流向，并增加温区至 8 个、10 个，使之能进一步精确控制炉膛各部位的温度分布，更便于温度曲线的理想调节。全热风强制对流的回流焊炉经过不断改进与完善，成为了 SMT 焊接的主流设备。

（5）红外线+热风回流焊炉：20 世纪 90 年代中期，在日本，回流焊有向红外线+热风加热方式转移的趋势。它足按 30%红外线、70%热风做热载体进行加热。红外热风回流焊炉有效地结合了红外回流焊和强制对流热风回流焊的长处，是 21 世纪较为理想的加热方式。它充分利用了红外线辐射穿透力强的特点，热效率高、节电，同时又有效地克服了红外回流焊的温差和遮蔽效应，弥补了热风回流焊对气体流速要求过快而造成的影响。

这类回流焊炉是在 IR 回流焊炉的基础上加上热风使炉内温度更加均匀，不同材料及颜色吸收的热量是不同的，即 Q 值是不同的，因而引起的温升 AT 也不同。例如，lC 等 SMD 的封装是黑色的酚醛或环氧，而引线是白色的金属，单纯加热时，引线的温度低于其黑色的 SMD 本体。加上热风后可使温度更加均匀，而克服吸热差异及阴影不良情况，红外线+热风回流焊炉在国际上曾使用得很普遍。

由于红外线在高低不同的零件中会产生遮光及色差的不良效应，故还可吹入热风以调和色差及辅助其死角处的不足，所吹热风中又以热氮气最为理想。对流传热的快慢取决于风速，但过大的风速会造成元器件移位并助长焊点的氧化，风速控制在 1.0～1.8 m/s 为宜。热风的产生有两种形式：轴向风扇产生（易形成层流，其运动造成各温区分界不清）和切向风扇产生（风扇安装在加热器外侧，产生面板涡流而使各个温区可精确控制）。

（6）热丝回流焊：是利用加热金属或陶瓷直接接触焊件的焊接技术，通常用在柔性基板与刚性基板的电缆连接等技术中，这种加热方法一般不采用锡膏，主要采用镀锡或各向异性导电胶，并需要特制的焊嘴，因此焊接速度很慢，生产效率相对较低。

（7）热气回流焊：是指在特制的加热头中通过空气或氮气，利用热气流进行焊接的方法，这种方法需要针对不同尺寸焊点加工不同尺寸的喷嘴，速度比较慢，用于返修或研制中。

（8）激光回流焊：是利用激光束良好的方向性及功率密度高的特点，通过光学系统将激光束聚集在很小的区域内，在很短的时间内使被加热处形成一个局部的加热区，常用的激光有 CO_2 和 YAG 两种。

激光加热回流焊的加热，具有高度局部化的特点，不产生热应力，热冲击小，热敏元器件不易损坏，但是设备投资大，维护成本高。

（9）感应回流焊：感应回流焊设备在加热头中采用变压器，利用电感涡流原理对焊件进行焊接，这种焊接方法没有机械接触，加热速度快；缺点是对位置敏感，温度控制不易，有过热的危险，静电敏感器件不宜使用。

（10）聚焦红外回流焊：适用于返修工作站，进行返修或局部焊接。

3.4.5　焊接缺陷原因分析

1．分析产生焊料球（焊锡球、焊锡珠）的原因

（1）焊膏本身质量问题，如金属微粉含量高，回流焊升温时金属微粉随着溶剂、气体蒸发而飞溅，如金属粉末的含氧量高，还会加剧飞溅，形成焊锡球。另外，如果焊膏黏度过低或焊膏的保形（触变）性不好，印刷后焊膏图形会塌陷，甚至造成粘连，回流焊时也会形成焊锡球。

（2）元器件焊端和引脚、印制电路基板的焊盘氧化或污染，或印制板受潮，回流焊时不但会产生不润湿、虚焊，还会形成焊锡球。

（3）焊膏使用不当，如果从低温柜取出焊膏直接使用，由于焊膏的温度比室温低，产生水汽凝结，即焊膏吸收空气中的水分，搅拌后使水汽混在焊膏中，回流焊升温时，水汽蒸发带出金属粉末，同时在高温下水汽会使金属粉末氧化，也会产生飞溅形成焊锡球。

（4）温度曲线设置不当，如果升温区的升温速率过快，焊膏中的溶剂、气体蒸发剧烈，金属粉末随溶剂蒸气飞溅形成焊锡球。如果预热区温度过低，突然进入焊接区，也容易产生焊锡球。

（5）焊膏量过多，贴装时焊膏挤出量多，可能由于模板厚度与开口尺寸不恰当；模板与印制板表面不平行或有间隙。

（6）印刷工艺方面，印刷质量不好的原因很多，如刮刀压力过大、模板质量不好、印刷时会造成焊膏图形粘连，或没有及时将模板底部的残留焊膏擦干净，印刷时使焊膏玷污焊盘以外的地方，或焊膏量过多等原因。

（7）贴片压力过大，焊膏挤出量过多，使图形粘连。

2．分析焊接短路（桥接）的原因

（1）焊膏量过多，可能由于模板厚度与开口尺寸不恰当；模板与印制板表面不平行或有间隙。

（2）由于焊膏黏度过低，触变性不好，印刷后塌边，使焊膏图形粘连。

（3）由于印刷质量不好，使焊膏图形粘连。

（4）贴片位置偏移。

（5）贴片压力过大，焊膏挤出量过多，使图形粘连。

（6）由于贴片位置偏移，人工拨正后使焊膏图形粘连。

（7）焊盘间距过窄。

总结：在焊盘设计正确、模板厚度及开口尺寸正确、焊膏质量没有问题的情况下，应通过提高印刷和贴装质量来减少桥接现象。

3．分析曼哈顿现象产生的原因

（1）两个焊盘尺寸大小不对称，焊盘间距过大或过小，使元件的一个端头不能接触焊盘。

（2）贴装位置偏移，或元件厚度设置不正确或贴片头 Z 轴高度过高，贴片时元件从高处扔下造成。

（3）元件的一个焊端氧化或被污染或元件端头电极附着力不良。焊接时元件端头不润湿或脱帽（端头电极脱落）。

（4）PCB 焊盘被污染，有丝网、字符、阻焊膜或氧化等。

（5）两个焊盘上的焊膏量不一致（模板漏孔被焊膏堵塞或开口小）。

（6）贴片压力过小，元器件焊端或引脚浮在焊膏表面，焊膏粘不住元器件，在传递和回流焊时产生位置移动。（由于元件厚度或贴片头 Z 轴高度设置不准确）

（7）传送带震动会造成元器件位置移动。

（8）风量过大。

总结：焊膏融化（回流焊）时引起熔焊膏对焊盘、焊端不润湿或局部不润湿，当元件的两个焊端或两个焊盘没有同时被焊膏润湿时，由于表面张力不平衡，造成移位和吊桥状焊接缺陷。

4．分析润湿不良的原因

（1）元器件焊端、引脚、印制电路基板的焊盘氧化或污染，或印制板受潮。

（2）焊膏中金属粉末含氧量高。

（3）焊膏受潮，或使用回收焊膏，或使用过期失效焊膏。

5．分析焊料不足（锡少）、虚焊、开路的原因

（1）整体焊膏量过少。

① 由于模板厚度或开口尺寸不够，或开口四壁有毛刺，或喇叭口向上，脱模时带出焊膏。

② 焊膏滚动（转移）性差。

③ 刮刀压力过大，尤其橡胶刮刀过软，切入开口，带出焊膏。

④ 印刷速度过快。

（2）个别焊盘上的焊膏量过少或没有焊膏。

① 可能由于漏孔被焊膏堵塞或个别开口尺寸小。

② 导通孔（过线孔）设计在焊盘上，焊料从孔中流出。

（3）器件引脚共面性差，翘起的引脚不能与其相对应的焊盘接触。

（4）PCB 变形，使大尺寸 SMD 器件引脚不能完全与焊膏接触。

3.4.6 回流焊炉操作

1．启动

先检查并保证两端紧急制为弹起状态，打开“电源开关”，计算机直接启动至 Windows 操作界面，按“启动”按钮启动机器。

2．运行操作软件

再双击桌面的“NS Series”图标，系统将会进入如图 3-51 所示的界面，此界面要求用户输入登录系统所需的用户名及相应用户密码，若无用户名及密码将无法进入系统。默认用户名是“USER”，对应密码是“123”。

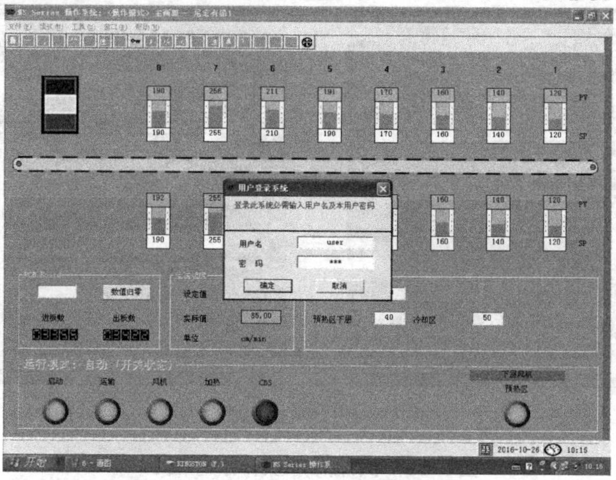

图 3-51　回流焊炉操作示意图 1

然后输入正确的用户名及密码，单击“确定”按钮。将显示如图 3-52（a）所示的选择操作模式界面。共有三种模式：①编辑模式，可新建或更改处方文件（处方文件：用以保存各项设定参数的文件）；②操作模式，按所选处方文件进行生产控制，运行时可同时调用另一个处方文件进行编辑；③演示模式，模拟本机的操作，用以操作人员培训。进入 1、3 模式可在脱机情况下进行运行，它不会影响机器此时的状态。选择“编辑模式”并单击“确定”按钮，将显示如图 3-52（b）所示的界面。编辑模式有两种方式：①新建文件；②现有文件。

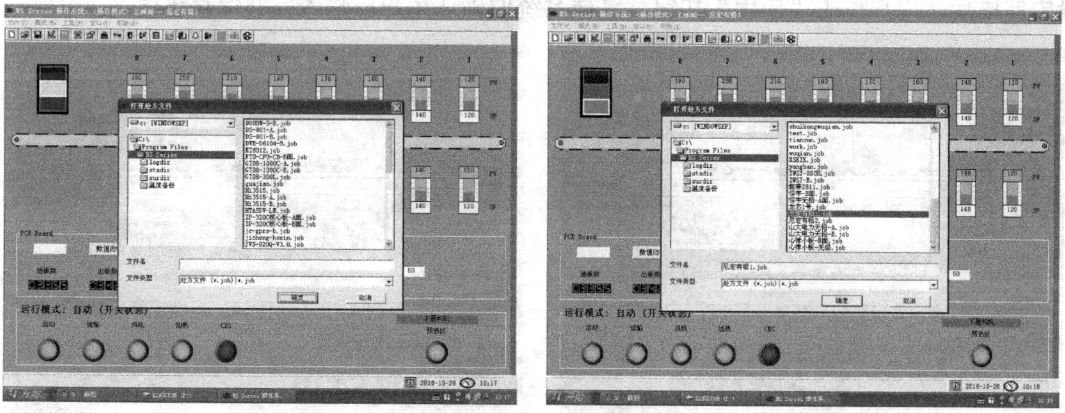

（a）　　　　（b）

图 3-52　回流焊炉操作示意图 2

系统进入主界面，装载设备设置系统文件和用户选择的处方文件。在如图 3-53（a）所示的主界面，进度条上方的数值是各加热区的实际值，在编辑模式下是一个系统模拟的值。进度条下方的参数为各加热区的设定值。

通过选择“工具”菜单下的“参数设置”选项，将显示如图 3-53（b）所示的“常用参数”界面。按“Tab”键或选择所要设置的参数位置可输入所设定的值。单击传送速度设定值框可输入速度参数。单击“应用”按钮，这样系统便确认用户已输入完并保存温度和运输速度设定值。

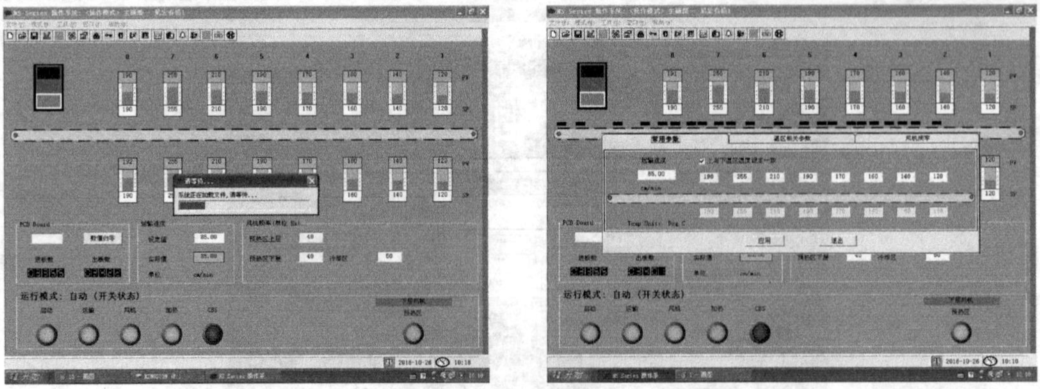

（a）　　　　　　　　　　　　（b）

图 3-53　回流焊炉操作示意图 3

选择“温区有关参数”选项，系统将显示如图 3-54（a）所示的界面，此界面用户可设定各加热区的报警参数、最高温度及最低温度，通过按“Tab”键或单击所要设置的设定值的位置可输入所设定的值。单击此图标，用户可以改变温区通道，或选择“所有温区设定一致”选项，用户只要设定一个通道的参数，所有温区的参数将与此通道的参数一致。设定完毕后，用户单击“应用”按钮，这样系统便确认用户已输入完并保存该值。

选择“风机频率”选项，系统将显示如图 3-54（b）所示的界面，此界面用户可设定各风机变频器的频率，通过按“Tab”键或单击所要设置的设定值的位置可输入所设定的值。设定完毕后，用户单击“应用”按钮，这样系统便确认用户已输入完并保存该值。

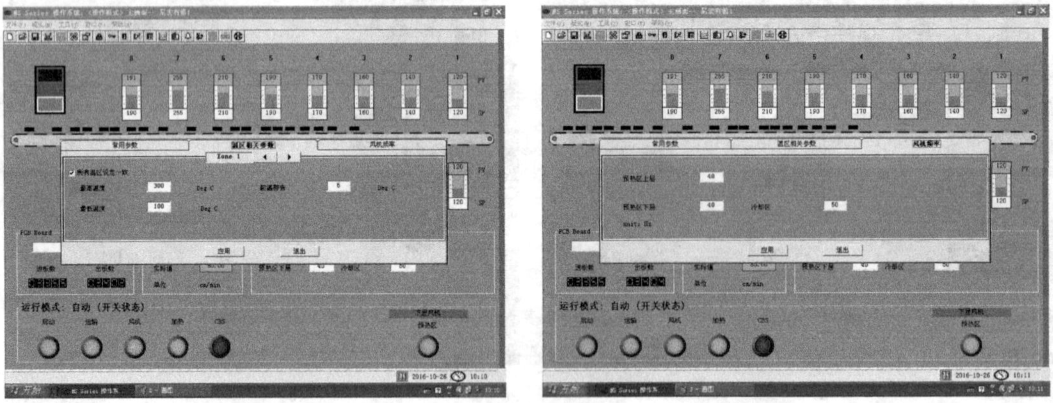

（a）　　　　　　　　　　　　（b）

图 3-54　回流焊炉操作示意图 4

当加载系统文件和用户所选的处方文件后，进入操作状态的主界面，按控制面板上“START”按钮或主界面上的“启动”键，机器就会启动加热及运输系统并按加热顺序进行第一次加热，如图 3-55 所示。

如要在操作状态时进行冷却操作，请按工具栏上图标或选择菜单栏“模式”下的“冷却”选项，系统将会自动冷却 10 分钟，系统才会关闭机器的运转。

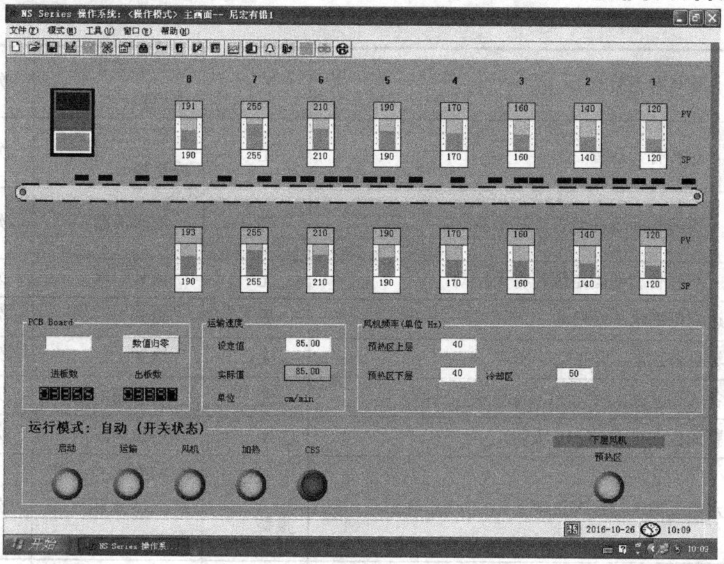

图 3-55　回流焊炉操作示意图 5

3.4.7　回流焊炉维护保养

一台好的设备合理地维护与保养，才能更好地发挥它的功能，焊出好的产品，延长使用寿命，请遵循以下方面的维护保养准则。

（1）设备应放置在洁净的工作环境中，避免因灰尘等影响焊接质量。

（2）定期检查机器各处的润滑情况（具体如表 3-8 所示）。

表 3-8　日常点检与保养表

<table>
<tr><td rowspan="13">道宽度调节</td><td rowspan="6">轨道调节马达</td><td colspan="3">运转有无振动</td><td>无</td><td>调整</td><td>次/月</td><td></td></tr>
<tr><td colspan="3">运输有无杂音</td><td>无</td><td>调整机械部件确认原因</td><td>次/月</td><td></td></tr>
<tr><td colspan="3">传动链条是否有润滑脂</td><td>有</td><td>加润滑脂</td><td>次/天</td><td>钙基润滑脂 ZG-3</td></tr>
<tr><td colspan="3">马达固定螺杆有无松动</td><td>无</td><td>锁紧螺丝</td><td>次/月</td><td></td></tr>
<tr><td colspan="3">传动链轮定位螺丝有无松脱</td><td>无</td><td>锁紧螺丝</td><td>次/月</td><td></td></tr>
<tr><td colspan="3">传动链条张力是否适宜</td><td>无抖动</td><td>调整链条张力至合适状态，不宜过紧或者过松</td><td>次/月</td><td></td></tr>
<tr><td rowspan="7">机头部件</td><td rowspan="2">机头板定位螺丝是否松动</td><td>入口</td><td>固定边</td><td rowspan="2">无</td><td rowspan="2">锁紧</td><td rowspan="2">次/月</td><td rowspan="2"></td></tr>
<tr><td>出口</td><td>活动边</td></tr>
<tr><td rowspan="2">丝杆定位轴承传动是否灵活</td><td>入口</td><td>固定边</td><td rowspan="2">是</td><td rowspan="2">锁紧</td><td rowspan="2">次/月</td><td rowspan="2"></td></tr>
<tr><td>出口</td><td>活动边</td></tr>
<tr><td rowspan="2">传动丝杆表面是否有润滑脂且无异物</td><td colspan="2">固定边</td><td rowspan="2">是</td><td rowspan="2">擦拭干净后，加润滑脂</td><td rowspan="2">次/周</td><td rowspan="2">钙基润滑脂 ZG-3</td></tr>
<tr><td colspan="2">活动边</td></tr>
<tr><td colspan="3">活动边丝杆啮合的铜套定位螺丝是否松动</td><td>无</td><td>锁紧</td><td>次/月</td><td></td></tr>
</table>

续表

膛升降系统	升降致动器	运转有无振动	无	确认原因调整或更换	次/周	
		运转有无杂音	无	确认原因调整或更换	次/周	
		直线传动器杆是否有润滑脂	有	加润滑脂	次/月	钙基润滑脂 ZG-3
		直线传动器固定螺杆有无松动	无	锁紧螺丝	次/月	
热系统	热风马达定位螺丝是否松动		无	锁紧	次/月	
	马达运转是否正常，无振动、噪声		无	通知 JT	次/月	
	炉膛内各区整流板上有无 FLUX 及灰尘吸附		无	用酒精清洁	次/周	
冷却系统	冷却区整流板上有无 FLUX 吸附		无	用酒精清洁	次/周	
	冷水机水箱里的水位是否正常		无水位报警	如有水位报警打开冷水机水箱加水	次/月	
	冷水机水循环是否正常		无流量报警	如有流量报警则检查流量检测开关是否正常，有无异物、水垢覆盖	次/月	

（3）开启机体罩，定期清洁炉膛，检查并清除排风口、抽风口内壁污垢，以保证清洁空气循环。

（4）定期检查各发热器是否正常，如有损坏应及时更换。

（5）定期检查、清洁冷却风扇，保证其长期正常工作，以确保热风电机及电控箱内的电气组件正常工作而不致烧坏。

（6）强制在回流焊炉的两端抽风，抽风管道的空气流量要求达 10 m^3/min 以上，以降低炉体温度并将废气全部排出。

（7）检修时尽量在常温下进行。

3.5 表面贴装产品的检测方法

3.5.1 AOI 测试

AOI（Automated Optical Inspection）的全称是自动光学检测，是基于光学原理来对焊接生产中遇到的常见缺陷进行检测的设备。AOI 是新兴起的一种测试技术，但发展迅速，很多厂家都推出了 AOI 测试设备。当自动检测时，机器通过摄像头自动扫描 PCB 采集图像，测试的焊点与数据库中合格的参数进行比较，经过图像处理，检测出 PCB 上缺陷，并通过显示器或自动标志把缺陷显示或标示出来，供维修人员修整。

印刷锡后贴片前：桥接、移位、无锡、锡不足。

贴片后回流焊前：移位、漏料、极性、歪斜、脚弯、错件。

回流焊或波峰焊后：少锡或多锡、无锡短接、锡球、漏料、极性、移位、脚弯、错件。

1. AOI 基本工作原理

自动光学检测 AOI 是利用光学和数字成像原理，通过计算机和软件进行自动检测的一种新型技术。该设备由 LED 光代替自然光，光学透镜和 CCD 代替人眼，把从光源反射回来的图像信息与计算机软件预设的标准进行比较，来分析和判断 PCB 是否存在缺陷，如图 3-56 所示。

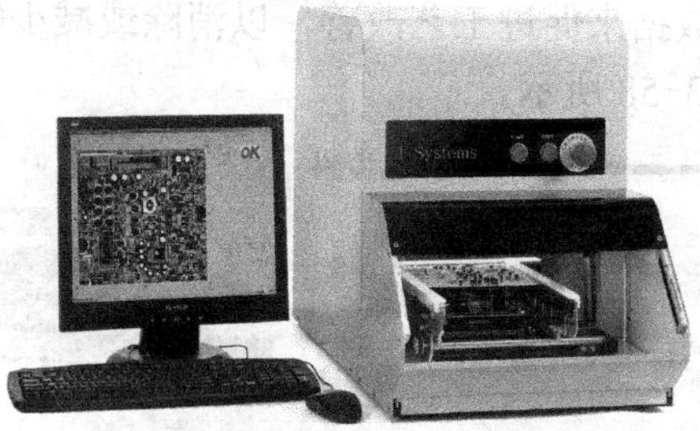

图 3-56　AOI 设备

2. AOI 系统结构图

AIO 系统结构图，如图 3-57 所示。

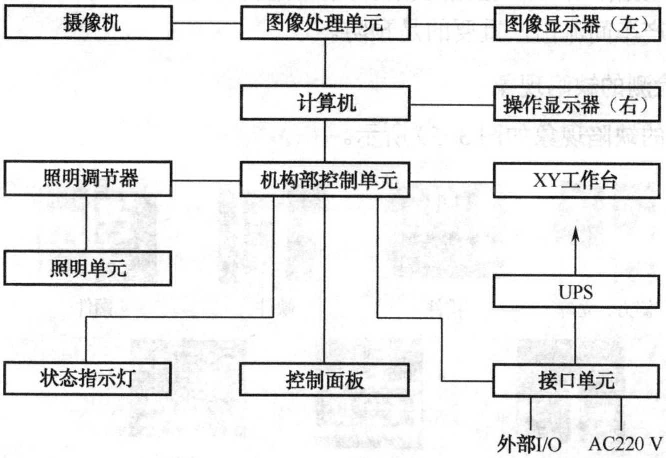

图 3-57　AOI 系统结构图

3. 主要部件功能

（1）摄像机：摄取 PCB 上元器件的影像，用以提供给图像处理单元。

（2）图像处理单元：对摄像机拍摄的图像进行处理，包括程序制作（参数设定）及影像比对过程。

（3）计算机及显示器：制作程序及显示检查结果。

（4）照明单元：给系统提供光源，并可将白光分解成为彩色光或者明暗对比较明显的灰阶光，以使系统能够区分出不同的元器件，以及元器件（焊锡）的不同部分。照明单元的光源一般分为卤素光源、荧光灯光源及 LED 光源三种。

（5）机构部控制单元：控制各个机构部件的运动及其状态。

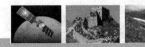

（6）XY 工作台：传输及承载 PCB。另外由于大部分 AOI 的摄像机都是固定不动，因此 XY 工作台也负责所承载的 PCB 的 X 及 Y 方向运动的功能。

（7）接口单元：负责与 AOI 系统外部的计算机及传送机构进行通信。

4. AOI 功能

AOI 自动光学检测是自动检测经过波峰焊及回流焊后的印制电路板的焊锡膏焊接状况和实装情况，并通过反馈不良数据来促进工艺改善，以消除或减少缺陷。

AOI 位置示意图，如图 3-58 所示。

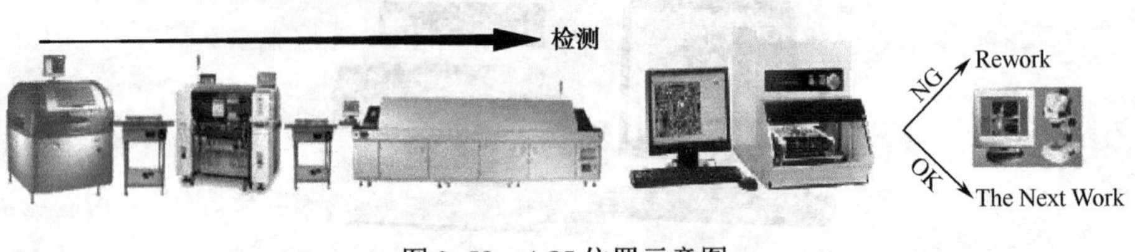

图 3-58　AOI 位置示意图

5. AOI 检测原则

实施 AOI 的两大基本指导原则是预防和检测。预防处于比检测还要优先的位置，通过运用 AOI 反馈的信息数据，采取纠正措施消除缺陷的发生。检测则聚焦于努力探测出缺陷，保证缺陷产品不从生产车间流出，重要的是预防。

6. AOI 能够检测的缺陷现象

AOI 能够检测的缺陷现象如图 3-59 所示。

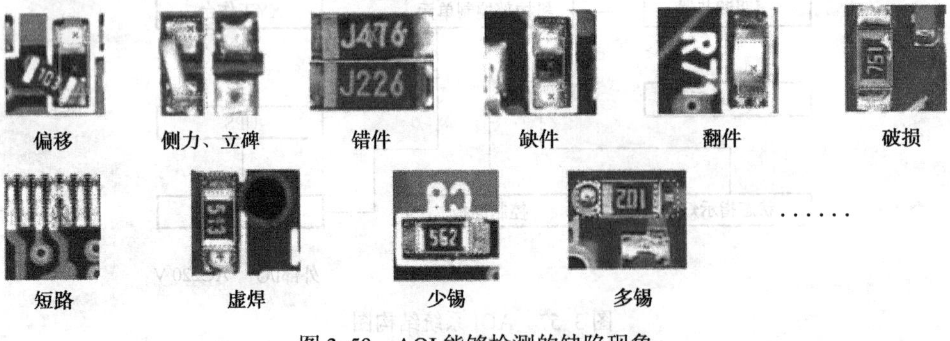

图 3-59　AOI 能够检测的缺陷现象

7. AOI 设备操作

1）图像对比

图像对比的基本原理是先建立一个参考图像，然后不断地“学习”相似的待测图像，将合格的图像信息与原先的参考图像进行不断的叠加，将不合格的图像信息屏蔽，通过多次“学习”后，计算机将会自动生成一个虚拟的“标准图像”并自动生成误差范围。在检测时，计算机将待测的图像与“标准图像”进行对比（对比的主要图像信息包括元件的尺寸、角度、偏移量、亮度、颜色及位置等），当误差范围在允许的范围内即为合格，反之为不合格，如图 3-60 所示。

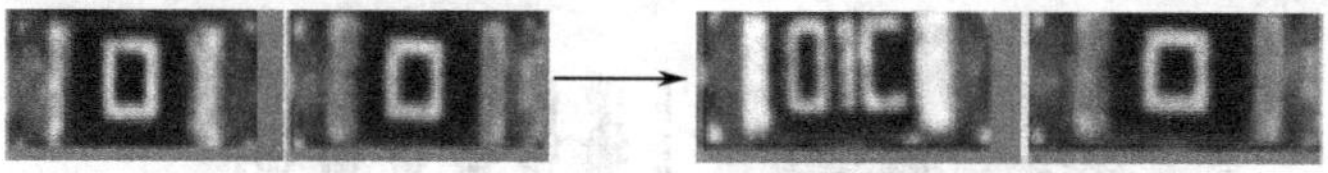

图 3-60　AOI 图像对比示意图

图像对比最大优势是编程和调试简单快捷，结合三色光对焊点的检测比较有效。但由于在“学习”过程中掺杂了个人的主观意识，与其他检测方法相比客观性略显不足。

2）灰阶解析

在一幅黑白（灰度）图像中，灰度图像是一种具有从黑到白 256 级灰度色域或等级的单色图像。该图像中的每个像素用 8 位数据表示，因此像素灰度值介于黑白间的 256（0～255）种灰度中的一种。也可将灰阶理解为“亮”和“暗”的关系（0 为黑色，最暗；255 为白色，最亮），该图像只有灰度等级，而没有颜色的变化。灰度解析的方法一般对图像的“黑白比例”和“亮度”进行分析和判断。在 AOI 的灰度分析中，一幅黑白图像，每个像素的灰度值是 0～255 中的一个值，某个值的灰度值在这幅图像中占有相应的比例，如果将这种灰度值在这幅图像中比例设为检测的阈值，如相应的比例在阈值内即为 OK，反之为 NG，如图 3-61 所示。

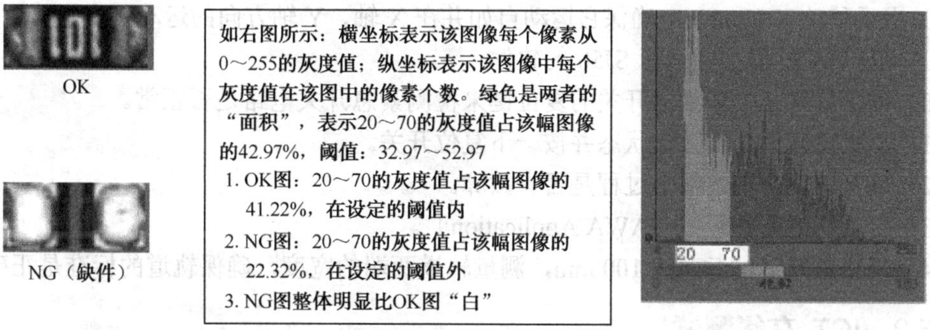

OK
NG（缺件）
如右图所示：横坐标表示该图像每个像素从0～255的灰度值；纵坐标表示该图像中每个灰度值在该图中的像素个数。绿色是两者的“面积”，表示20～70的灰度值占该幅图像的42.97%，阈值：32.97～52.97
1. OK图：20～70的灰度值占该幅图像的41.22%，在设定的阈值内
2. NG图：20～70的灰度值占该幅图像的22.32%，在设定的阈值外
3. NG图整体明显比OK图“白”
20　70

图 3-61　AOI 灰阶解析示意图

3）IC 桥接

IC 桥接为针对 IC 短路的专用检测方法，编程和调试十分简单。

IC 引脚通过光源照射后，引脚和焊锡为金属成分具有较好的反光性，而引脚之间正常情况下没有金属成分（没有焊锡）反光性较差，通过软件将图像二值化处理后（黑白处理），引脚和焊锡因为较好的反光从而亮度较大呈现为白色，引脚之间因较差的反光从而亮度较小呈现为黑色（两者可反向处理）。如果引脚之间出现短路（桥接），则引脚之间的短路的焊锡同样因为较好的反光性呈现白色，因此软件很容易就能判断是否短路，如图 3-62 所示。

由以上可知，IC 引脚之间的焊锡量的多少可调整相应的检测阈值，以减少误判率。

8．AOI 设备维护保养

在进行保养之前请确认电脑已按正确的方式关闭。

（1）将机器上的 OFF/ON 开关置于 OFF 状态，将机器后面的绝缘手柄置于 OFF 状态，打开机器后门。

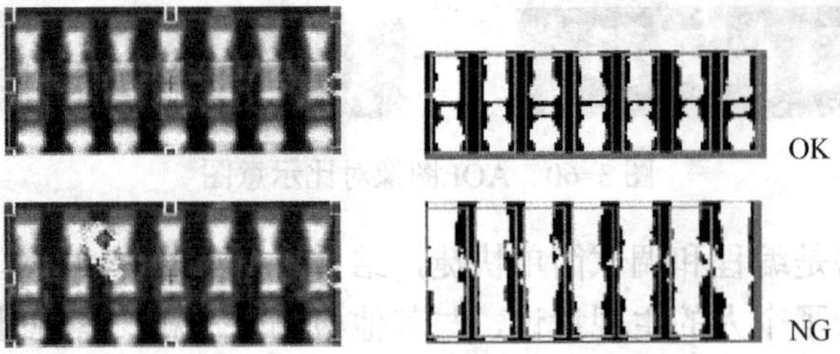

图 3-62　AOI 检测 IC 桥接示意图

（2）检查机器上所有的电路部分是否有接触不良，暴露的电线，磨损的绝缘部分。

（3）保证没有任何 items 在变压器面板的前面。例如，检查通风孔是否清洁，没有障碍物。假如有必要，将通风孔清洁干净。

（4）用一块干燥洁净的抹布将光学感应器（Optical Sensor）清洁干净。

（5）拉出 PC 控制箱（PC Drawer），检查里面的电缆并保证电缆没有松动。

（6）拉出马达控制箱（Motor Controller Drawer），检查马达控制器的底盘电缆并保证电缆没有松动。

（7）检查 X-Y table，并检查所有的电缆（Cable）和连接器（Connector）。

（8）用手移动 X-Y table，确保它运动自如并在 X 轴、Y 轴方向的运动没有任何障碍。

（9）重新启动机器并且运行 SJ50 的软件。

（10）按下紧急开关和紧急开关的复位键来检测紧急开关电路是否正常。

（11）使紧急开关处于弹起状态并按一下复位开关。

（12）重复进板，观察整个过程是否有故障。

（13）启动轨道调整程序（AWA Application）。

（14）使轨道归零，运动到 100 mm，测量轨道两端的宽度，确保轨道的标准是正确的。

3.5.2　ICT 在线测试

ICT 是在线测试仪的缩写，在欧美也称 MDA，是生产制造故障分析系统的缩写。

ICT 简单来讲就是对电路板上开短路情况及所有元件进行全面的、准确的、点到点的检查及测试。

如果功能测试是一种黑盒测试的话，那么在线测试就是一种白盒测试。

ICT 是一种针对电路板上的元器件进行检验的仪器，如图 3-63 所示。电气测试使用的最基本仪器是在线测试仪（ICT），传统的 ICT 使用专门的针床与已焊接好的电路板上的元器件接触，并用数百毫伏电压和 10 毫安以内的电流进行分离隔离测试，从而精确地测出所装电阻、电感、电容、二极管、三极管、可控硅、场效应管、集成块等通用和特殊元器件的漏装、错装、参数值偏差、焊点连焊、电路板开短路等故障，并将故障是哪个元件或开短路

图 3-63　ICT 设备

位于哪个点准确告诉用户。针床式在线测试仪优点是测试速度快，适合于民用型家电电路板大规模生产的测试，主机价格较便宜。另外，电压感应技术及边界扫描技术的应用，提高了 ICT 的测试覆盖率。目前 ICT 广泛用于家电产品生产线。

1．ICT 主要检测生产制造故障

（1）元器件故障：电阻、电容、电感、二极管、三极管、集成块等元器件的超差、损坏。

（2）焊接故障：PCB 组装加工中通过波峰焊或回流焊等焊接后的桥接、漏焊。

（3）插（贴）装故障：PCB 组装加工中的漏插（贴）、插（贴）反、插（贴）错。

（4）电路板故障：PCB 板铜箔的开、断路。

2．衡量 ICT 的 5 大要素

（1）测试覆盖率。

（2）测试时间。

（3）稳定性。

（4）故障定位准确性。

（5）信息统计功能。

3．使用 ICT 的必要性

（1）使用先进专业的（ICT）是趋势所趋，现代化的生产趋势是以适当的设备取代人，以节约成本，提高生产率，ICT 在电路板的制造业中已普遍使用。

（2）降低损耗，节约成本。ICT 是以小电流，小电压进行小信号静态检测，能够有效地防止电路板因有短路等故障通电后烧坏器件或电路板，将生产损耗大大降低，节约成本。尤其是电路板故障发生在生产过程中，成本最低约是发现在用户端成本的百分之一。

（3）快速、准确、高节奏。ICT 是适应批量化、规模化生产 PCB 的产物，可以快速检测出故障，并可以指示出故障所在地方。方便维修，加快生产流程，ICT 检测普通的单块电路板只需要 1 秒左右的时间。

（4）提高产品质量的可靠性与一致性，在检测过程中，人的可变因素太多，产品质量会因人的可变因素的变化而变化，ICT 设备有效解决了这个问题，让产品质量的可靠性一致性更强。

（5）是促进提高质量控制，改进工艺的有效手段。随着生产工艺的不断成熟与生产设备性能的不断提高，纠正已经发生的故障已经不能满足对质量控制的需要，而是要及时发现故障原因，及时修正生产工艺，将故障消灭在生产工艺的流程中，以此形成良性循环，将质量的控制良性化。ICT 的故障统计功能可以让我们实现这个目标。

（6）数据的统计来源。ICT 的数据统计，可以直接为我们提供直通率元件测试覆盖率，焊接故障数与故障点，各种同样故障的次数与排序等，也可以根据我们的需要增加统计项目，对每块被测试的电路板都有测试结果，可以保留备查等。这些统计数据，对于我们工艺的改进，质量的分析与提高非常有帮助，是最有说服力的直接数据。

（7）逐个器件隔离测试，可以降低甚至消除隐患。电路板上部分隐性故障靠功能检查难以检测出来，如错装、少装电阻或对地的滤波电容等，对功能的短时检测，有可能检测不出来，但产品投入使用后必然会影响其质量与使用期。ICT 对电路板上的每个器件都进行静态测试，能够较好的解决这个问题。

（8）降低制造技术难度，提升制造能力。ICT 的测试报告具体到每一个不良元器件，不需要再由技术人员进行功能不良分析器件不良的过程，大大降低了生产过程中的技术需要，提升制造能力。

4．ICT 特点

（1）超高速测试：平均 1 000 点<1 秒，以 700 针显示器电路板为例，测试时间在 8 秒以内。

（2）电容极性测试：三针法、两针法，可测各种装配形体的金属外壳电容极性。

（3）隔离技术：每步最高八针隔离，保证测试在线器件的高精度。

（4）多端器件的测试：如光耦、FET、小功率可控硅等。

3.5.3 X-Ray 测试

1．工作原理

X 射线由一个微焦点 X 射线产生，穿过管壳内的一个铍管，并投射到试验样品上，样品对 X 射线的吸收率取决于样品所包含材料的成分与比例。穿过样品的 X 射线轰击到 X 射线敏感板上的磷涂层，并激发出光子，这些光子随后被摄像机探测到，然后对该信号进行处理放大，由计算机进一步分析或观察，如图 3-64 所示。不同的样品材料对 X 射线具有不同的不透明度系数如表 3-9 所示，处理后的灰色图像显示了被检查物体密度或材料厚度的差异。

图 3-64　X-Ray 设备

表 3-9　不同材料对 X 射线不同的不透明度系数

材　料	用　途	X 射线不透明度系数
塑料	包装	极小
金	芯片引线键合	非常高
铅	焊料	高
铝	芯片引线键合、散热片	极小
锡	焊料	高

续表

材　料	用　途	X 射线不透明度系数
铜	PCB 印刷线	中等
环氧树脂	PCB 基板	极小
硅	半导体芯片	极小

之前使用较多的有两种类型的 X 射线检测仪：一种是直射式 X 光检测仪，另一种是断层剖面 X 光检测仪。前者价格低，但不能检测 BGA 焊点中的焊料不足、不同层面上的气孔、虚焊等缺陷，后者则可以满足上述要求。

2．检测图例

（1）LED 内部检测，如图 3-65 所示。

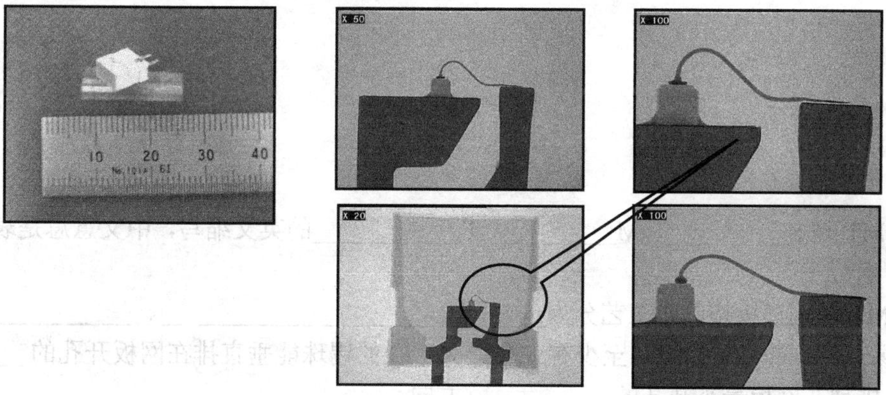

图 3-65　X-Ray 检测 LED 内部示意图

（2）电解电容内部检测，如图 3-66 所示。

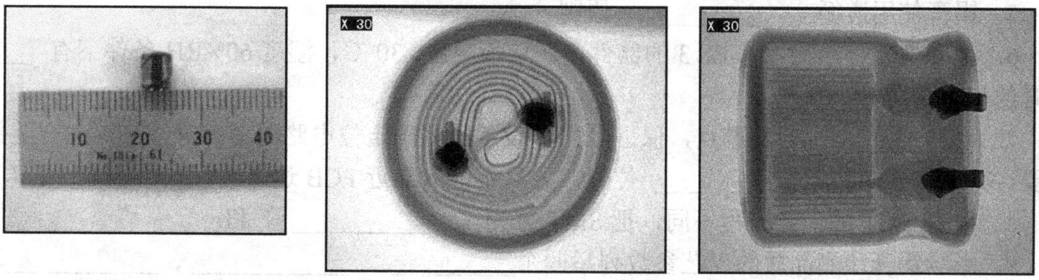

从上面透视　　从横向透视

图 3-66　X-Ray 检测电解电容内部示意图

（3）IC（BGA 型）内部检测，如图 3-67 所示。

3.5.4　模拟功能测试

对一些成熟的产品为了保证产品后续装配的一次直通率，有时要根据产品的功能要求设

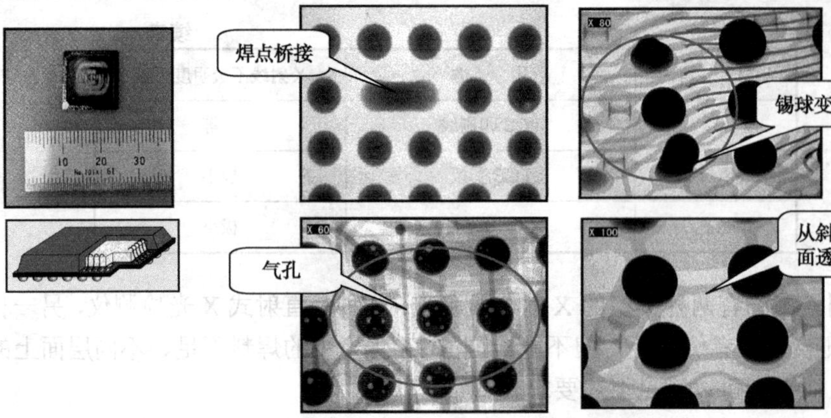

图 3-67　X-Ray 检测 IC 内部示意图

计制作模拟产品状态的工装或设备，来对电路板完成品进行模拟产品功能的测试，来保证产品的质量。

习题 3

一、填空题

1．SMT 是 S__________ M__________ T___________的英文缩写，中文意思是表面贴装技术。

2．SMT 印刷模板按制作工艺分为____________、____________、____________三种。

3．锡膏印刷的三球定律：至少有三个最大直径的锡珠能垂直排在网板开孔的_______方向和水平排列在网板最小开孔的___________方向。

4．AOI 的简称______________；它可以查出短路、_______、缺件、错件、等焊点缺陷。

5．锡膏使用遵循______________原则。

6．湿度敏感等级为 LEVEL 3 的器件，在环境温度≤30 ℃，湿度 60%RH 条件下有 ____小时的车间寿命。

7．_________点也叫基准点，保证了每个设备能精确定位电路图案，对 SMT 生产至关重要，其应位于电路板的 ________ 位置，并且不能太靠近 PCB 边缘。

8．根据 SMT 的工艺制程不同，把 SMT 分为______________ 和 ______________。

9．影响锡膏印刷品质的工艺参数列举四个_________、____________、___________、___________。

10．SMT 总的发展趋势是____。

二、选择题

1．锡膏储存温度正确的是（　　）。

A．-5～5 ℃　　B．-5～0 ℃　　C．-5～10 ℃　　D．0～10 ℃

2．通常使用的钢网厚度为（　　）。

A．1 mm　　B．1.5 mm　　C．0.5 mm　　D．0.15 mm

3．曼哈顿现象产生的原因是（　　）。

A．两个焊盘尺寸大小不对称　　B．贴装位置偏移

C．元件的一个焊端氧化　　D．PCB 焊盘被污染

4．目前 SMT 最常使用的焊锡膏 Sn 和 Pb 的含量各为（　　）。

A．63%Sn+37%Pb　　B．90%Sn+37%Pb

C．37%Sn+63%Pb　　D．50%Sn+50%Pb

5. SMT 产品需经过：a. 零件放置　b. 迴焊　c. 清洗　d. 上锡膏，其先后顺序为（　　）。

A．a→b→d→c　　B．b→a→c→d　　C．d→a→b→c　　D．a→d→b→c

6．下面哪个不良现象不是发生在贴片阶段（　　）。

A．侧立　　B．少锡　　C．少件　　D．多件

7．回流焊炉的温度按（　　）。

A．固定温度数据

B．利用温度曲线测试仪量出适用的温度

C．根据前一工序设定

D．可依经验来调整温度

8．下面封装形式中 BGA 的封装是（　　）。

A. 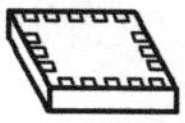　B. 　C. 　D. 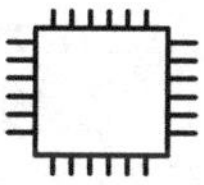　E. 

9．PCB 的不良设计会对 SMT 的生产制造产生什么样的问题及危害（　　）。

A．造成大量焊接缺陷

B．增加修板和返修工作量，浪费工时，延误工期

C．增加工艺流程，浪费材料、浪费能源

D．返修可能会损坏元器件和印制板

10．下面封装形式中 SOJ 的封装是（　　）。

A. 　B. 　C. 　D. 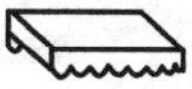　E. 

三、简答题

1．一般回流焊炉 PROFILE 有哪几部分？各区的作用是什么？

2．什么是曼哈顿现象，产生的原因是什么？

3．什么是 SMT，SMT 的特点是什么？

4．简述一条 SMT 生产线的配置。

5．简述如何存储和使用锡膏。

6．简述什么是三球定律。

7．简述保证贴装质量的要素。

8．简述印刷机的结构。

四、计算题

写出对应的阻值（容值）或数字标识

2.2 MΩ±5%，数字标识__________　200 kΩ±1%，数字标识__________

33 Ω±5%，　数字标识__________　100 Ω±1%，　数字标识__________

3 302（电阻），　阻值__________　1 504（电阻），　阻值__________

100 nF，　数字标识__________　10 μF，　数字标识__________

233（电容），　容值__________　102（电容），　容值__________

301（电容），　容值__________　470（电容），　容值__________

第4章

电路板的插装与维修

学习指导

本章分6节，主要按照电路板插装焊接的生产流程讲述了元器件的成型、电路板的插装、焊接与维修知识，以及相关的设备知识。

其中4.1节建议4课时，4.2节建议3课时，4.3节建议4课时，4.4节建议2课时，4.5节建议5课时，4.6节建议2课时。

本章需要掌握电子产品插装生产的基本流程，熟悉元器件成型、插装、手工焊接、修补相关的基本工艺要求及作业标准，了解相关的设备操作知识。

4.1 元器件成型

4.1.1 电子元器件成型的目的与工具

1. 成型

根据工艺技术要求，将电子元器件按照电路板上的插装形式，对元器件进行整型，使之符合在电路板上的插装孔位的过程，称为成型。

2. 成型目的及方法

目的：① 使电子元器件插装方便，排列整齐，提高下道工序的工作效率及保障产品质量

② 规范和指导现场人员的操作步骤及质量要求

方法：电子元器件成型一般包括机械成型和手工成型两种。

3. 主要生产设备及工具

设备：跳线成型机、轴向成型机、IC 成型机、散装电容剪脚机、电脑剥线机。

工具：一字形螺丝刀、十字螺丝刀、剪线钳、刻度尺、电热吹风机、扁嘴钳、剪子、刀片、手动式 IC 成型器、防静电手环。

4.1.2 电子元器件成型的步骤

（1）依据生产元器件明细表、物料清单或样板找到元器件在电路板上的位置，根据标准作业指导书内容，审阅文件有无特殊要求或注意事项后，再做整型加工，如有不明确的事项，必须经负责工艺人员确认后再进行操作，杜绝仅凭经验自行处理。

（2）根据元器件分类需要机械（设备）整型的，要按照设备操作规程，校准和调试好设备，整型一到三个元器件，插入到电路板中对应的孔位，检查工艺要求的符合性，符合后开始进行批量加工，加工过程中必须阶段性对正在加工的元器件进行抽查，一般抽查数量为 3～5 个，随意拿取，防止设备不稳定或人为作业造成不良后果。若不符合，则需继续调整设备，直至元器件符合插装工艺要求。

（3）根据元器件分类需要手工整型的，按照作业指导书要求进行手工整型或手工剪腿，作业过程中操作人员不能裸手触及元器件引脚（可戴指套或手套操作），以减少对元器件的污染，同时要阶段性检查作业结果是否符合工艺要求（抽查方法同上），避免出现偏差，造成质量问题。

（4）在机械整型和手工整型过程中，对于静电敏感的元器件（如 MOS、CMOS、JFET 等元器件）及所有不能明确为属于静电敏感的元器件，都须采取防静电措施（佩戴防静电手环、使用防静电垫、使用防静电包装袋进行包装等）。

（5）成型时对于外观相似、容易混淆的元器件，不能在同一工位或相邻工位加工。每一种元器件成型合格后，将该元器件装入对应的防静电物料盒或防静电包装袋中，同时应将元器件的规格、型号、数量等情况标示清楚，并应将标示做在该元器件包装中容易发现的位置，同时将工作台面整理干净，以防止遗漏元器件或与其他规格的元器件混淆。

（6）在整型加工过程中出现的不合格元器件，一定要及时取出，做好记录标示，分类放

置。在工艺人员未做确认处理之前，严禁转到下道工序。

（7）对于已进行刮红胶贴片的电路板，需在防静电隔板周转架中存取，严禁堆放，取放电路板时，要轻拿轻放，并且不能用裸手接触板子上的任何元器件，包括焊盘部分，以防止碰歪、碰掉贴片元器件或污染焊盘。

电子元器件成型工艺流程图，如图 4-1 所示。

4.1.3　电子元器件成型的工艺要求

1. 集成电路的整型

需整型的双列直插式集成电路，包括跨距为 7.5 mm 和跨距为 15 mm 的两种，如图 4-2 所示。

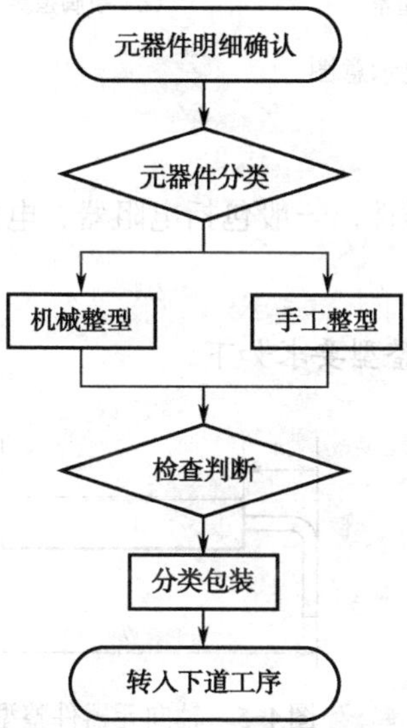

图 4-1　电子元器件成型工艺流程图

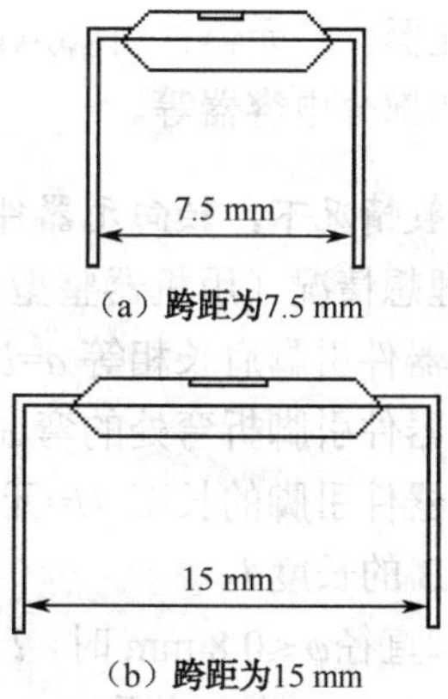

图 4-2　集成电路整型示意图

跨距为 7.5 mm 的集成电路用 IC 成型器处理。跨距为 15 mm 的集成电路用手动式 IC 成型器处理（整型后，需将集成电路再装入原包装内，同一包装内的集成电路方向必须一致）。

1）理想情况

通用型双列直插式集成电路芯片整型后的理想情况，如图 4-3 所示。

（1）引脚肩长相等 $a=b$。

（2）引脚跨距 L 与电路板上该元件引脚孔的跨距相等。

（3）引脚弯曲的角度为 90°。

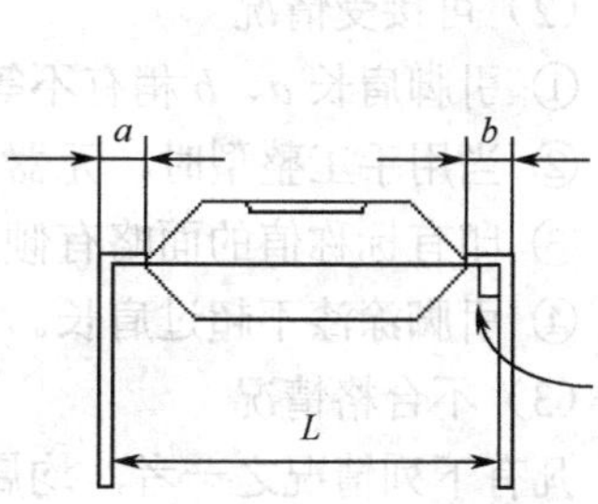

图 4-3　集成电路整型理想情况示意图

2）可接受情况

（1）引脚肩长 a、b 不等，$|a-b|\leq 0.5$ mm。

（2）跨距 L 的误差≤0.5 mm。

（3）引脚弯曲角度的误差≤3°。

3）不合格情况

凡有下列情况之一者，均为不合格。

（1）引脚弯曲、引脚偏斜、肩长超差、引脚歪斜，如图 4-4 所示。

（2）超出可接受情况所规定的误差。

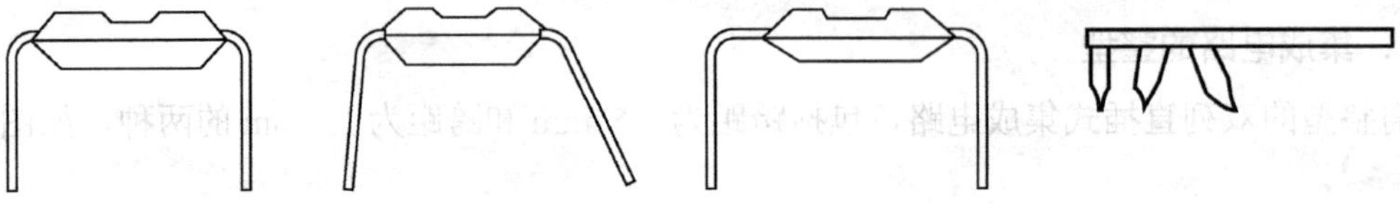

（a）引脚弯曲　（b）引脚偏斜　（c）肩长超差　（d）引脚歪斜

图 4-4　集成电路整型不合格情况示意图

2. 轴向元器件的整型

轴向元器件：元器件引脚从两端引出的称为轴向元器件，一般包括电阻器、电感器、晶体二极管和部分电容器等。

1）一般情况下，轴向元器件平行于电路板安装，其整型要求如下。

（1）理想情况（用机器整型）（图 4-5）

① 元器件引脚肩长相等 a=b。

② 元器件引脚折弯处的弯曲角度为 90°。

③ 元器件引脚的长度 H=元器件半径 r+电路板厚度 d+露出 PCB 的长度 l。

当引脚直径 $\phi \leqslant 0.8$ mm 时，l 值取 1.5～2.0 mm；当引脚直径 $\phi > 0.8$ mm 时，l 值取 2.0 mm～2.5 mm，特殊情况按具体工艺执行。

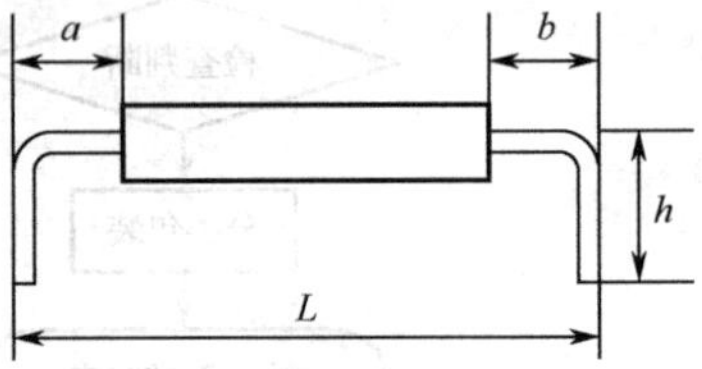

图4-5　轴向元器件整型理想情况示意图

④ 元器件印有标称值的面向上（色环标记的元器件除外）。

⑤ 引脚无涂漆或其他污物。

⑥ 引脚跨距 L 等于电路板上该元器件所插位置两引脚孔的跨距。

（2）可接受情况

① 引脚肩长 a、b 稍有不等，但$|a-b|\leqslant 1$ mm。

② 当用手工整型时，元器件引脚露出电路板的长度 l 可放宽为 1.5 mm≤l≤5 mm。

③ 印有标称值的面略有倾斜，但仍可方便的看清标称值。

④ 引脚涂漆不超过肩长。

（3）不合格情况

凡有下列情况之一者，均属不合格。

① 标称值面向下。

② 没有肩长，如图 4-6 所示。

③ 引脚涂漆超过肩长，如图 4-6 所示。

④ 元器件引脚的高度不在规定范围内。

⑤ 元器件引脚的损伤超过其直径的 1/4，如图 4-7 所示。

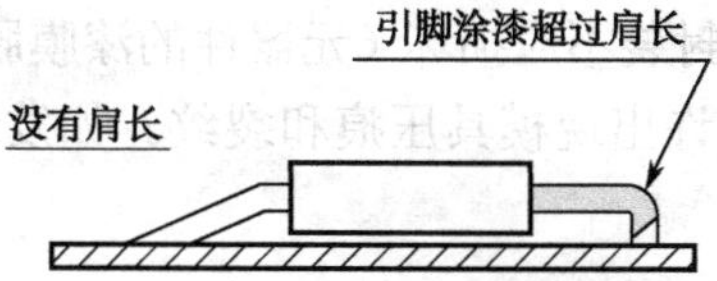

图 4-6 轴向元器件整型肩长不合格示意图

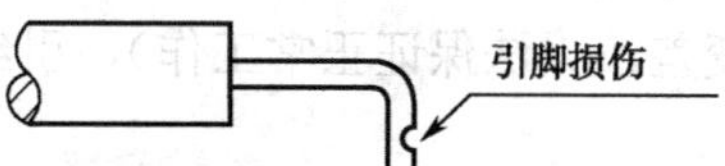

图 4-7 轴向元器件整型引脚损伤示意图

⑥ 元器件外涂复层受损，造成金属部分裸露或影响外观。

⑦ 超过可接受情况允许的误差。

⑧ 成型跨距过大或过小。

2）功率电阻的整型

功率电阻（功率大于 1/2*W* 的电阻）的悬浮高度为其直径的 1.5～2 倍，如图 4-8 所示。

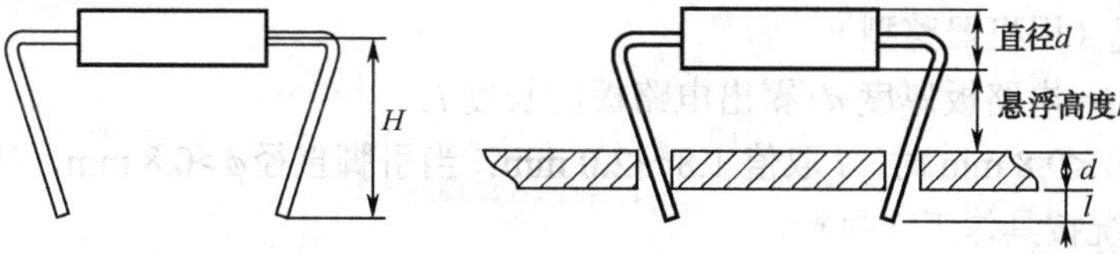

图 4-8 轴向功率电阻整型高度

悬浮高度 h=(1.5～2)d；功率电阻的引脚长度 H=1/2d+悬浮高度 h+电路板厚度 d+露出电路板的长度 l；露出电路板的长度 l 一般为 2.0～2.5 mm，特殊情况按具体工艺执行。

3）竖立插装的元器件

对于需要竖立插装的元器件，其整型要求如下。

（1）无极性元器件的标示应从上至下读取。

（2）极性元器件的正极在元器件的顶部。

（3）元器件的引脚不能从器件体的根部打弯。

竖立插装的元器件整型，如图 4-9 所示。

4）S62 磁珠

在整型 S62 磁珠时，注意其引脚间不能短路，如图 4-10 所示。

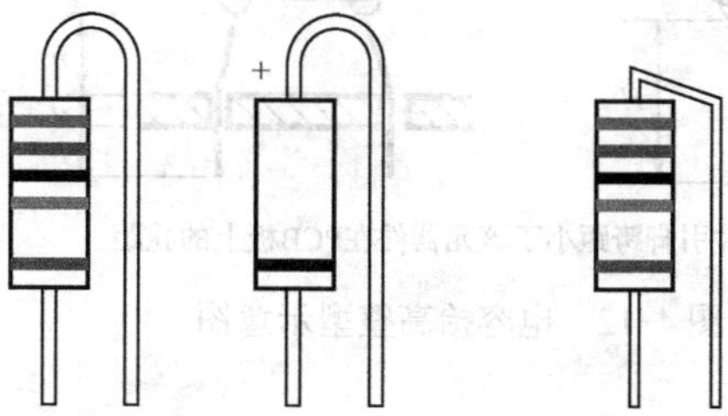

（a）正确的方式　（b）错误的方式

图 4-9 竖立插装的元器件整型

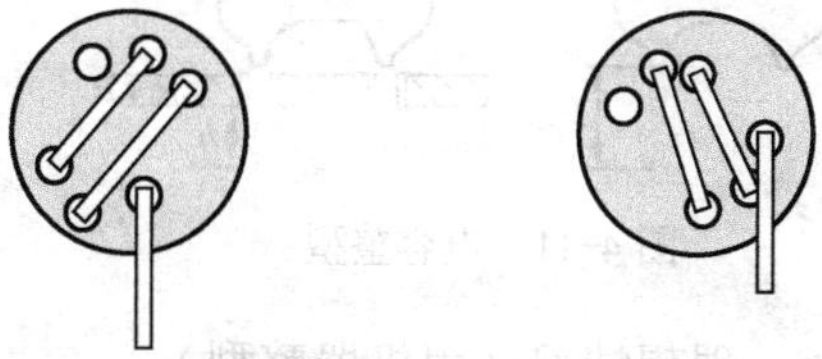

（a）合格情况　（b）引脚间短路

图 4-10 磁珠整型

5）注意事项

（1）成型时，引线弯折处距离引线根部尺寸应大于 1.5 mm，以防止引线折断或者被拉出。

（2）引线成型后，元器件本体不应产生破裂，表面封装不应损坏（元器件的漆膜脱落后，防潮性变差，无法保证正常工作），引线弯曲部分不允许出现模具压痕和裂纹。如发现应挑出退库。

3．径向元器件的整型

径向元器件：元器件的 2 个或多个引脚从同一方向引出。一般包括电容、三端稳压器、三极管、晶体、发光二极管等。

1）电容

电容插装时，一般有如下两种情况。

（1）元器件引脚的跨距与该元器件在电路板上安装位置的孔距相等，这种情况称为直插，如图 4-11 所示。

① 理想情况（用机器整型）

引脚的长度 H=电路板厚度 d+露出电路板的长度 l。

当引脚直径 $\phi \leqslant 0.8$ mm 时，l 取值 1.8～2.0 mm；当引脚直径 $\phi > 0.8$ mm，l 取值 2.0 mm～2.5 mm，特殊情况按具体工艺执行。

② 可接受情况（用手工整型）

元器件引脚露出电路板的长度 l 可放宽为 1.8 mm≤l≤5 mm。

引脚上无涂漆。

（2）元器件引脚的跨距与该元器件在电路板上安装位置的孔距不相等，有以下两种情况。

① 元器件可以抬高安装如图 4-12 所示。

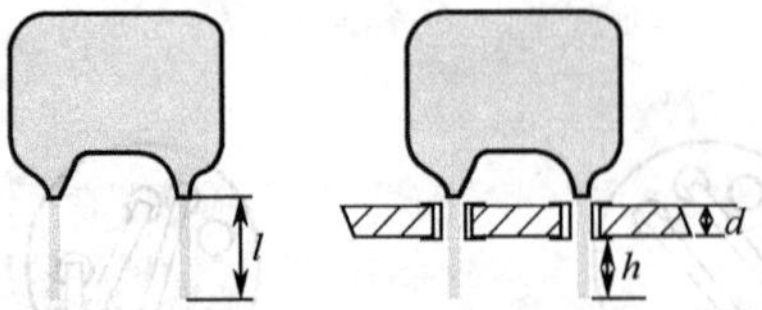

图 4-11　电容整型

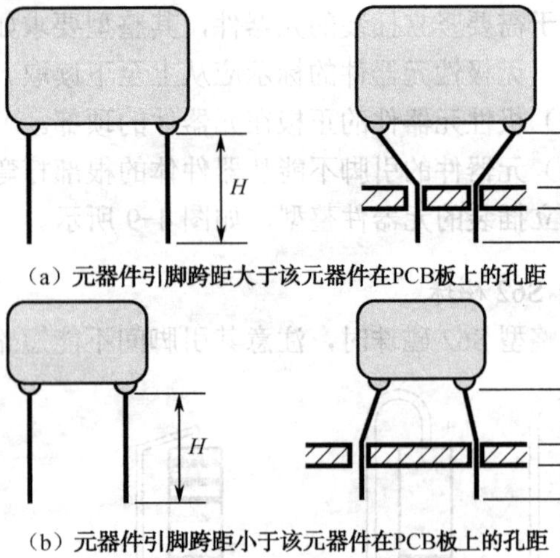

图 4-12　电容抬高整型示意图

a．理想情况（用机器整型）

引脚的长度 H=元器件抬高的高度 h+电路板厚度 d+露出电路板的长度 l。

元器件抬高的高度 h 的值根据具体的情况确定。

当引脚直径$\phi \leqslant 0.8$ mm 时，l 取值 1.8～2.0 mm；当引脚直径$\phi > 0.8$ mm 时，l 取值 2.0 mm～2.5 mm，特殊情况按具体工艺执行。

b．可接受情况（用手工整型）

元器件引脚露出电路板的长度 l 可放宽为 1.8 mm$\leqslant l \leqslant$5 mm。

② 元器件不能抬高安装如图 4-13 所示。

对于跨距不合适又不能抬高安装的元件，则需要整型。

a．理想情况（用机器整型）

引脚的长度 H=电路板厚度 d+露出电路板的长度 l。

当引脚直径$\phi \leqslant 0.8$ mm 时，l 取值 1.8～2.0 mm；当引脚直径$\phi > 0.8$ mm 时，l 取值 2.0～2.5 mm，特殊情况按具体工艺执行。

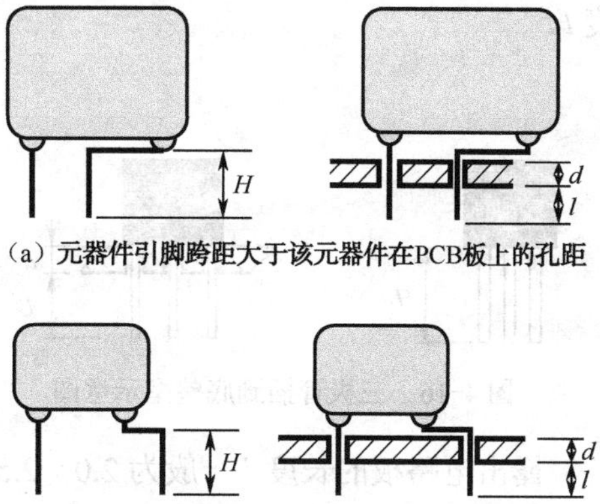

（a）元器件引脚跨距大于该元器件在PCB板上的孔距

（b）元器件引脚跨距小于该元器件在PCB板上的孔距

图 4-13　电容不能抬高整型示意图

b．可接受情况（手工整型）

元器件引脚露出电路板的长度 l 可放宽为 1.8 mm$\leqslant l \leqslant$5 mm。

2）三端稳压器

引脚的长度 H=悬浮高度 h+电路板厚度 d+露出电路板的长度 l，如图 4-14 所示。

悬浮高度 h 一般指引脚的根部到引脚台阶下沿处的长度。

露出电路板的长度 l 一般为 2.0～2.5 mm（一般用机器整型）。

3）三极管

（1）对于因跨距不合适而不能插到底的情况如图 4-15 所示。

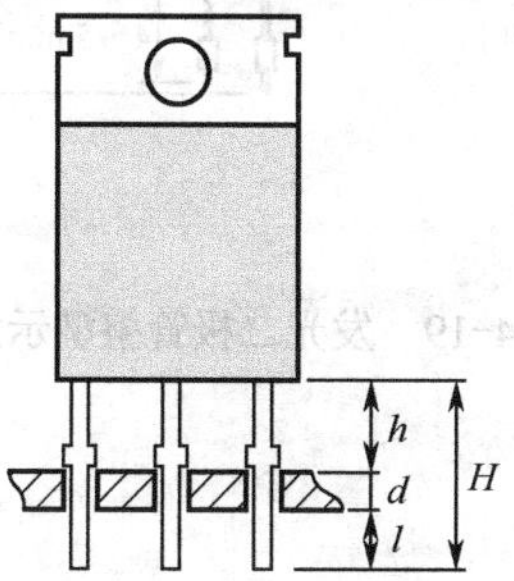

图 4-14　三端稳压器整型示意图

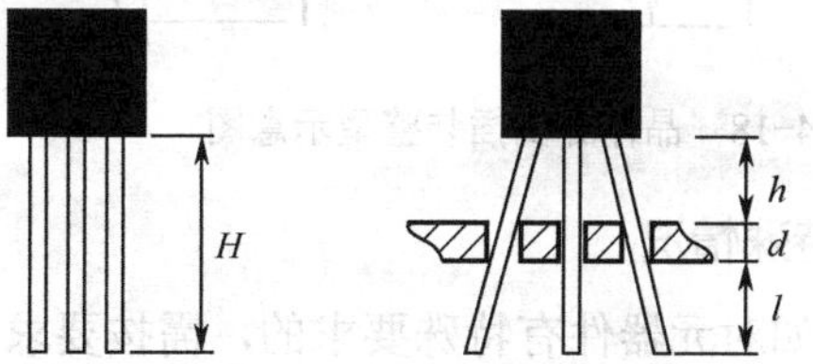

图 4-15　三极管浮高整型示意图

三极管引脚的长度 H=悬浮高度 h+电路板厚度 d+露出电路板的长度 l。

悬浮高度 h 一般为 3～4 mm。

露出电路板的长度 l 一般为 3～4 mm。

（2）对于跨距合适而可以插到底的情况，如图 4-16 所示。

三极管引脚的长度 H=电路板厚度 d+露出电路板的长度 l。

露出电路板的长度 l 一般为 3～4 mm。

特殊情况按具体工艺执行。

4）晶体

（1）对于直插的晶体，如图 4-17 所示，其引脚的长度 H=电路板厚度 d+露出电路板的长度 l。

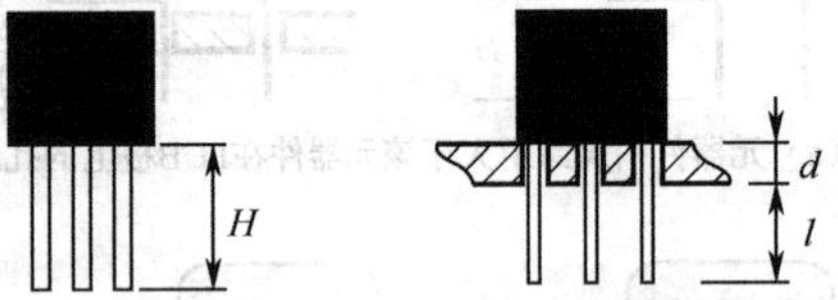

图 4-16　三极管插到底整型示意图

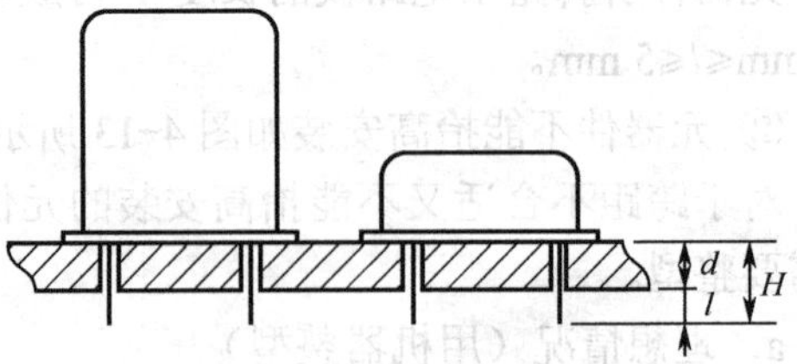

图 4-17　晶体直插整型示意图

露出电路板的长度 l 一般为 2.0～2.5 mm（机器整型）或 2.0～4.0 mm（手工整型）。

（2）对于需要卧倒插装的晶体，如图 4-18 所示，其引脚的长度 H=打弯的长度 h+电路板厚度 d+露出电路板的长度 l。

打弯的长度 h 一般为 3 mm。

露出电路板的长度 l 一般为 2.0～2.5 mm（机器整型）或 2.0～4.0 mm（手工整型）。

注意：晶体在打弯时，一定不能从引脚的根部进行打弯，避免损坏器件。

5）发光二极管

如图 4-19 所示，对于能插到底，又没有高度要求的发光二极管，需要剪出长、短引脚。原来的长引脚仍为长引脚，原来的短引脚仍为短引脚，且长、短引脚区分要明显。

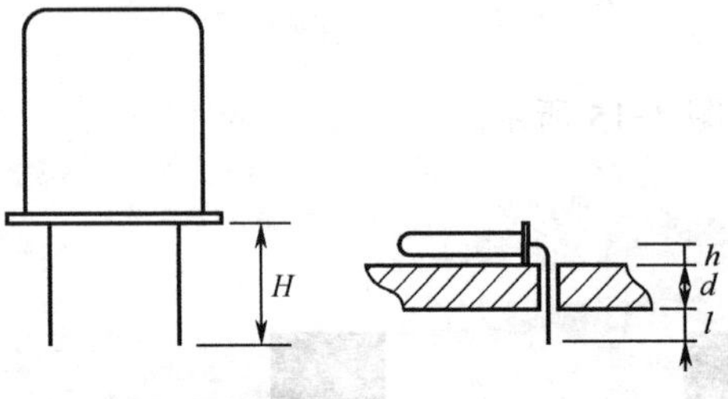

图 4-18　晶体卧倒插装整型示意图

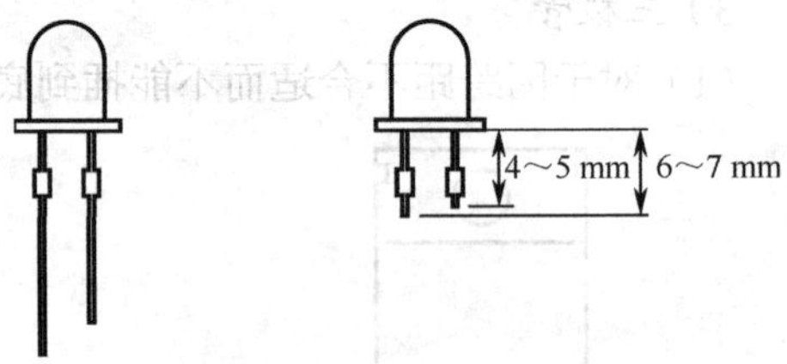

图 4-19　发光二极管整型示意图

4．特殊情况

（1）如对元器件有特殊要求的，需按要求进行。

（2）对提供的元器件确实无法按上述要求执行的，可适当放宽工艺要求，但须提前进行工艺确认。

5．对于元器件损伤情况的规定

对于元器件的损伤，以下描述的情况，是可以接受的（如图 4-20～图 4-22 所示）：

（1）无论是利用手工、机器或模具对元器件进行的成型，元器件引脚上的刻痕、损伤或形变没有超过引脚直径、宽度或厚度的 10%。

（2）元器件表面有轻微的刮痕、残缺，但元器件的基材或功能部位未暴露在外。

（3）元器件的标示有残缺，但仍可辨别出其标称值。

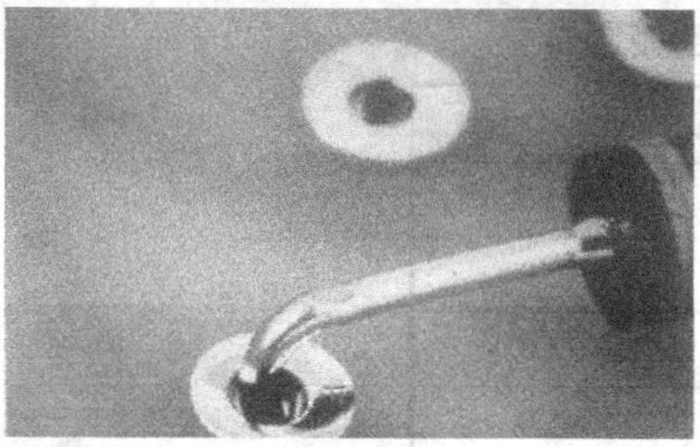

图 4-20 元器件整型损伤的可接受情况 1

图 4-21 元器件整型损伤的可接受情况 2

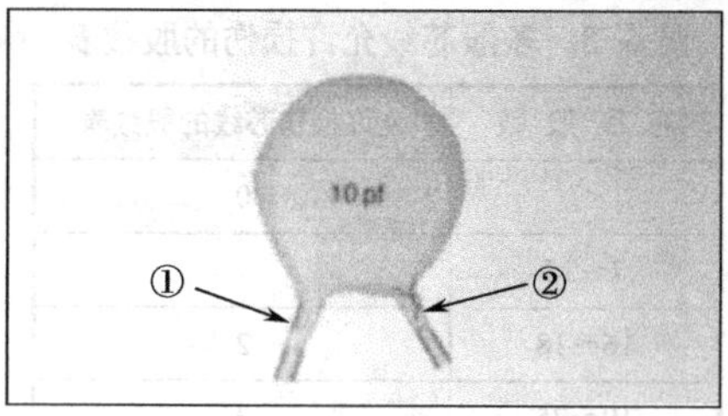

图 4-22 元器件整型损伤的可接受情况 3

（4）对双列直插式的集成电路，如果封装本体有残缺，但残缺未触及引脚的密封处，或封装体上的残缺没有影响标示的完整性。

对于超出以上规定的情况，应单独放置，待工艺人员确定后再做处理。

6．绝缘导线加工要求

绝缘导线加工步骤为剪裁、剥头、清洁、捻头（对多股线）、浸锡。

1）剪裁

导线应按先长后短的顺序，用剪子、斜口钳等进行剪裁。剪裁绝缘导线时要拉直再剪。剪线要按工艺中的导线加工规定进行，长度应符合公差要求（如无特殊公差要求可按表 4-1 选择公差）。导线的绝缘层不允许损伤，否则会降低其绝缘性能。导线的芯线应无锈蚀，否则影响导线传输信号的能力，因此绝缘层已损坏或芯线有锈蚀的导线不能使用。

表 4-1 导线长度及公差选择表

导线长度（mm）	50	50～100	100～200	200～500	500～1 000	1 000 以上
公差（mm）	+3	+5	+5～+10	+10～+15	+15～+20	+30

2）剥头

将绝缘导线的两端去掉一段绝缘层而露出芯线的过程称为剥头。在操作中，剥头长度应符合工艺的要求。剥头长度应根据芯线截面积和接线端子的形状来确定。表 4-2 根据一般电子产品所用的接线端子，按连接方式列出了剥头长度及调整范围。

剥头时不应损伤芯线，多股芯线应尽量避免断股，一般可按表 4-3 进行检查。

常用的剥头方法有刃截法和热截法两种。我们现在使用的是刃截法。刃截法就是使用专用剥线钳进行剥头（在大批量生产中多使用电脑剥线机，自动完成从截线到剥头的工作）。其优点是操作简单易行，只要把导线端头放进钳口并对准剥头距离，紧握钳柄，然后松开，

表 4-2　剥头长度及调整范围表

连接方式	剥头长度（mm）	
	基本尺寸	调整范围
搭焊	3	+2.0
勾焊	6	+4.0
绕焊	15	±5.0

表 4-3　多股芯线允许损伤的股数表

芯线股数	允许损伤芯线的股数表
<7	0
7～15	1
16～18	2
19～25	3
26～36	4
37～40	5
>40	6

取出导线即可。为了防止出现损伤芯线或拉不断绝缘层的现象，应选择与芯线粗细相匹配的钳口。

3）清洁

绝缘导线在空气中长时间放置，导线端头易被氧化，有些芯线上有油漆层。因此在浸锡前应进行清洁处理，除去芯线表面的氧化层和油漆层，提高导线端头的可焊性。清洁的方法有两种：一是用刀片刮去芯线的氧化层和油漆层，用刀片清洁时要注意用力适度，同时应转动导线，以便全面刮掉氧化层和油漆层；二是用砂纸清除掉芯线上的氧化层和油漆层，用砂纸清除时，砂纸应由导线的绝缘层端向端头单向运动，以避免损伤导线。

4）捻头

多股芯线经过剥头、清洁后，芯线易松散开，因此必须进行捻头处理，以防止浸锡后线端直径太粗。捻头时应按原来合股方向扭紧。捻线角一般在 30°～45° 之间，如图 4-23 所示。捻头时不宜用力过猛，以防止捻断芯线。

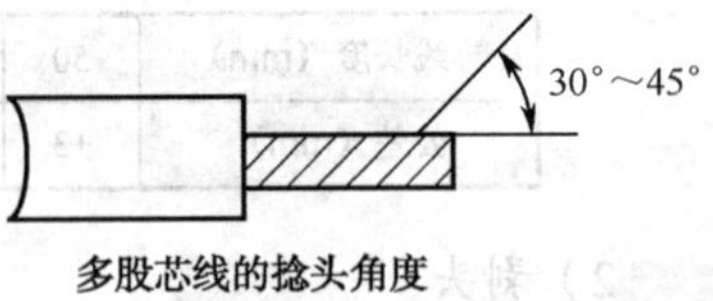

图 4-23　多股芯线捻头

5）浸锡

经过剥头和捻头的芯线应及时浸锡，以防止氧化。通常使用小锡锅浸锡。小锡锅通电加热，锡锅中的焊料完全熔化后，将芯线端头蘸上适量助焊剂，然后将芯线垂直插入锡锅中，并且使浸锡层与绝缘层之间有 1～2 mm 间隙，待浸润后取出即可，浸锡时间为 1～3 s。应随时清除锡锅内残渣，以确保浸锡层均匀、光亮。

4.1.4　电子元器件成型的验收要求

根据元器件明细表和工艺要求，元器件插装到电路板后，用目测法检验，检验标准应符合本规定的要求。

4.1.5　成型设备介绍

1. 轴向成型机（715 型）

1）适用对象

轴向成型机适用于各种轴向电阻、二极管等电子元器件的切脚成型操作，如图 4-24 所示。

图 4-24　轴向成型机

2）操作步骤

（1）按照生产工艺确定元件长度、切断长度及成型位置。715 型轴向成型机可以加工成型元件长度为 3.1～52.3 mm，引脚切断长度范围为 4.8～44.5 mm，以及不同成型形状（要安装不同的成型模具）的轴向电子元器件。

（2）按工艺要求调整设定成型尺寸，特别注意在任何情况下成型刀都不准与支撑轮靠上。要先将成型机构尺寸调大，留出可调整余量。首先调整两个支撑轮间的尺寸，使轴向元器件两端与支撑轮之间有 0.3 mm 间隙，锁紧摇把，再依次调整切断机构和成型机构，调好后锁紧摇把。

（3）将电源插头插好，将两个无级调速旋钮调至最低，然后依次打开整型开关、震动送料器开关。

（4）先将一个元件放入放料槽，旋开整型无级调速旋钮并逐渐加速至中速，再检查成型件是否符合工艺要求，可反复调整，直至合适为准。

（5）用散料震动器供料时，应将震动幅度用震动器无级调速旋钮逐步加大，调至最佳位置。

（6）当加工到每批最后十个元件时，应将加工速度降低，以防无料导致机器空运转。

（7）关机时，依次降低震动器无级调速旋钮至零、整型无级调速旋钮至零，然后关闭震动器开关、整型开关，最后拔下电源插头。

3）设备保养及注意事项

（1）每次用完机器都须将断脚和杂物彻底清除干净。

（2）所有运转机构和整型刀每 10 天加注一次 10#机油，以不滴不淌为准。

（3）机器出现异常情况时，可先参照使用说明书逐项排查，若解决不了，应由专业维修人员解决。

2．IC（集成电路）成型机

1）适用对象

IC 成型机适用于各种双列直插式元件的引脚整型操作，如图 4-25 所示。

图 4-25　IC 成型机

2）操作步骤

（1）开机前必须检查无级调速旋钮应处于零位置，IC 成型机正面不应有任何无关的物品，且将两个压轮应放到底。

（2）按工艺要求调整位于下方的整型刀尺寸，可先将紧固螺母松开，然后精心调整两端的双头螺栓，可反复调整，直至达到工艺要求。

（3）先试通过一至两个元件，以确定元件整型尺寸完全符合工艺要求，然后可批量加工。

（4）关机时，将无级调速旋钮降至零位置，然后关闭电源开关并拔下电源插头。

3）设备保养及注意事项

（1）非本设备维护、维修人员或未经过培训合格的操作人员切勿随意操作机器。

（2）运行中出现卡元件或其他异常情况，应立即关闭电源开关，由专业维修人员处理。

（3）IC 成型机正面所有运动机构，每 15 天加注一次 10#润滑机油，以不滴不淌为准。

（4）每次工作完毕，要清除各死角污垢、杂物，保持机器清洁。

3．散装电容剪脚机

1）适用对象

散装电容剪脚机适应于散装电容剪脚机进行的各种径向电子元件的剪脚操作，如图 4-26 所示。

图 4-26　散装电容剪脚机

2）操作步骤

（1）开机前必须检查各部分开关均应置于关闭状态，机器表面不应有任何无关物品在上面。

（2）首先参照被加工的电子元件外形尺寸来调整直进送料器的间隙，使电子元件能顺利准确的通过。再根据工艺要求调整剪脚长度，调整手柄（顺时针旋转时变短，逆时针旋转时变长），可直接观察机器刻度标尺进行调整，调好后将紧固螺钉锁紧。

（3）开机顺序：应依次将切刀马达开关置于“ON”位置，将直进送料器开关置于“ON”位置。

（4）根据加工某种电子元件的实际情况来调整直进送料器调速器，参考刻度盘数字，一般情况下以 50 为佳。

（5）加工中断屑顺漏斗下落有时出现堵塞，要及时疏通。

（6）关机时，依次关闭直进送料器开关、切刀马达开关、电源开关，最后拔下电源插头。

3）设备保养及注意事项

（1）每日开机前都需给切刀滑块上方的油孔加注 10#润滑机油。

（2）每日下班前要将机器表面所有断屑彻底清除，清扫各死角。

（3）机器切刀日久磨损会使被切元件脚毛刺增大，应通知专业维修人员更换。

（4）机器出现异常情况，立即切断电源，通知专业维修人员排除故障。

4. 自动跳线成型机

1）适用对象

自动跳线成型机适用于无废料跳线成型机进行的各种尺寸的跳线成型操作，如图 4-27 所示。

图 4-27 自动跳线成型机

2）操作步骤

（1）开机前检查机器正面无任何无关杂物，插好电源插头。

（2）检查金属丝是否顺利通过导料孔，如有弯曲或堆积堵塞，用镊子将其夹出并用剪线钳将其剪断剔出，再重新输入导料孔内即可。将电源开关拨至 ON 位置，此时机器上方红色电源指示灯亮说明已正常通电，按下绿色按钮可开机。

（3）按工艺要求调整跳线成型尺寸：用内六角扳手等工具依次打开上、下切断成型刀机构，松开紧固螺钉，顺时针旋转调整螺栓，尺寸变小，逆时针旋转调整螺栓，尺寸增大，可反复调整直至达到工艺要求，最后紧固压紧螺钉。

（4）输送金属丝的长短尺寸可通过调整机器背面的调整杆实现，先松开调整杆紧固螺栓，再旋转调整螺栓（顺时针旋转输送金属丝长度变小，逆时针旋转变大），可反复调整，以达到工艺要求为准。

（5）将计数器调至零位。

（6）该机器正常工作时有无人值守的自动功能，但操作人员在开机后五分钟内不准远离机器，需仔细观察成型后的落料情况，如无堵塞并顺利流入料盒，允许每 10 分钟检查一次。

（7）某些尺寸的跳线尺寸，可能和落料槽尺寸、机器震动等有干涉，使得堵塞情况严重，这时操作人员必须持工具，随时将已被堵塞的跳线拨入料盒，不准离开工作岗位。

（8）关机时按下红色按钮，然后将电源开关拨至 OFF 处并拔下电源插头。

3）设备保养及注意事项

（1）每次开机前应对各转动和滑动部位加注 10#润滑机油，以不滴不淌为准。

（2）每次用完机器须将各处清理干净，特别要注意清理金属丝断屑。

（3）停机时将成型机上方滑动冲头部分轻轻地托住，不让其挤住金属丝。机器出现故障，立即让专业维修人员来处理。

5. 电脑剥线机

1）适用对象

电脑剥线机适用于剥线操作，如图 4-28 所示。

图 4-28　电脑剥线机

2）操作步骤

开启剥线机电源，显示器显示“----出线电机慢速运转，稍候，待出现 1-------”。显示器左边“1”字代表面板开关上行的功能操作，即运行、停机、程序、定量、产量的操作按键。显示器左边“2”字代表面板开关下行的功能操作，即线长、线头、线尾、剥开、线径的操作按键。

（1）程序：程序是指线的规格长短有多种，将每种规格（即长度、线头、线尾、剥开、线径、定量构成一种规格）储存到一指定的程序号之中，程序号选 01～78，00 程序号为试机专用，79 号为中间剥线专用。

操作：按“退出”，显示“1-------”，按“程序”，通过按△或▽来调出程序对应的已储存规格。

“退出”→“程序”→△或▽→“退出”。

（2）定量：是将此程序内所储存的规格，需要生产多少，给予报警及停机。

操作：按“退出”，显示“1-------”，按“定量”，通过按△或▽来调整需要的生产量，先按△，个位数加，同时再按住▽（双按住），百位数同时加，先按▽个位数减，同时再按住△（双按住），百位数同时减。以下操作中，百位数的增减操作相同。

“退出”→“定量”→△或▽→“退出”。

（3）产量：检查生产情况。

操作：按“退出”，显示“1-------”，按“产量”，显示目前已生产的数量，通过按△或▽来调整，同时按下△和▽，产量数自动清除。

“退出”→“产量”→△或▽→“退出”。

（4）线长：线长是指所需电线的总长度（包括线头、线尾长度）。

操作：按“退出”，“修改”后，显示“2-------”，再按“线长”，通过按△或▽来调整所需生产电线的总长度，因电线材料的质量不同，实际长度有所变动，需操作时自行给予增减。

“退出”→“修改”→“线长”→△或▽→“退出”。

（5）线头：线头是指电线的首端需剥出的长度。

操作：按“退出”，“修改”后，显示“2-------”，再按“线头”，通过按△或▽来调整所需剥出线头的长度。

“退出”→“修改”→“线头”→△或▽→“退出”。

（6）线尾：线尾是指电线末端需剥出长度。

操作：按“退出”，“修改”后，显示“2-------”，再按“线尾”，通过按△或▽来调整线末端需要剥出的长度。

“退出”→“修改”→“线尾”→△或▽→“退出”。

（7）剥开：剥开是指电线的首端和末端剥开的长度，如果剥开长度大于等于线头或线尾的为全剥开，小于时为半剥开，剥出的护套，套住线头，以免搬运电线时搞乱线芯。

操作：按“退出”，“修改”、“剥开”，通过△或▽来调整剥开的长度。

“退出”→“修改”→“剥开”→△或▽→“退出”。

（8）线径：线径是指电线线芯截面的直径，显示的数据，表示线径粗细的值，并没有一定的定义，在机器运行中，如遇线头剥不开，需调整线径变小，如遇线头剥开将线芯铜线剥断，需调整线径值变大（数值仅为参考，一般为10-16），应配合电线外径大小的机械调节。

操作：按“退出”，“修改”、“线径”，通过△或▽来调整合适的线径。

“退出”→“修改”→“线径”→△或▽→“退出”。

（9）运行：将以上 8 项数值（程序、定量、线长、线头、线尾、剥开、线径）都操作完毕或浏览确认无误后，即可运行生产。

“退出”→“运行”→“停机”→“运行”。

（10）速度调节：运行中按“停机”，通过△或▽ 来调整速度的快慢（00-09），00 为最慢，09 为最快，选择 00、01、02、03、04、05、06、07、08、09 中任一速度。

“运行”→“停机”→△或▽→“运行”。

（11）中间剥线：如生产需要，增设中间剥线功能，需用升级软件，所生产的电线中间可切断线皮四处。

操作：将程序号调整到 79，按“退出”，“修改”后，显示“3-------”。

第一处按“线长”，通过按△或▽来调整；

第二处按“线头”，通过按△或▽来调整；

第三处按“线尾”，通过按△或▽来调整；

第四处按“剥开”，通过按△或▽来调整，

此四处切断线皮的位置长度，是指切断位置到线尾的距离。

“退出”→“程序”→△或▽→程序号 79→“退出”。

第一处 “退出”→“修改”→“线长”→△或▽→“退出”；

第二处 “退出”→“修改”→“线头”→△或▽→“退出”；

第三处 “退出”→“修改”→“线尾”→△或▽→“退出”；

第三处 “退出”→“修改”→“剥开”→△或▽→“退出”。

（12）快速操作：按“退出”，显示“1-------”。

按“程序”，通过按△或▽来调整；

再按“定量”，通过按△或▽来调整；

再按“产量”，通过按△或▽来调整。

按“退出”，再按“修改”，显示“2-------”。

按“线长”，通过按△或▽来调整；

再按“线头”，通过按△或▽来调整；

再按“线尾”，通过按△或▽来调整；

再按“剥开”，通过按△或▽来调整；

再按“线径”，通过按△或▽来调整，

操作完毕，依次按“退出”、“运行”，即可生产。

以上各种操作的长度单位为毫米，最大线截面为 1.5 mm^2 的多芯软线。最短截线长为 60 mm，最长截线为 9 999 毫米。

3）设备保养及注意事项

（1）进线轮与其辅助轮之间的间隙与出线轮与其辅助轮之间的间隙一致时效果最好。要求调节尽量一致。

（2）使用过程中不能断电，否则当前使用的程序将丢失。

（3）关机前，必须将程序调整至 00 位置，否则当前作用的程序将丢失。

（4）进线轮和出线轮每星期用毛刷清理一次。

（5）正常使用，每两天在刀片上部加一次机油，注意机油不要加得太多，4-5 滴为宜。

4.2 电路板插装

4.2.1 基本概念

1. 电路板插装

插装通常是指将元件的引脚插入电路板上相对应的安装孔内，一般分为手工插装和自动插装两种。

2. 生产对象

（1）经过整型处理的芯片、阻容元件等。

（2）可以采用波峰焊接的各种接插件、插座等。

3. 生产设备

插件生产流水线或自动插件机。

4.2.2 插装步骤

1. 插装顺序与要求

元器件插（装）入电路板的顺序一般应掌握从左到右、自上而下、先低后高的原则或遵照具体电路板卡的工艺规定执行。在特殊情况下（如产品的试制、工艺文件暂不齐等），可按照下列规定的顺序进行插装。

（1）表面安装焊接元器件。

（2）轴向元器件（如短路跳线、电阻器、二极管、电感器等）。

（3）集成电路、集成电路插座等。

（4）径向元器件（如电容器、三极管）。

（5）接插件（如适配卡插槽、D 型插头等）。

（6）继电器、变压器等。

2．元器件插装方法

（1）拿取元件时，先用左手抓取一定数量元件，然后通过手指捻动，捻出一个元件到左手拇指与食指间，然后用右手拿取该元件的元件体，根据工艺要求及电路板上的插装位置，调整好元件的插装方向，将其插到电路板上的相应位置上；右手在插装该元件的过程中，左手应继续捻动元件，进行下一个元件的插装准备。

（2）当右手在插装一种元件的最后一个位置时，左手应将手里剩余的元件放回相应的物料盒中，并抓取下一种元件，继续按（1）的要求，进行插装准备。

（3）插件时，为提高插装效率，在拿取了元件时，一般情况下，应同时插装两到四块电路板，尽量避免一次只插装一块电路板，只有当电路板面积较大或同一块板上插装元件较多的情况时，可以一次只插装一块电路板。

（4）同一个工位，在插装多种元件时，应尽量避免将同种类的、外观相近的元件摆放在相邻位置，应尽量间隔放置，例如，同一个工位插装两到三种电阻时，尽量避免插完一种电阻后，接着插装另一种电阻，可在中间间隔一种二极管、电容或晶体等其他种类的元件，避免产生混淆。

3．插件注意事项

（1）操作人员必须配戴防静电手环，检验人员须实事求是，认真完整并及时做好各种板卡的检验和记录工作。

（2）对于各种板卡，一定要按照生产明细、工艺文件，并参考样板进行操作，尤其要注意工艺上有无特殊要求。

（3）对在插装过程前、中、后发现的不合格元器件，一定要及时拿出，分类放置，集中做好记录，在未做确认处理之前，严禁插入板卡。

（4）对于缺件较少的板卡，应用高温胶纸（或其他材料）将缺件位置的焊孔留出，并在板卡上清晰地做好标记，然后转到下道工序。对于缺件较多的板卡，应将缺件的种类、数量做出统计反馈，待物料齐套后，将板卡缺件位置补齐，再转到下道工序。

（5）对于已进行刮胶贴片的板卡，需在隔板周转架中存取，切忌堆放，取放板卡要轻拿轻放并且不能裸手接触任何元器件（包括焊盘部分），以防止碰歪、碰掉贴片元器件或污染焊盘。

4.2.3　插装工艺要求

1．轴向元器件

1）理想情况（图 4-29）

（1）元器件放置于正确的位置，位于两焊盘之间，位置居中，无倾斜、扭曲或翘起现象。

（2）元器件的标示清晰。

（3）无极性的元器件依据识别标记的读取方向而放置，且保持一致（从左至右或从上至下）。

（4）功率<1/2*W* 的功率电阻及其他轴向元器件，必须紧贴印制板安装。

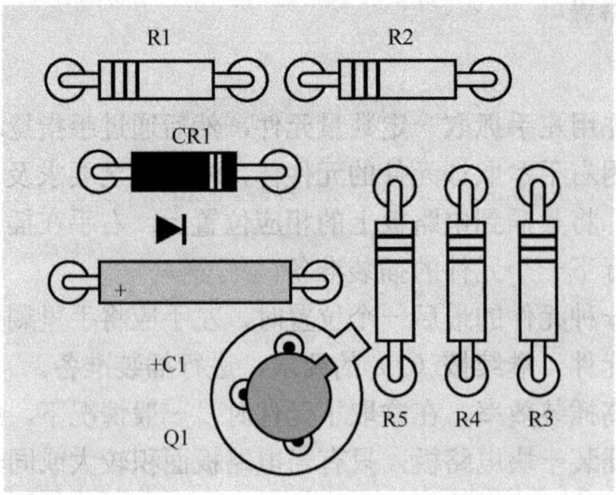

图 4-29　轴向元器件插装的理想情况

（5）功率≥1/2*W* 的功率电阻，须将元器件升高安装。升高标准：元器件升高的高度为其直径的 1.5～2 倍（或符合特殊规定要求），如图 4-30 所示。

（6）极性元器件的安装方向正确。

（7）特殊情况按具体工艺执行。

2）可接受情况（图 4-31）

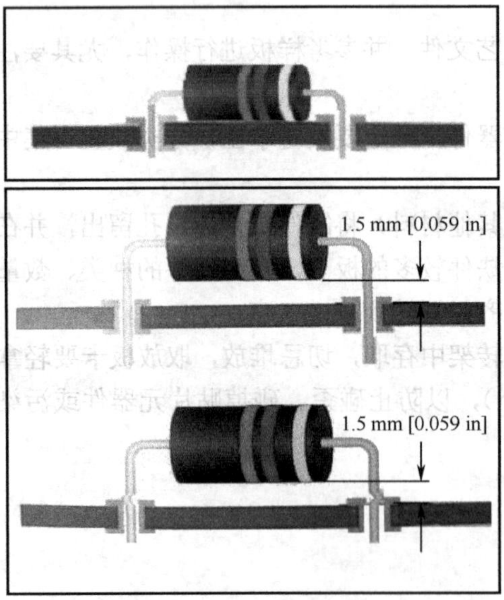

图 4-30　功率电阻升高示意图

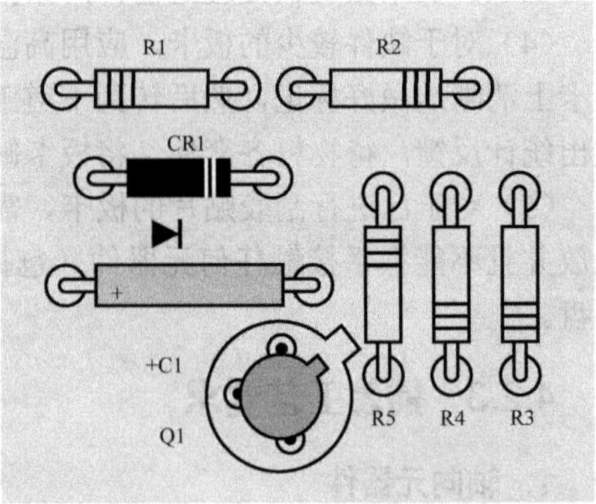

图 4-31　轴向元器件插装的可接受情况

（1）极性元器件和多引脚元件的安装方向正确。

（2）所有元器件按照规定的位置正确安装。

（3）无极性元件未依据识别标记的读取方向一致而放置。

（4）应紧贴印制板安装的元器件，未紧贴印制板安装，但其一端落到底，另一端翘起不超过 1.5 mm。

（5）功率≥1/2W 的功率电阻升高安装时，元器件升高的高度未达到其直径的 1.5～2 倍，但最小不小于 1.5 mm（或符合特殊规定要求）。

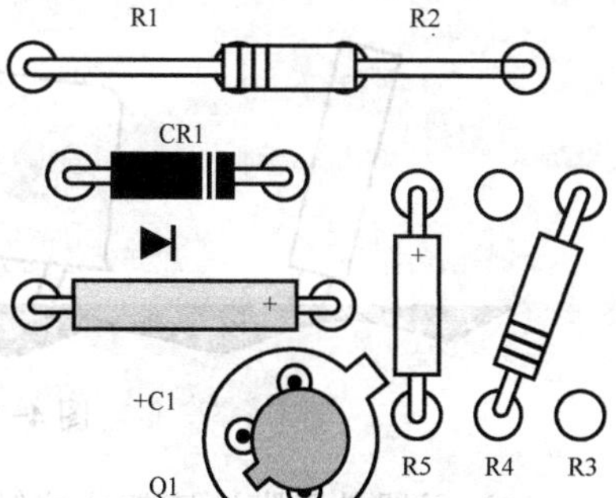

图 4-32　轴向元器件插装的不合格情况

3）不合格情况（图 4-32）

（1）未按规定选用正确的元器件。

（2）元器件没有安装在正确的位置。

（3）极性元器件的方向安装错误。

（4）多引脚元件放置的方向错误。

（5）功率<1/2W 的功率电阻，没有紧贴印制板安装。

（6）功率≥1/2W 的功率电阻在升高安装时，升高的高度超出可接受情况的规定（或不符合特殊规定要求）。

（7）特殊情况按具体工艺执行。

2．径向元器件

1）理想情况（图 4-33）

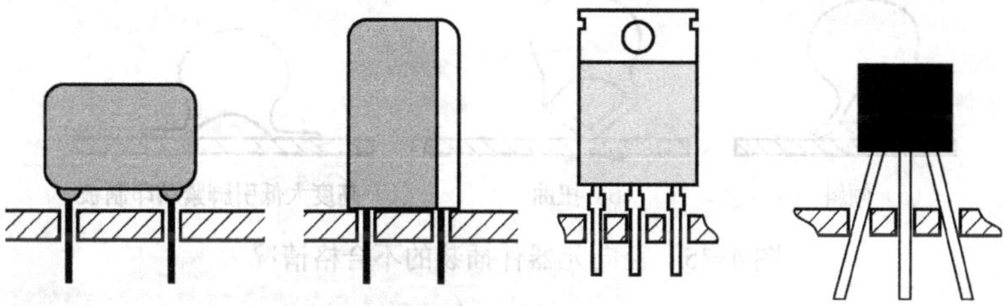

图 4-33　径向元器件插装的理想情况

（1）元器件按规定放置于正确的位置。

（2）元器件垂直于板面，位于焊盘中间位置，排列整齐，无倾斜、扭曲等现象。

（3）极性元器件的安装方向正确。

（4）无极性的元器件依据识别标记的读取方向而放置，且保持一致（朝左或朝下）。

（5）能插到底的元器件要插到底，不能插到底的元器件底部与印制板面的间距一般在 0.5～2.5 mm 之间且底面平行于板面，如三端稳压器（需上散热片的除外）以插至台阶处为升高高度；三极管升高高度为 3～4 mm。

（6）元器件引脚上的涂漆部分不会接触到可焊区域。

（7）特殊情况按具体工艺执行。

2）可接受情况（图 4-34）

（1）极性元器件的极性正确。

（2）所有元器件按照规定的位置正确安装。

（3）元器件略有倾斜扭曲，但倾斜角度不超过 15°。

（4）元器件底部距印制板底部的高度不超过 4 mm 且不影响其他元器件、部件的装配。

图 4-34　径向元器件插装的可接受情况

（5）元器件引脚涂漆部分接触到可焊区域，但焊锡未对涂漆部分形成包络。

（6）特殊情况按具体工艺执行。

3）不合格情况

（1）极性元器件的方向错误。

（2）未按规定选用正确的元器件。

（3）元器件没有安装在正确的位置。

（4）元器件高度超出可接受情况所规定的范围。

（5）元器件排列严重不齐或倾斜、扭曲，如图 4-35 所示。

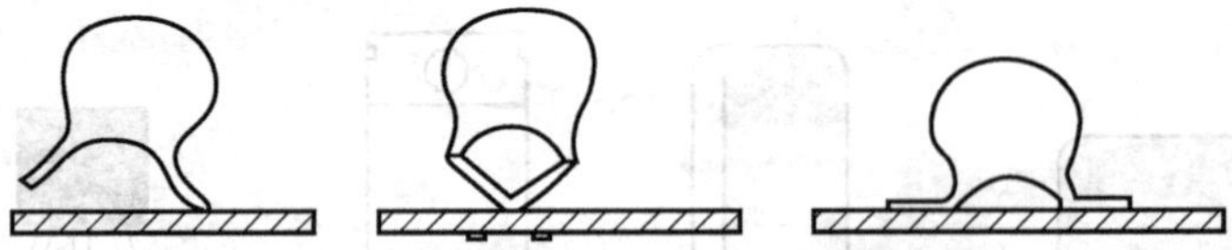

（a）倾斜　（b）扭曲　（c）高度太低引脚紧贴印制板

图 4-35　径向元器件插装的不合格情况

3. 集成电路及接插件

1）理想情况（图 4-36）

（1）元器件按规定放置于正确的位置。

（2）元器件插装方向正确。

（3）元器件平整地安装在 PCB 板上，无翘起、无跪脚等现象。

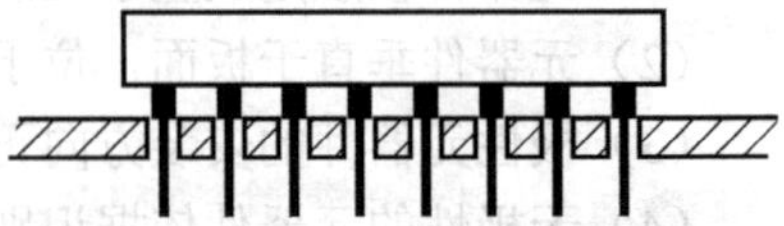

图 4-36　集成电路插装的理想情况

2）可接受情况（图 4-37）

元器件局部或全部略有升高，但升高的距离不大于 1 mm。

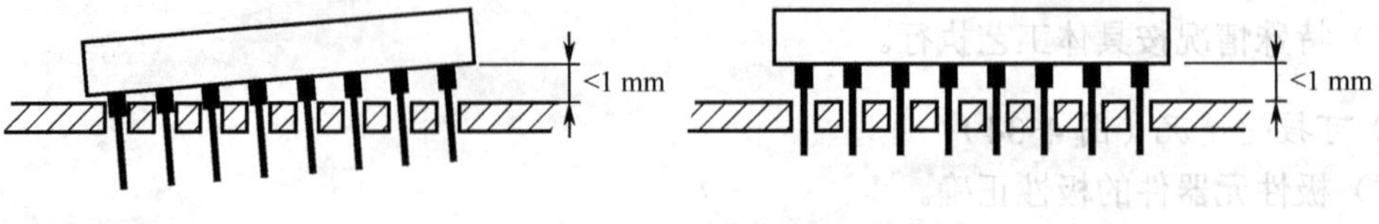

图 4-37　集成电路插装的可接受情况

3）不合格情况

（1）未按规定选用正确的元器件。

（2）元器件的安装方向错误。

（3）元器件倾斜、翘起的程度超出可接受情况的规定，如图 4-38 所示。

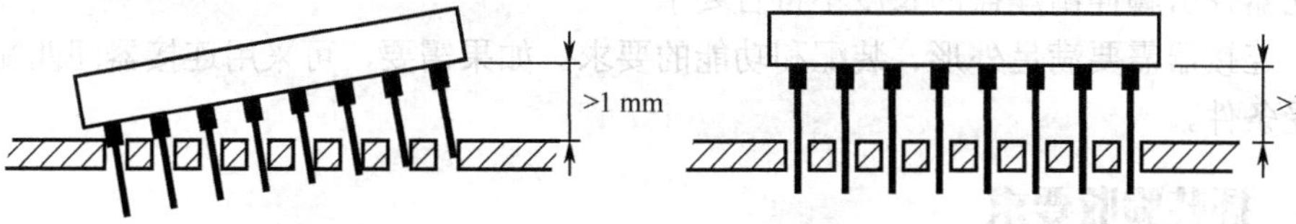

图 4-38　集成电路插装的不合格情况 1

（4）元器件插装时出现“跪脚”现象，如图 4-39 所示。

4．连接器

1）理想情况（图 4-40）

（1）连接器与板面紧贴平齐。

（2）连接器引脚的针肩支撑于焊盘上，引脚伸出焊盘的长度符合标准的规定。

（3）如果需要，定位销要完全的插入或扣住 PCB 板。

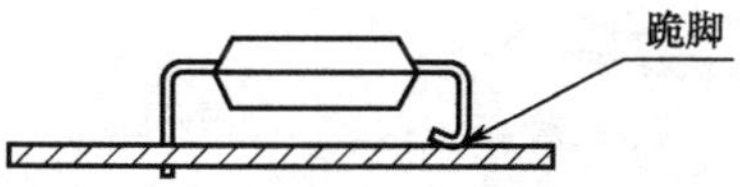

图 4-39　集成电路插装的不合格情况 2

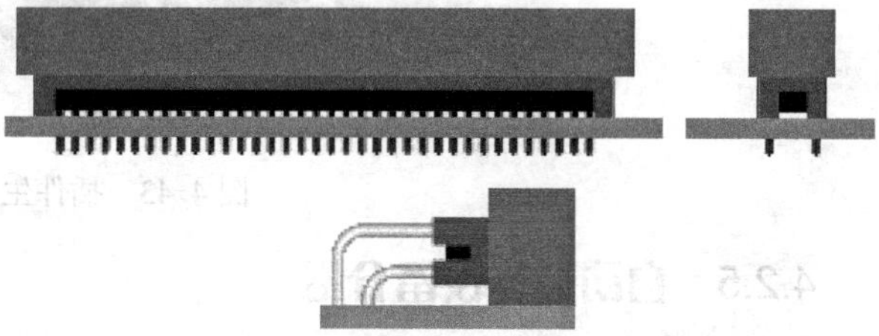

图 4-40　连接器插装的理想情况

2）可接受情况

（1）连接器的高度和引脚伸出的长度符合标准的规定。

（2）如果需要，定位销要插入或扣住 PCB 板。

（3）连接器的一边与板面接触时，另一边与 PCB 板的距离不大于 0.5 mm。连接器倾斜、其引脚伸出的长度和元器件的高度要符合标准的规定，如图 4-41 所示。

3）不合格情况（图 4-42）

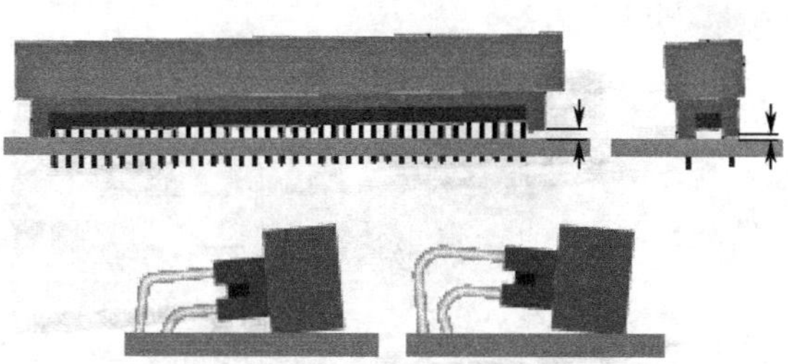

图 4-41　连接器插装的可接受情况

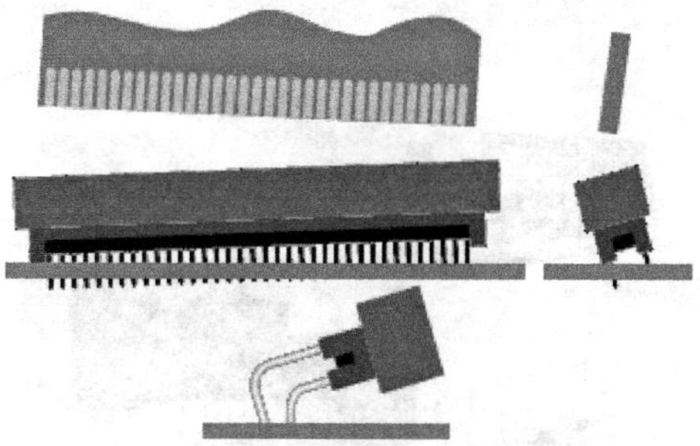

图 4-42　连接器插装的不合格情况

（1）由于连接器的倾斜，与之匹配的连接器无法插入。

（2）元器件的高度不符合标准的规定。

（3）定位销没有完全插入或扣住 PCB 板。

（4）元器件引脚伸出焊盘的长度不符合要求。

注意：连接器需要满足外形、装配和功能的要求。如果需要，可采用连接器间匹配实验作最终接受条件。

4.2.4　插装验收要求

根据元器件明细表和工艺要求，用目测法检验，检验标准应符合本规定的要求，如图 4-43 所示。

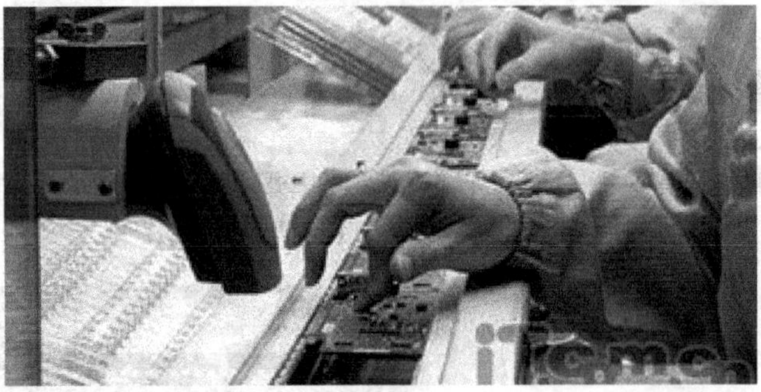

图 4-43　插件生产线

4.2.5　自动插装设备介绍

1．自动插装

自动插装采用自动插件机完成插装。根据电路板上元件的位置，由事先编制出的插装程序来控制自动插件机插装，插件机的插件夹具有自动打弯机构，能够将插入的元件牢固地固定在电路板上，提高了电路板的焊接强度，如图 4-44 所示。

2．自动插件机的作用

自动插件机消除了由手工插装所带来的误插、漏插等差错，保证了产品的质量，提高了生产效率，但成本较高，如图 4-45 所示。

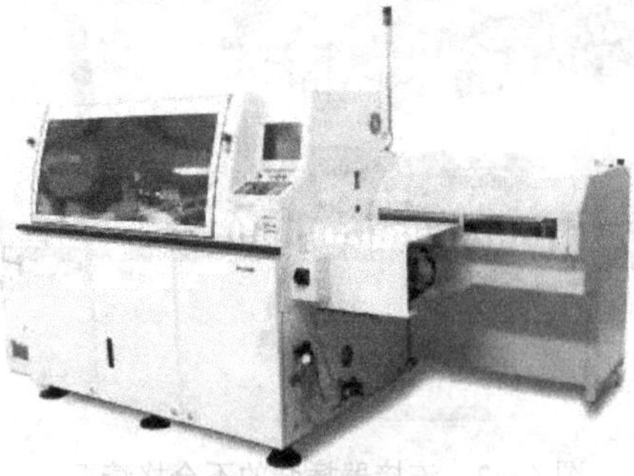

图 4-44　轴向插件机

图 4-45　径向插件机

4.3　手工焊接

4.3.1　焊接工具及材料

1. 焊接工具介绍

1）电烙铁介绍

目前常用的主要有恒温电烙铁、调温电烙铁两类。

（1）恒温电烙铁（低压自动恒温电烙铁），如图 4-46 所示。

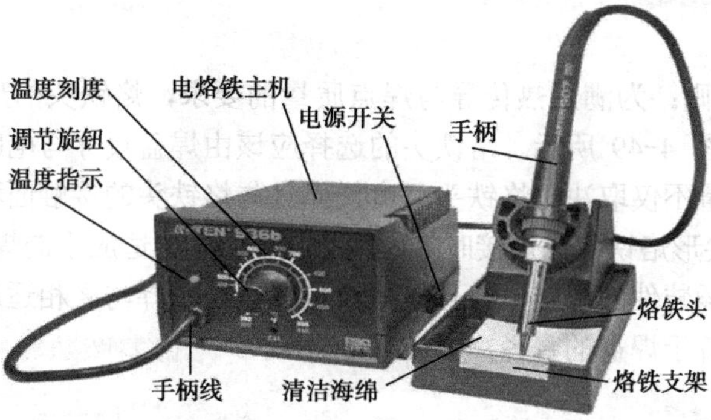

图 4-46　电烙铁

① 功率一般 45 W，输入电压 220 V，内部工作电压 24 V。

② 工作原理：恒温电烙铁是利用软磁材料的居里点特性，配用磁钢实现自动控温，当温度低时，烙铁头的软磁材料与永磁钢吸合，电源接通，电热丝温度上升，当达到规定温度（居里点）时，软磁材料与磁钢脱开，温度下降，周而复始。改变软磁材料型号，可得到不同的恒温度数。恒温电烙铁温度控制精度不高，一般上、下温度不超过 10℃。但由于不必调温度，使用时也比较方便。

在实际使用中，烙铁上有两个发光二极管，红灯亮时表示正常供电（即变压器能正常输出 24V 电压），绿灯亮时表示烙铁正在升温，绿灯灭后，表示温度已达到规定温度（即达到居里点）。在绿灯亮和不亮的转换过程中，烙铁手柄里会传出清脆的切换声。

③ 恒温电烙铁头按式样分为 A、B、C 型，如图 4-47 所示。

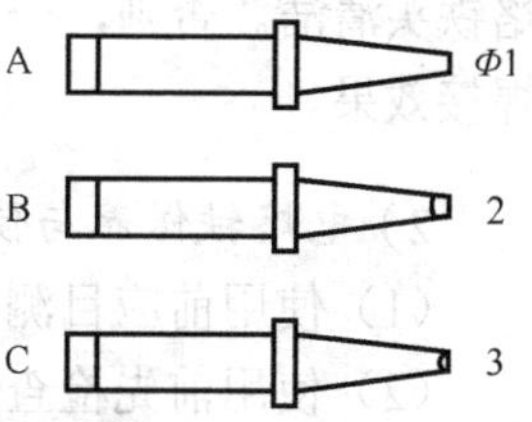

图 4-47　烙铁头

恒温电烙铁头按温度分为 1#、2#、3#、4#、5#四种。

1# 为 280 ℃±10 ℃　　2# 为 310 ℃±10 ℃　　3# 为 340 ℃±10 ℃

4# 为 380 ℃±10 ℃　　5# 为 420 ℃±10 ℃

我们一般常用 3#，个别焊接可用 4#。良好的烙铁头应表面平整、光亮、上锡良好。新换烙铁头应在使用前先将烙铁头镀锡（上锡），要求上锡要全面，且在烙铁头温度在达到熔化焊锡之前将焊锡放置到烙铁头上。

（2）调温电烙铁，如图 4-48 所示。

① 功率一般 45 W、60 W 等，输入电压 220 V。目前常用的型号主要有 IC 901C 型、super 936 型。

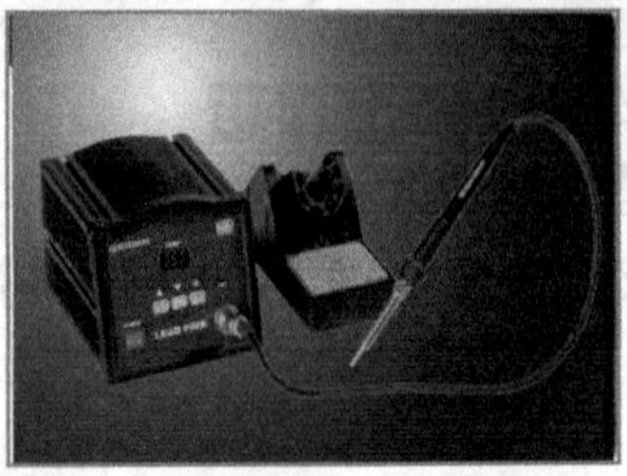

图 4-48　调温电烙铁

② 工作原理：用一个四运放电路，利用加热芯上并行的热电偶式传感器来测试烙铁头温度，电路自动根据传感器测定的数据对应烙铁设定的温度值来自动控制烙铁温度。这种烙铁在一定范围内温度可调且能自动控制。调温电烙铁面板上有一个刻度盘，使用前将旋钮标记旋到设定温度值刻度上，待到达设定温度时，红色发光二极管开始闪动，亮时表示加温，不亮时表示恒温。

③ 调温电烙铁头。

a．烙铁头选用原则：为满足热传导与焊点质量的要求，烙铁头的形状应该与焊点的大小和密度相适应，如图 4-49 所示。烙铁头的选择应该由焊盘尺寸与电路板的厚度来决定，传递到被焊零件的热量不仅取决于烙铁头温度，而且与烙铁头的接触面积有关，现在一般有扁形或尖形烙铁头，尖形烙铁头在焊接时接触面积较小，一般适应小的焊盘及贴片件的焊接，扁形烙铁头一般适应插装件的焊接，并且根据焊盘的大小选择与之相适应的烙铁头，原则上要求烙铁头的宽度约等于焊盘的直径，如图 4-50 所示。

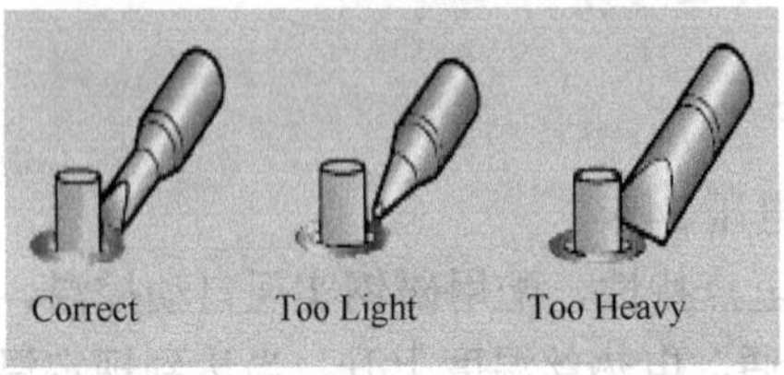

图 4-49　烙铁头选用

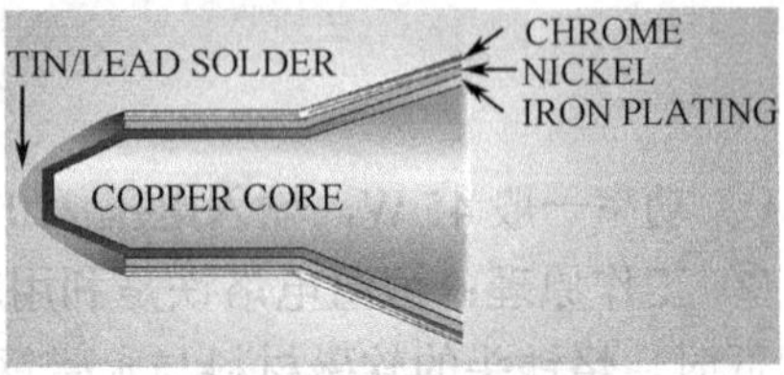

图 4-50　烙铁头构造

b．烙铁头的耐腐蚀性与寿命：由于烙铁头一直工作在高温环境下，非常容易受到腐蚀，降低烙铁头寿命，并且采用高活性的助焊剂也会加快烙铁头的腐蚀，因此操作员经常应保持烙铁头清洁。否则，一旦烙铁头氧化或合金镀层在烙铁头表面形成，热的传递下降，将影响焊接效果。

2）电烙铁保养与使用方法

（1）使用前应目测检查三芯插头是否良好，电烙铁开关是否良好。

（2）使用前先检查烙铁头压帽拧紧情况，保证电烙铁接地良好。

（3）打开电源开关后，红色加热灯亮即表示电烙铁能够正常工作。

（4）当达到设定温度时，调温电烙铁的红灯开始亮闪，恒温电烙铁的绿灯灭。

（5）将烙铁头镀上锡放在托架上。

（6）使用吸水海绵时，水不能太多。

（7）使用时不准将烙铁头或手柄在电烙铁体上敲打。

（8）电烙铁连线不准绕成一团，不准与其他物件混在一起，特别是输入线，因为输入电压 220 V 危险。

（9）每天下班前在电烙铁关电以前，必须将烙铁头镀上锡存放。

（10）不得自行拆卸电烙铁，出现问题应立即送到指定点更换新烙铁。

（11）电烙铁维护保养项目及分工如表 4-4 所示。

表 4-4　电烙铁维护保养项目及分工表

周　期	项　目	内　容	实　施
每日加电以前	① 清理卫生	彻底清理电烙铁表面卫生	操作人员
	② 检查电缆线、插头	检查电缆线有无损伤、插头有无损坏、电源开关是否正常	
	③ 检查电烙铁手柄	检查螺钉、护套有无松动、脱落	
	④ 检查接地电阻情况	检查电烙铁接地情况①用专用接地测试仪测试，无蜂鸣声为合格；②用万用表电阻挡测量，测量结果小于等于 4 Ω为合格	
	⑤ 检查电烙铁压帽情况	检查电烙铁压帽有无松动，发现松动要求拧紧（方法是：松开→拧紧→再松开→再拧紧）	
	⑥ 清洗电烙铁专用海绵	清洗电烙铁专用海绵并加水，以竖起悬空不滴水为好。水太多会使烙铁头在高温中加速氧化，以至降低使用寿命	
每日加电后	① 加电并调整电烙铁温度	调整电烙铁温度①调温电烙铁按工艺要求更换相应的烙铁头并调整温度；②恒温电烙铁按工艺要求更换相应型号的烙铁头	操作人员
	② 清理烙铁头表面污渍	清理烙铁头表面污渍，并镀上锡，放入烙铁支架。每天下班前，将烙铁头镀上锡再放入烙铁支架	

3）电烙铁温度测试

（1）测试原理：温度测试仪带有热电偶，热电偶常温下有一定阻值，当在一定温度下温度每上升 1 ℃，热电偶增大一定阻值（2 Ω）。当电烙铁头放到测试仪测试点（即电偶）上，热电偶温度上升，阻值增大，测试仪将阻值变化转化成温度变化（即温度）显示出来。

（2）测试时间：电烙铁温度每日在上、下午工作前 30 分钟内各进行 1 次测试。

（3）测试方法。

① 将电烙铁电源开关打开根据作业指导书预先将温度调整到规定温度，预热约 3 分钟后且加热灯灭掉，表示温度基本恒温，此时可以进行温度测试。

② 打开电烙铁温度测试仪的开关，此时测试仪显示的温度如果为室内温度，则表示测试仪能进行正常测试。

③ 将烙铁头镀上锡后，烙铁头接触至温度测试仪传感器的交叉点并接触充分，接触 10 秒后，温度测试仪显示的数值基本稳定，此时所测的温度，就是电烙铁的实际温度。如达不到要求，通过调节电烙铁的温度调节旋钮来改变电烙铁的温度，调整后至少等待 3 分钟，再重新测试温度是否满足生产工艺要求。否则，再予以调整。

④ 测试完毕，将测试结果如实填入《电烙铁温度测试记录表》中。

⑤ 电烙铁温度测试不合格的更换新烙铁或修理，重新测试合格后再进行作业。

4）电烙铁接地电阻测试

使用万用表检测：每天焊接元件前，将电烙铁插至生产线三相插座，电烙铁电源开关位于关闭状态。将万用表（计量合格）打至 200 Ω电阻挡，用万用表的两支表笔，红表笔接触烙铁头顶端（注意清理干净烙铁头的杂质），黑表笔接触生产线上的接地线（手环接地线或插座接地线），读取电阻值，电阻值小于 5 Ω的为接地合格，可以使用，电阻值大于 5 Ω的不合格，需经修理重新检测合格后再进行使用。电烙铁接地在每日上午工作前 30 分钟内进行测试。测试完毕，将测试结果如实填入《电烙铁接地测试记录表》中。

5）注意事项

（1）电烙铁温度测试时，下压温度测试仪传感器用力应适度，不能用力过度。

（2）测试电烙铁接地电阻时，注意清理烙铁头顶端的杂质，以免接触不良。

（3）若接地电阻测试不合格，检查烙铁头是否松动，需拧紧烙铁头套管压帽。

（4）测试电烙铁接地电阻时，电烙铁应插在生产线三相插座中且电源开关应在关闭状态。

6）温度要求

（1）表面贴装芯片电烙铁温度范围为 260 ℃～330 ℃。

（2）插装类元件电烙铁温度范围为 260 ℃～360 ℃。

（3）特殊元件电烙铁温度依据具体作业指导书。

2．焊接材料介绍

1）焊料（solder）

焊料是指填充被焊金属空隙的材料。所有的电子组件通过 PCB（Printed Circuit Board，中文名称称为印制电路板）上的线路相连，控制电流或信号。电子组件和 PCB 间起连接作用的附着物就是焊锡，它和一般所说的黏着剂只是物体和物体之间简单连接不同，焊锡还可以导电，能够牢固地将组件连接在 PCB 上，使电子组件有电流或信号通过。通过熔化焊锡，在组件引脚和 PCB 焊盘处形成可靠、稳定的焊点，保证良好的物理和电气连接作业就是焊接。

焊锡料按使用用途分：锡膏、锡丝、锡条（如图 4-51 所示）。

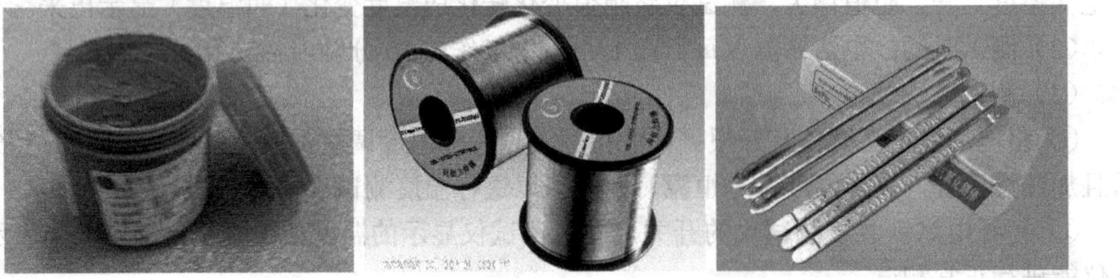

图 4-51　锡膏、锡丝、锡条

锡膏一般用于 SMT（Surface Mount Technology 的缩写），表面贴装组件的焊接。

锡丝一般用于 SMT PCBA（PCBA 是英文 Printed Circuit Board+Assembly 的简称，也就是说 PCB 空板经过 SMT 上件，再经过 DIP 插件的整个制程，简称 PCBA）。维修或者手工焊制程，焊锡丝的作用达到元件在电路上的导电性能和元件在 PCB 板上的固定要求。

锡条用于 DIP（Dual Inline-Pin Package 的缩写，也称为双列直插式封装技术）制程波峰焊或者多点焊机。

通常使用的焊锡材料，按其合金成分主要可分为有铅焊锡和无铅焊锡两大类、有铅焊锡料的优点是熔点温度低，缺点是其所含铅元素会对环境造成污染。而无铅焊锡料虽然熔点温度稍高，但由于其合金成分中不含铅元素而渐渐地取代有铅焊锡料成为电子加工行业的主流。

一般地讲，金属加热时，由固态转变成液态时的温度叫熔点。

传统焊料一般都为锡和铅组成的合金，纯锡的熔点是 232 ℃，纯铅的熔点是 327 ℃，不同比例的锡和铅混合，将形成不同熔点温度的焊料，当锡为 63%，铅为 37%时，组成的焊料合金被称为共晶焊锡。这种焊料的熔点是 183 ℃，广泛应用于电子行业。铅在锡铅焊料中的作用有以下几点：

（1）形成共晶合金，降低熔点。

（2）有效降低合金的表面张力，促进浸润和铺展。

（3）有效抑制焊锡的相变，防止锡瘟的产生。

共晶焊锡的特征是在一定温度作用下由固态到液态，再由液态向固态变化，其间没有固液共存的半熔融状态。

采用共晶焊锡进行焊接的优点如下。

（1）焊点温度低，减少了元器件、印制板等被焊接元件受热损坏的现象。

（2）由于共晶焊锡可以由液态直接变成固态，减少了焊点冷却过程中元器件松动而出现的虚焊现象。

实验证明：共晶焊锡的抗拉强度和剪切强度都要比其他配比的焊料高。

根据焊锡丝直径，焊锡丝规格一般有 0.5 mm、0.8 mm、1.0 mm、1.2 mm、2.0 mm 几种，其结构如图 4-52 所示。

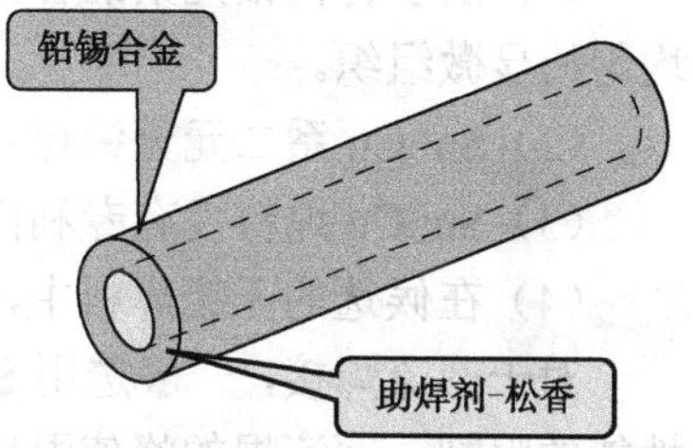

图 4-52 焊锡丝结构

焊锡杂质种类如表 4-5 所示。

表 4-5 焊锡杂质种类及说明

杂质种类	机械特性	焊接性能	熔化温度变化	其他
锑	抗拉强度增大、变脆	润湿性、流动性降低	熔化区变窄	电阻变大
铋	变脆		熔点降低	冷却时产生裂缝
锌		润湿性、流动性降低		多孔，表面晶粒粗大
铁		不易操作	熔点提高	带磁，易附在铁上
铝	结合力减弱	流动性降低		易氧化、腐蚀
砷	脆而硬	流动性提高		形成水泡状、针状结晶
磷		少量会增加流动性		熔蚀铜
镉	变脆	影响光泽，流动性降低	熔化区变窄	多孔，白色
铜	脆而硬		熔点提高	粒状，不易熔
镍	变脆	焊接性能降低	同上	形成水泡状结晶
银	超过 5%易产生气体	需活性焊剂	同上	耐热性增加
金	变脆	失去光泽		呈白色

无铅焊料，并不是指焊料中百分之百无铅，因为世界上不存在 100%纯度的金属。无铅焊料实际是指焊料中铅含量的上限问题，ISO9453、JISZ3282、RoHS 指令均要求铅的含量控制在 0.1Wt%以下。当然，无铅焊料毕竟是用于 ROHS 制程的，其中的铅、汞、镉、六价铬

等元素的含量也必须符合指令的要求。

传统的锡铅 Sn-Pb 焊料之所以能实现良好的连接，是因为焊料中的锡 Sn 能与铜 Cu、镍 Ni、银 Ag 等母材形成金属化物，进而实现可靠的连接。再加上其成本很低，货源充足，并具备理想的导电、导热和浸润特性，所以在各种候选的无铅焊料中，仍以锡为基体金属，加入其他金属形成二元合金或多元合金。

围绕无铅焊料的研究工作，目前已经有几百种无铅焊料的成分配比推出。在欧洲、美国、日本的多数公司都认为最好的替代合金将是那些焊接温度高于现有锡铅合金的材料，目前行业内的共同评价是：具备产业化实用价值的无铅锡料主要有 Sn-Cu、Sn-Ag、Sn-Ag-Cu 三种合金。

对于浸焊、波峰焊的应用，目前行业内均普遍选用 Sn-Cu 系二元无铅焊料，其中以 Sn-0.7Cu（熔点：227 ℃）应用最广，主要因素如下。

（1）由于替代铅元素的各元素的熔点差别很大，因此，选用二元合金可以更容易的形成均匀的显微组织。

（2）Sn-Cu 系二元无铅焊料是具备共晶成分的焊料合金，其综合焊接效果最佳。

（3）Sn-Cu 焊料没有专利问题的限制，并且其实用性已被广泛证实。

（4）在候选的无铅焊料中，Sn-Cu 焊料的成本最低。

对于回流焊接，一般选用 Sn-3.5Ag 或 Sn-3Ag-0.5Cu 系无铅焊料，因为受电子组件耐热性能的限制，回流焊的峰值温度一般不能超过 260 ℃，而无铅焊料的高熔点，就造成无铅回流焊的工艺窗口很窄，选用 Sn-Ag 或 Sn-Ag-Cu 系的无铅焊料，其熔点比 Sn-Cu 焊料低 6 ℃左右（217 ℃—221 ℃），这有利于扩大工艺窗口，提高焊接质量。

2）助焊剂（flux）

助焊剂（flux）：焊接时使用的辅料，在焊接工艺中能帮助和促进焊接过程，能清除焊料和被焊母材表面的氧化物，同时具有保护作用，使表面达到必要的清洁度的活性化学物质。

（1）助焊剂作用。

① 能够除去被焊金属表面的氧化物或其他形成的表面膜层以及焊锡本身外表上所形成的氧化物。

② 焊接时的高温环境，会使氧化急速的增加，助焊剂能把金属表面包起来阻挡空气，防止再氧化。

③ 降低焊料熔锡的表面张力，增加焊锡的分散和流动性，有助于润湿。

④ 有助于热量传递到焊接区。

（2）助焊剂特性。

理想的助焊剂在常温下是中性的，在焊接时一般呈酸性，焊接冷凝后仍是中性的。助焊剂的密度直接影响焊接质量。密度太高，表面张力大，流动性差，发黏影响涂布的均匀性，预热时也很难使其全部溶化，尤其当元器件组装密度高时，更容易出现助焊剂局部喷涂不到等现象，影响可焊性，且焊接后残渣多，影响印制电路板的清洁。密度太低，焊面上助焊剂偏少，在印制电路板运行过程中易流失，而印制电路板实际得到助焊剂减少，大大削弱了助焊的作用。

助焊剂是焊接时添加在焊点的化合物。助焊剂是进行铅锡焊所必需的辅助材料。焊接时母材表面首先要涂抹助焊剂。为方便，市场出售的焊锡丝已加入助焊剂，如松香芯焊锡丝。松香在 74 ℃时，内部的松香呈活性，随温度上升，使金属表面氧化物以金属皂形式激离。超过 300 ℃，松香失去活性。

4.3.2　手工焊接步骤

手工焊接步骤如图 4-53 所示。

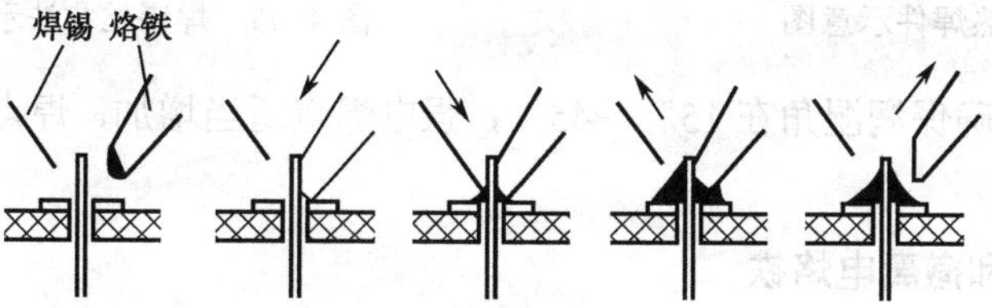

图 4-53　手工焊接步骤

1．准备焊接

（1）应将清洁用海绵清洗干净并润湿，海绵上的污物如焊锡附着在烙铁头上，会导致助焊不足，海绵上的残渣也会造成二次污染烙铁头，润湿的水分不要太多，以手捏时不滴水为宜。

（2）确认作业内容，根据作业内容选择相应的焊锡丝、电烙铁、烙铁头、温度设定等配置，如需要低温焊接则用低温焊锡丝，并选择调温电烙铁，焊盘较大的地线焊接时需要使用较粗的焊锡丝及接触面积较大的烙铁头，返修还需要配备相应的助焊剂、毛刷等工具。

（3）检查电烙铁接地电阻情况。

（4）确认作业现场物料的摆放并佩戴防静电手环，保证物料摆放整洁并方便使用，对静电敏感元器件采取相应的静电防护措施。

（5）电烙铁升温，清洁并检查烙铁头，保证烙铁头无矛尖、氧化、污物等，并确认与记录焊接温度。

2．加热焊件

烙铁头放在被焊金属的连接点进行加热，为便于热传导，烙铁头上可带少量焊料，焊件通过与烙铁头接触获得焊接所需要的温度，如图 4-54 所示。接触位置：烙铁头应同时接触需要互相连接的两个焊件，烙铁头一般倾斜 45°，应该避免只与一个焊件接触或接触面积太小的现象。

3．加焊锡丝

添加锡丝，锡丝放在烙铁头对侧处填充焊料。利用焊料由低温向高温流动的特性，焊料应填充在焊点上距烙铁加热部位最远的地方。

（1）送上焊锡丝时机：原则上是焊件温度达到焊锡溶解温度时立即送上焊锡丝。

（2）送焊锡丝的方法，如图 4-55 所示。

（3）供给的位置：焊锡丝应接触在烙铁头的对侧。因为熔融的焊锡具有向温度高方向流动的特性，在对侧加锡，它会很快流向烙铁头接触的部位，可保证焊点四周均匀布满焊锡。

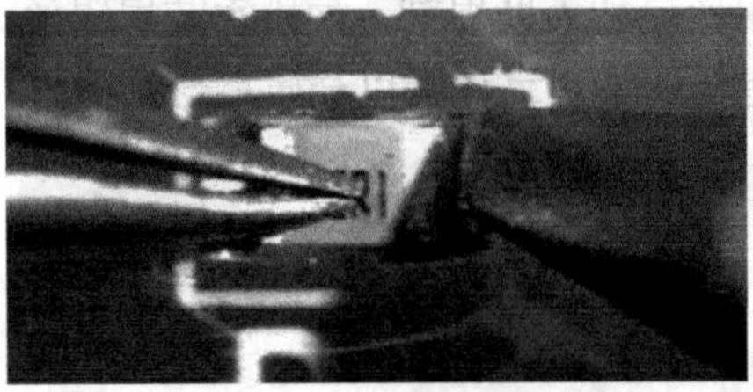

图 4-54　加热焊件示意图

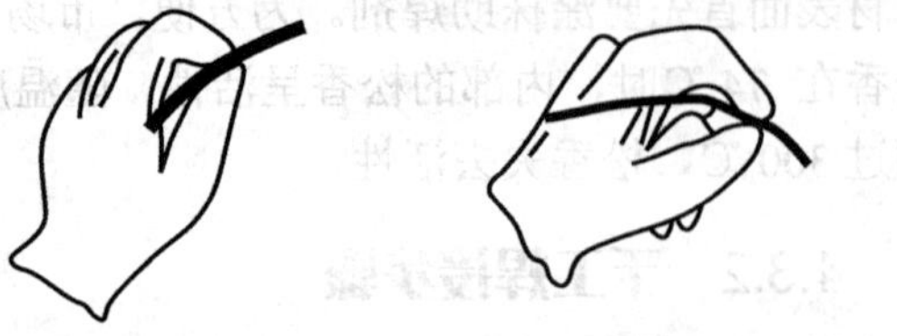

（a）连续锡焊时焊锡丝的拿法　（b）断续锡焊时焊锡丝的拿法

图 4-55　焊锡丝拿法示意图

（4）供给数量：确保润湿角在 15°～45°，强电焊点适当增加，焊点圆滑且能看清焊件的轮角。

4．移去焊锡丝和撤离电烙铁

焊锡丝添加适量后先移去焊锡丝，后撤离电烙铁（每个焊点焊接时间通常在 2～3 s），撤离电烙铁为最关键的一步。当焊点上的焊料接近饱满，助焊剂尚未完全挥发，焊点最光亮，流动性最强的时候，应迅速撤去电烙铁。正确的方法是：电烙铁迅速回带一下，同时轻轻旋转一下朝焊点 45° 方向迅速撤去。

（1）脱落时机：焊锡已经充分润湿焊接部位，而助焊剂尚未完全挥发，形成光亮的焊点时，立即脱离，若焊点表面沙哑无光泽而粗糙，说明撤离时间晚了。

（2）脱离动作：迅速！一般沿焊点的切线方向拉出或沿引线的轴向拉出，即将脱离时又快速的向回带一下，然后快速脱离，以免焊点表面拉出毛刺。

注意：电烙铁的握法：由于铜箔和印制板基板之间的结合强度，铜箔的厚度等因素，焊接时烙铁头不能对印制板施加太大的压力，以防止焊盘翘起。可以用大拇指、食指和中指三个手指像握铅笔一样握住电烙铁手柄，小指垫在印制电路板上支撑电烙铁，以便自由调整接触角度、接触面积、接触压力，使母材均匀受热。

4.3.3　手工焊接工艺要求

（1）根据生产物料明细确认需要焊接的元器件型号，与实物是否一致，插件印制电路板面、焊接面、插装位置、插装方向、插装是否到位、有无高度要求。

（2）焊接温度要适度，不能过高过低，否则将影响焊接质量。

（3）一般焊接的时间控制在 3 秒，对多层板焊接可控制在 5 秒，若在上述时间内未焊好，应冷却后再重新焊接。铅锡手工焊接平均时间为 2.7 秒。无铅焊料因高熔点及较差的润湿性，所以手工焊接时间增加到 3.5 秒。

（4）焊接时应防止邻近元器件、印制电路板受到过热影响，对热敏元器件要采取必要的散热措施。

（5）在焊锡冷却凝固前，被焊部位必须可靠固定，不允许摆动和抖动。

（6）焊接时绝缘材料不应出现烫伤、变形、裂痕等现象。焊接时不允许烫伤和损坏元器件、印制电路板。

（7）SMD（Surface Mounted Devices 的缩写，又称为表面贴装器件，它是 SMT（Surface Mount Technology）元器件中的一种）元件手工焊接：操作者应具备熟练的焊接技巧。电烙铁功率采用 25W，且温度是可调控的，烙铁头要尖，最好是用抗氧化的烙铁头，焊接时间控制在 3 s 以内，焊锡丝直径一般为 0.5 mm。为了防止焊接时元器件移位，对于 SOP、QFP 封装的集成电路，可将元器件准确安放在焊接位置上，用防静电镊子固定后先焊其中对角的一至两个引脚将元器件固定，当确认所有引脚与焊盘位置完全重合无偏差时，再进行点焊或拉焊，根据不同芯片引脚的软硬程度，拉焊时应注意用力适度，以免将较软引脚拉斜，造成各引脚短路。

（8）元器件的安装：手工焊接的元器件，除工艺要求抬高的外，一般都要求插装到底，平贴于 PCB 板，并保证元器件的位置及极性与工艺要求一致。

（9）根据工艺要求检查确认所用元件的规格型号是否与技术文件规定的相一致；检查确认该元件在 PCB 板上的插件面和焊接面；检查确认该元件是否有方向性要求；最后确认该元件是否要抬高安装以及该元件的安装位置。

1）标准情况

手工焊接元件标准情况示意图如图 4-56 所示。

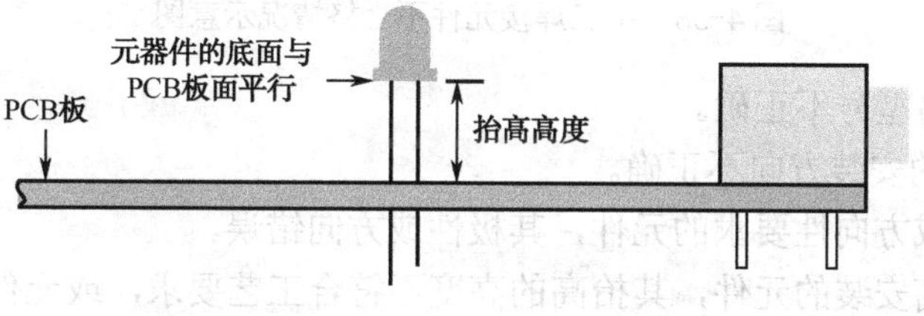

图 4-56　手工焊接元件标准情况示意图

（1）元件的规格型号正确。

（2）PCB 板面的安装方向正确。

（3）对有极性或方向性要求的元件，其极性或方向正确。

（4）对抬高安装的元件，其抬高的高度符合要求，且元件的底面与 PCB 板面平行；对没有抬高要求的元件，插到底，其底面平贴 PCB 板面。

（5）元件的安装位置正确。

2）可接受情况

手工焊接元件可接受情况示意图如图 4-57 所示。

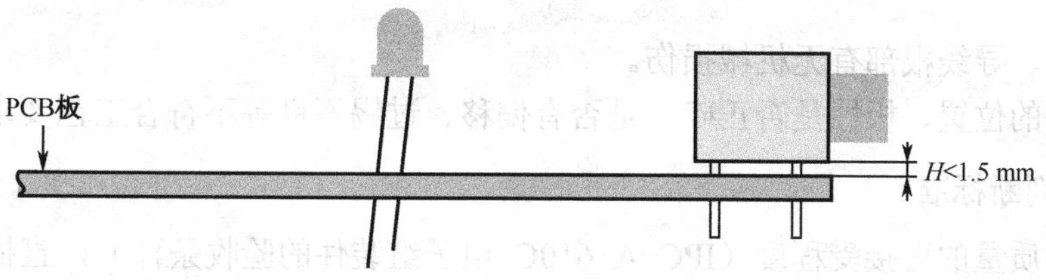

图 4-57　手工焊接元件可接受情况示意图

（1）元件的规格型号正确。

（2）PCB 板面的安装方向正确。

（3）对有极性或方向性要求的元件，其极性或方向正确。

（4）对需要抬高安装的元件，其抬高的高度有偏差，但其偏差在误差允许的范围内。元件略有倾斜，但倾斜角度不超过 5° 且不影响装配；对没有抬高要求的元件，元件平行于 PCB 板面，元件的底面与 PCB 板面间的间隙不超过 1.5 mm，或元件略有倾斜，但倾斜角度不超过 5° 且不影响装配。

（5）元件的安装位置正确。

3）不合格情况

手工焊接元件不合格情况示意图如图 4-58 所示。

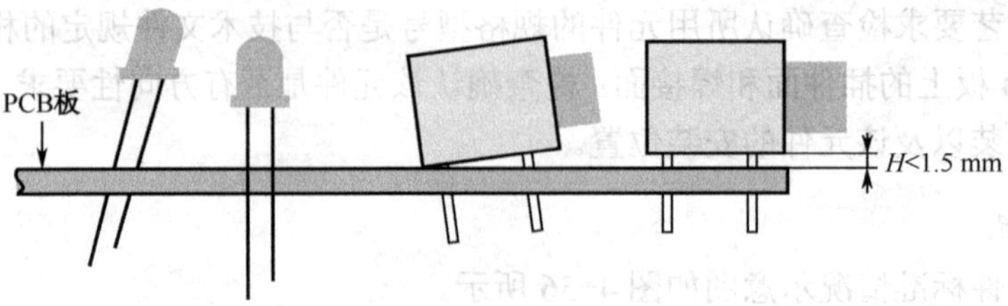

图 4-58　手工焊接元件不合格情况示意图

（1）元件的规格型号不正确。

（2）PCB 板面的安装方向不正确。

（3）对有极性或方向性要求的元件，其极性或方向错误。

（4）对需要抬高安装的元件，其抬高的高度不符合工艺要求，或元件严重倾斜；对没有抬高要求的元件，元件的底面虽平行于 PCB 板面，但其与 PCB 板面之间的间隙超过 1.5 mm，或元件严重倾斜。

（5）元件的安装位置错误。

4.3.4　检查方法及判定标准

对焊点的质量要求，应该包括电气接触良好、机械结合牢固和美观三个方面。

1．质量检查方法

目测焊点外观，判断标准按下面执行。

（1）导线、元器件引线和焊盘是否结合良好，有无虚焊、连焊、漏焊、焊点不符合工艺要求等现象。

（2）引线、导线根部有无机械损伤。

（3）元件的位置、极性是否正确，是否有偏移、过锡不良等不符合工艺要求的现象。

2．焊点判断标准

不同产品质量的可接受程度（IPC-A-610C 电子组装件的验收条件），直插元件焊点判定标准。

1）标准情况

（1）无空洞区域或表面瑕疵。

（2）引脚和焊盘润湿良好。

（3）引脚形状可辨识。

（4）引脚周围 100%有焊锡覆盖。

（5）焊锡覆盖引脚，在焊盘或导线上有薄而顺畅边缘。

（6）孔的垂直填充：100%填充。

单面板与双面板焊点标准分别如图 4-59 与图 4-60 所示。

2）可接受情况

（1）焊点表层是凹面的，润湿良好且焊点内引脚形状可辨识的，如图 4-61 所示。

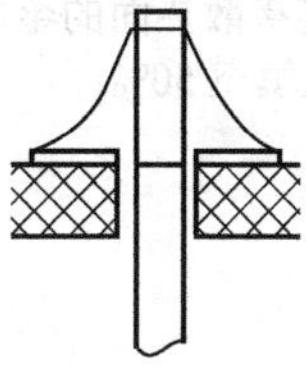

图 4-59　单面板焊点标准

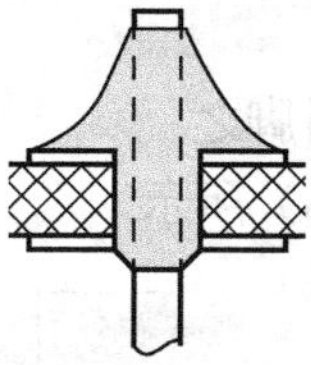

图 4-60　双面板焊点标准

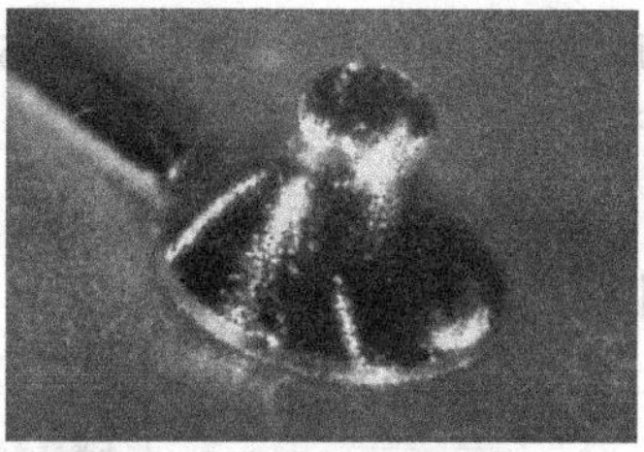

图 4-61　焊点可接受情况示意图

（2）焊锡与待焊表面，形成一个小于或等于 90° 的连接角，并能明确表现出浸润和黏附（当焊锡的量过多导致蔓延出焊盘或阻焊层的轮廓时除外）。焊接面焊点润湿不少于 330°，焊接面焊盘覆盖不少于 75%，如图 4-62～图 4-64 所示。

（3）最少 75%填充，如图 4-65 所示，最多 25%的缺失，包括主面和辅面在内。

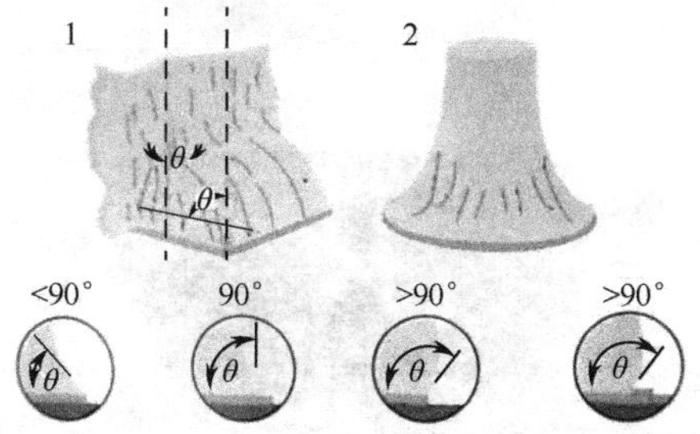

图 4-62　焊点润湿

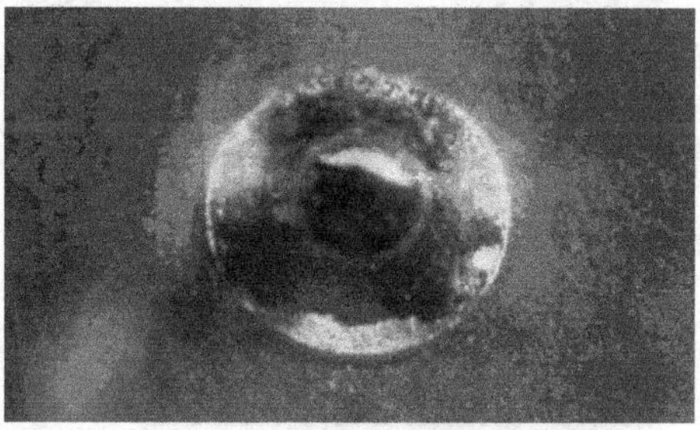

图 4-63　焊接面焊盘覆盖不少于 75%

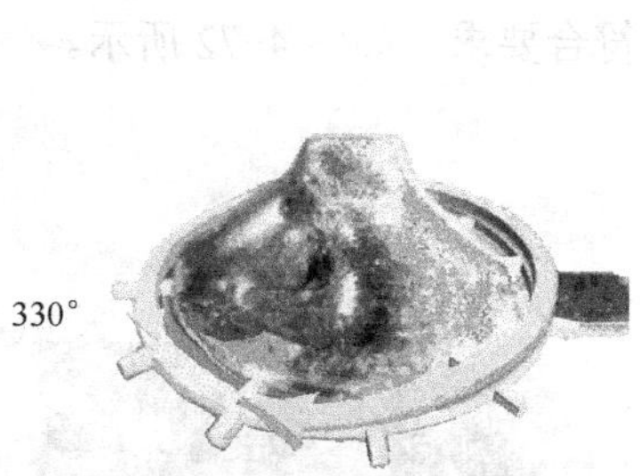

图 4-64　焊接面焊点润湿不少于 330°

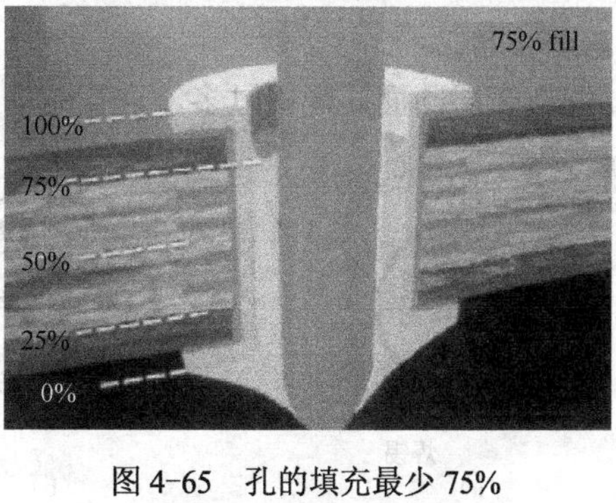

图 4-65　孔的填充最少 75%

（4）对于连接散热面的金属化孔，只要在焊接面起从穿孔内壁到引脚的周围 360°、100%浸润、50%的垂直填充是可以接受的，如图 4-66 所示。

（5）引脚折弯处的焊锡不接触元件体，如图 4-67 和图 4-68 所示。

（6）元件面引脚和孔壁润湿至少 270°，如图 4-69 所示。

（7）主面的焊盘无润湿要求，即对主面的焊盘的焊锡覆盖率不作要求，如图 4-70 所示。

（8）当气孔靠近元件引脚时，气孔与元件引脚之间形成的夹角不能大于 45°，如图 4-71（a）所示。

当气孔远离元件引脚时，气孔与元件引脚之间形成的夹角不能大于 90°，如图 4-71（b）所示。

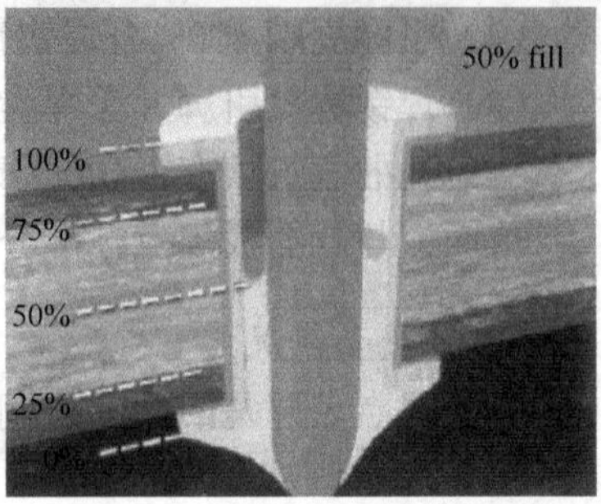

图 4-66　连接散热面的金属化孔填充 50%

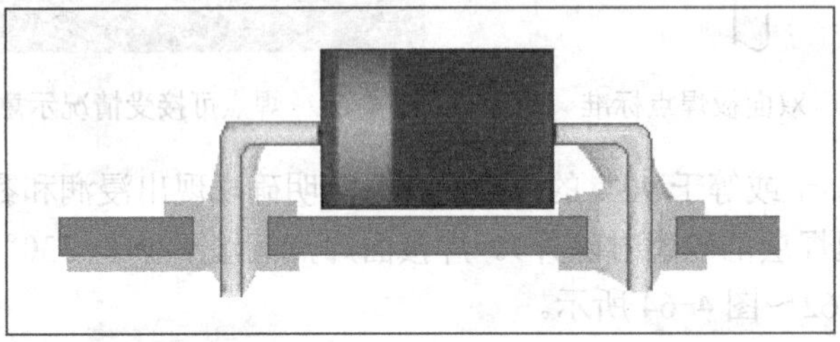
图 4-67　引脚折弯处的焊锡 1

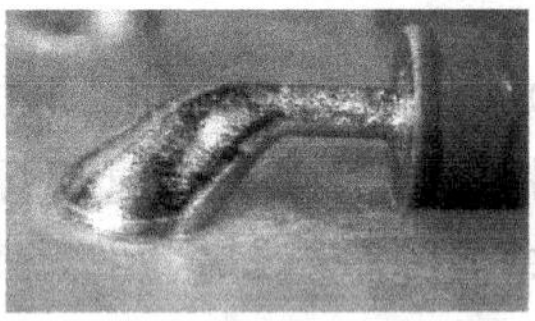
图 4-68　引脚折弯处的焊锡 2

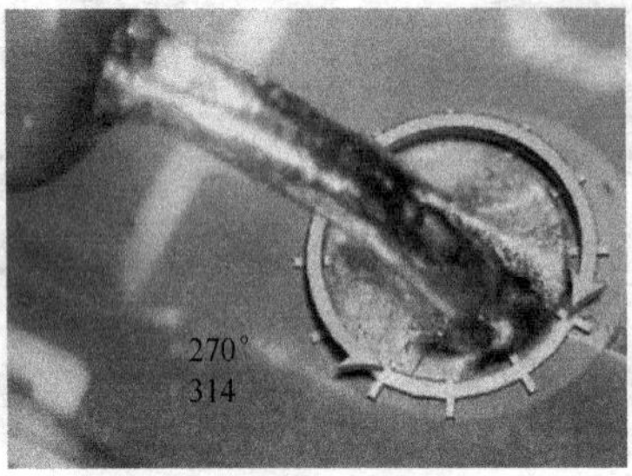

图 4-69　元件面引脚和孔壁润湿至少 270°

图 4-70　元件主面润湿

3）不合格情况

（1）焊点表层凸面，焊锡过多，且孔的垂直填充不符合要求，如图 4-72 所示。

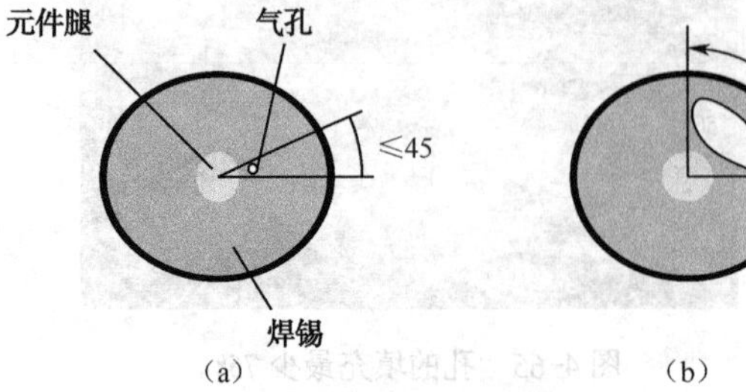

图 4-71　气孔

图 4-72　焊锡过多

（2）由于引脚弯曲导致引脚形状不可辨识，如图 4-73 所示。

（3）引脚折弯处的焊锡接触元件体或密封端，如图 4-74 所示。

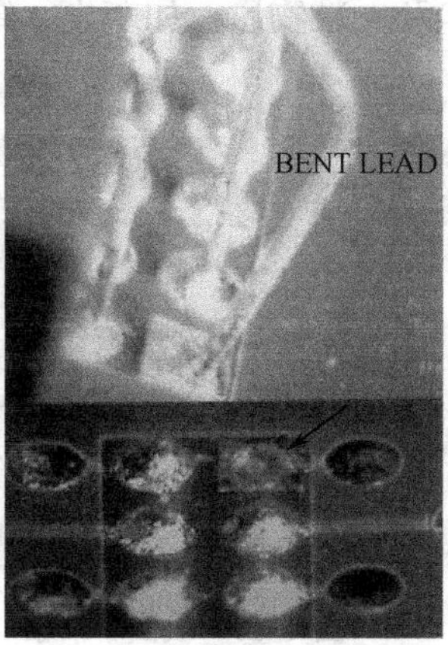

图 4-73　引脚弯曲不合格

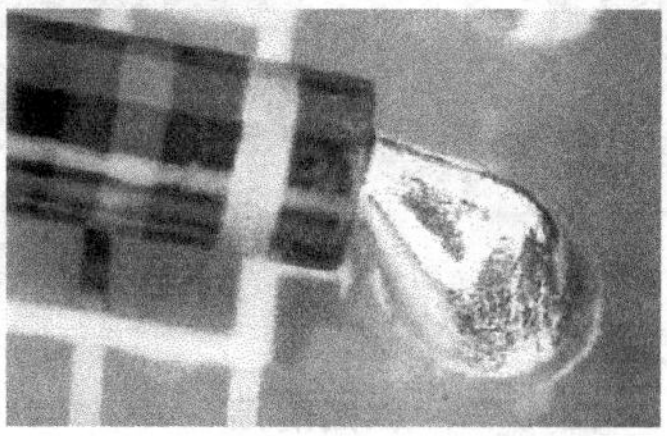

图 4-74　焊锡接触元件体

（4）孔的垂直填充少于 75%，如图 4-75 所示。孔的垂直填充不少于 75%，但焊接面焊点润湿不好。

（5）焊锡毛刺、虚焊，如图 4-76 所示。

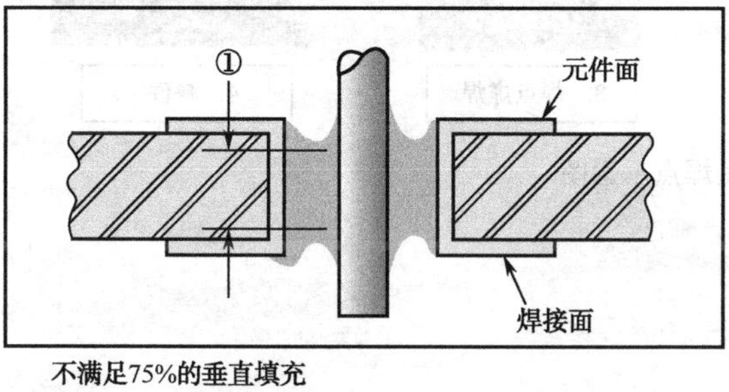

图 4-75　孔的填充少于 75%

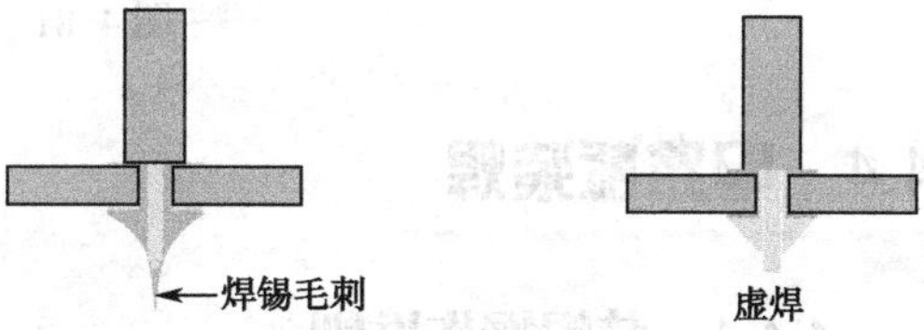

图 4-76　焊锡毛刺、虚焊

（6）焊锡在比邻的不同导线或组件间形成桥连（连焊），如图 4-77 所示。

（7）当气孔靠近元件引脚时，气孔与元件引脚之间形成的夹角大于 45°，如图 4-78（a）所示。

当气孔远离元件引脚时，气孔与元件引脚之间形成的夹角大于 90°，如图 4-78（b）所示。

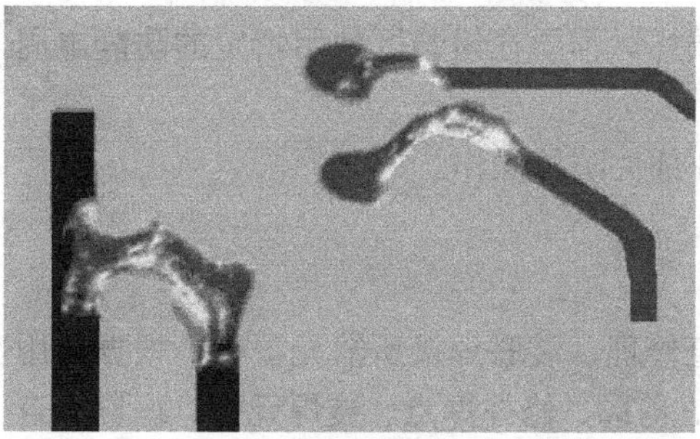

图 4-77　桥连

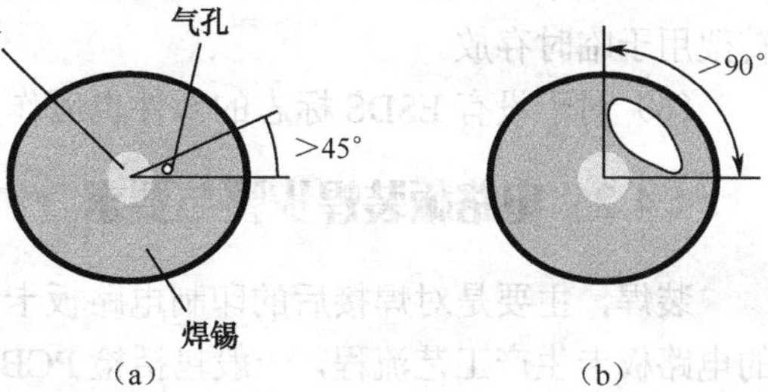

图 4-78　气孔过大

PCB 板面干净整洁，如图 4-79 所示。

PCB 板面不清洁，如图 4-80 所示。表面残留了灰尘和颗粒物质，如灰尘、纤维丝、渣滓、金属颗粒等。

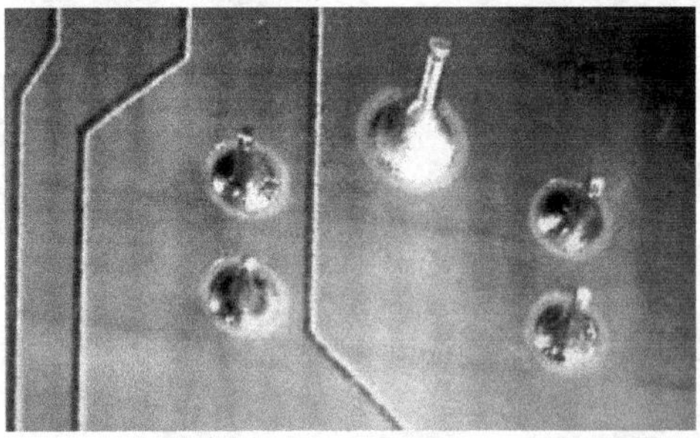

图 4-79　板面清洁

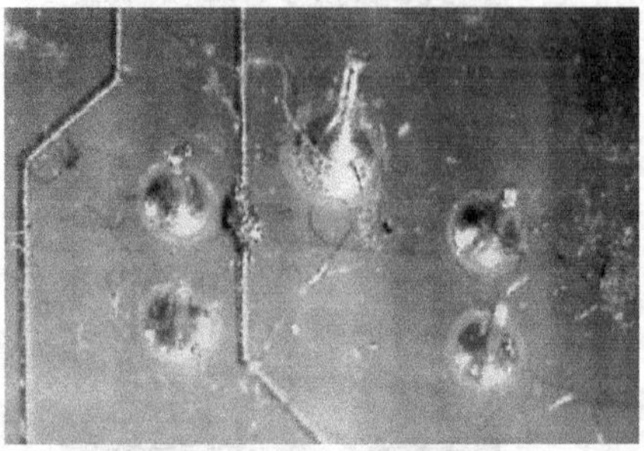

图 4-80　板面不清洁

不良焊点实物图片如图 4-81 所示。

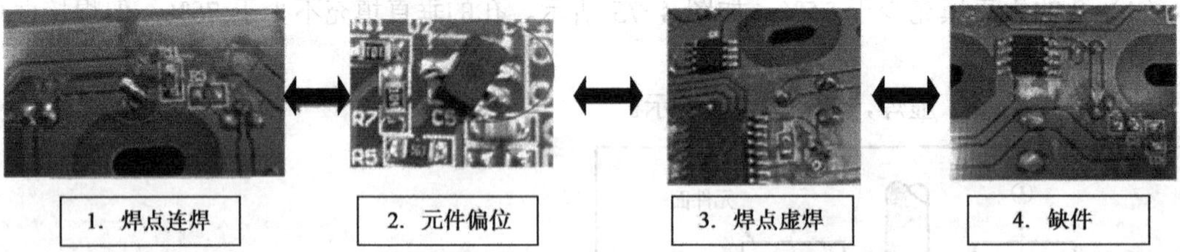

图 4-81　不良焊点示意图

4.4　电路板装焊

4.4.1　装焊操作准则

（1）保持工作站干净整洁。在工作区域内不可有任何与工作无关的物品如食品、饮料或烟草制品等。

（2）尽可能减少对电子组件的重复性操作，防止焊盘或元件损坏。

（3）佩戴手套时，需要及时更换，防止因手套脏污引起的焊盘或元件污染。

（4）不可用裸露的手或手指接触可焊表面。人体油脂和盐分会降低可焊性、加重腐蚀，还会导致其后涂覆和层压的低粘附性。

（5）绝不可堆叠电子组件，否则会导致机械性损坏。需要在组装区使用特定的防静电周转架用于临时存放。

（6）对于没有 ESDS 标志的部件也应作为 ESDS 部件防护操作。

4.4.2　电路板装焊步骤与要求

装焊，主要是对焊接后的印制电路板卡进行检查修理、装联焊接所缺元器件，根据通用的电路板卡生产工艺流程，一般包括检 PCB 板正面、剪脚、修补焊点、装焊元件、班检检查等工序，另外对表面贴装片元件还需要进行单独的目测检查，如果只是板卡生产的产品，需要对板卡进行包装，以方便周转运输。

因为该工序除剪脚外都需要使用烙铁进行手工焊接或修补，所以必须掌握相应手工焊接的技能，目测人员还必须熟练掌握贴片元件的手工焊接技巧。

1．正面元件检查标准

检正面：即检查元件面器件在焊接后是否达到了相应的插件要求，一般要求应平行或垂直于 PCB 板，不能出现少件、件偏、件翘、元件错或错位等情况，发现不良情况随时修理，出现异常情况时及时反馈。

1）轴向元器件

（1）水平安装

① 标准情况：元器件与 PCB 板平行，元器件体平贴 PCB 板面安装，如图 4-82 所示。

由于工艺要求而需要抬高安装的元器件，元器件本体距离 PCB 板面的高度最低不得低于 1.5 mm，最高不得高于其直径的 2 倍，即：1.5 mm≤H≤2D，如图 4-83 所示。

图 4-82　轴向元器件水平安装标准

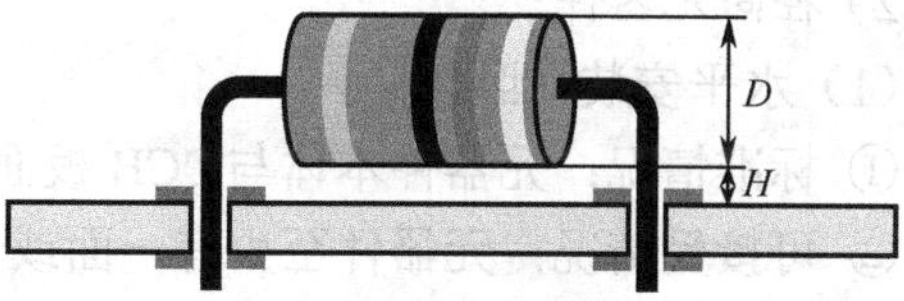

图 4-83　轴向元器件水平抬高安装标准

② 可接受情况：元器件一端与 PCB 板面接触，另一端翘起不超过 1.5 mm，如图 4-84 所示。

③ 不符合情况：

◆ 元器件一端与 PCB 板面接触，另一端翘起超过 1.5 mm；

◆ 元器件两端都翘起；

◆ 由于需要而抬高安装的元器件，元器件本体距离板面的高度低于 1.5 mm。

（2）垂直安装

① 标准情况：元器件与 PCB 板面垂直，元器件的底面平贴 PCB 板面，如图 4-85 所示。

图 4-84　轴向元器件水平安装可接受情况

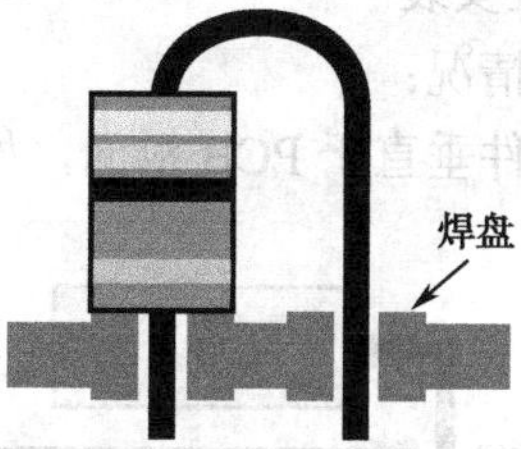

图 4-85　轴向元器件垂直安装标准

② 可接受情况：

◆ 元器件略有倾斜，倾斜角度不超过 15°；

◆ 对于能插到底的元器件，元器件的底面距离 PCB 板面的距高不超过 2 mm；

◆ 对于因跨距不合适而不能插到底的元器件，如果正面没有装配要求，则元器件的引脚露出焊点的长度不少于 0.5 mm 即可接受，如图 4-86 所示。

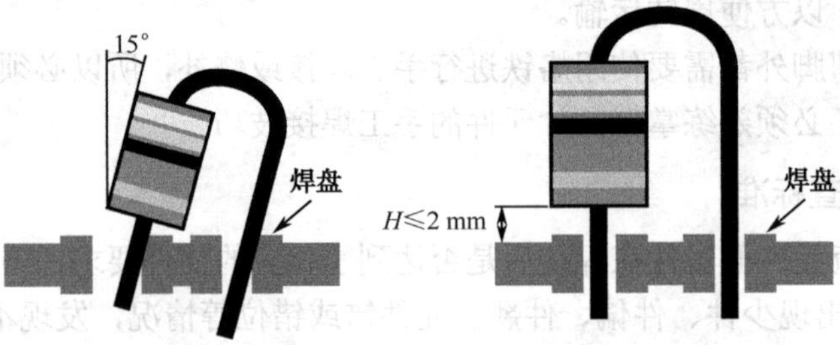

图 4-86　轴向元器件垂直安装可接受情况

③ 不符合情况：

◆ 元器件倾斜超过 15°；

◆ 对于能插到底的元器件，元器件底面距离 PCB 板面的高度超过 2 mm。

◆ 对于不能插到底的元器件，元器件的引脚露出焊点的长度小于 0.5 mm。

2）径向元器件

（1）水平安装（卧倒）

① 标准情况：元器件本体与 PCB 板面平行且与板面充分接触，如图 4-87 所示。

② 可接受情况：元器件至少有一面或一边与印制电路板接触，如图 4-88 所示。

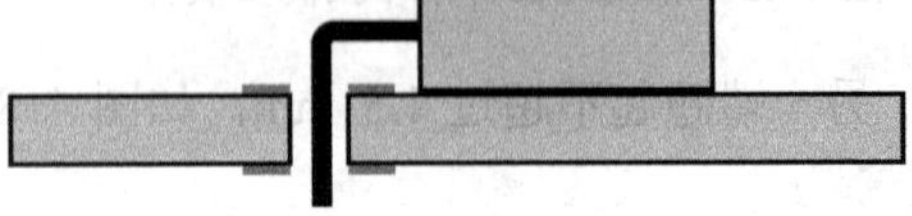

图 4-87　径向元器件水平卧倒安装标准

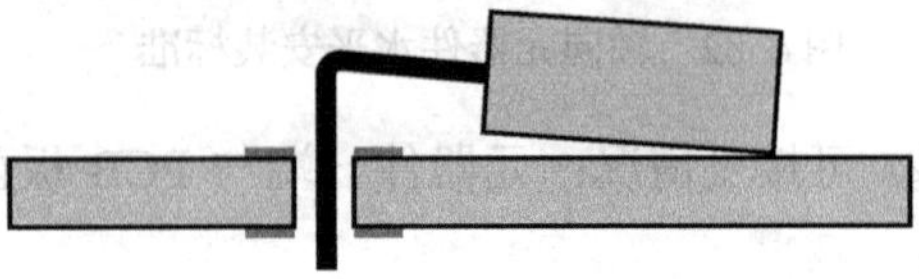

图 4-88　径向元器件水平卧倒安装可接受情况

③ 不符合情况：

◆ 不需固定的元器件本体没有与板面接触；

◆ 在需固定的情况下没有使用固定材料。如没有安装跨接线或跨接线与元器件需焊接但未焊接，如图 4-89 所示。

（2）垂直安装

① 标准情况：

◆ 元器件垂直于 PCB 板面，如图 4-90 所示；

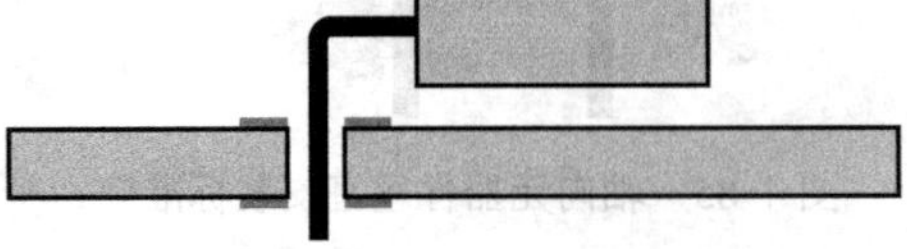

图 4-89　径向元器件水平卧倒安装不符合情况

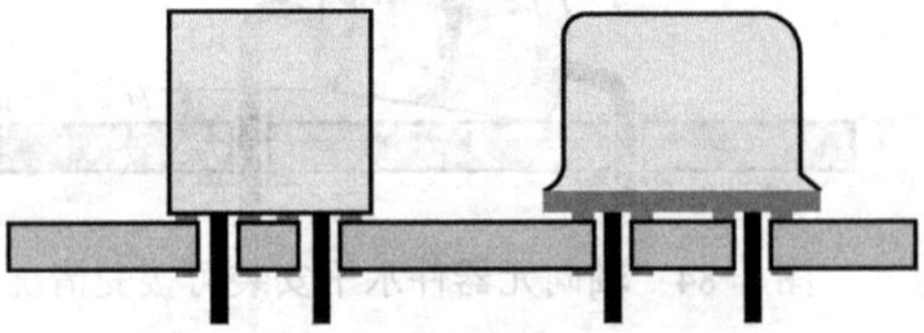

图 4-90　径向元器件垂直安装标准

◆ 对于能插到底的或整型的元器件，要求平贴在 PCB 板面上。

② 可接受情况：

◆ 元器件略有倾斜，但倾斜角度不超过 15°；

◆ 对于直插的或整型的元器件，其底面与 PCB 板面之间的距离不超过 2 mm。

③ 不符合情况：

◆ 元器件倾斜角度超过 15°；

◆ 对于直插的或整型的元器件底面与 PCB 板面之间的距离超过 2 mm，如图 4-91 与图 4-92 所示。

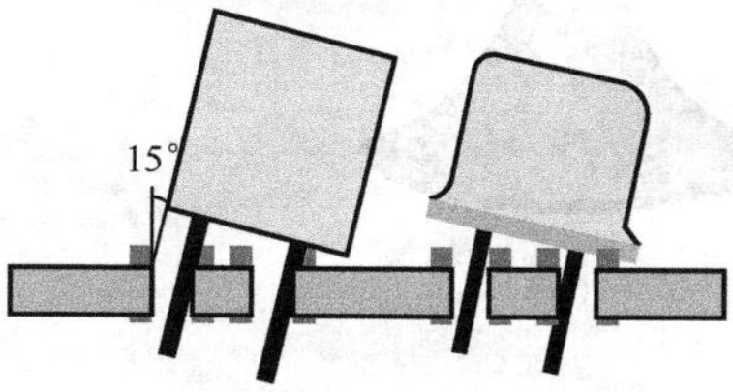

图 4-91 径向元器件垂直安装倾斜角超过 15°

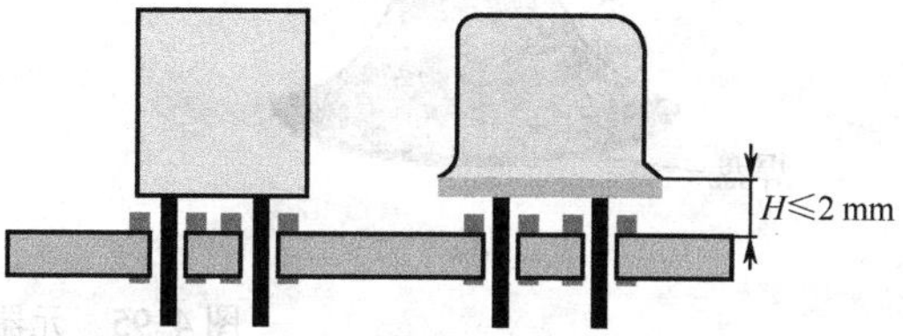

图 4-92 径向元器件垂直安装与 PCB 板面距离超过 2 mm

3）集成电路、IC 座、接插座等

① 标准情况：所有引脚台肩紧靠焊盘，引脚伸出长度符合要求，如图 4-93 所示。

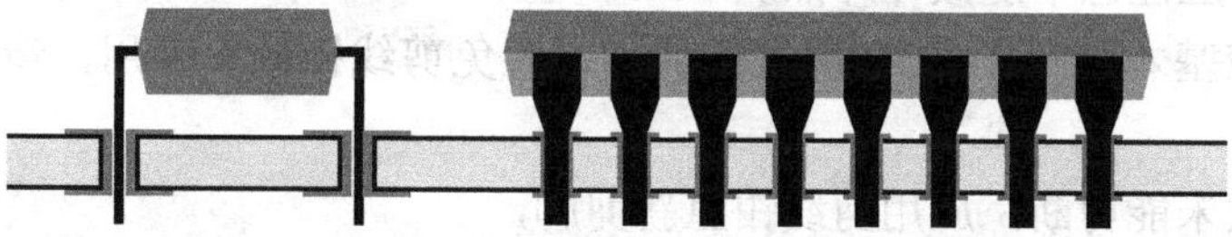

图 4-93 集成电路安装标准

② 可接受情况：元器件倾斜不超出 1 mm，引脚伸出长度符合要求（焊锡中的引脚末端可辨识），如图 4-94 所示。

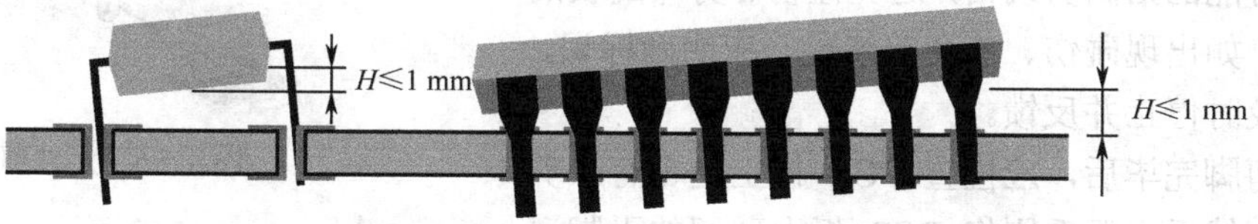

图 4-94 集成电路安装可接受情况

③ 不符合情况：元器件倾斜超出 1 mm 或元器件的引脚在焊锡中不可辨识。

2．元器件剪脚标准与注意事项

由于板卡在焊接后引脚较长，外观不整洁容易造成短路，所以要进行剪脚处理，有的企业用剪脚机进行剪脚处理，但一般企业还是使用剪线钳进行手工剪脚，剪脚最基本的要求之一是避免相邻的两引脚出现短路现象。所以对于焊接面的元器件引脚较高的，需要用剪线钳剪腿。

1）剪脚标准

（1）元器件的引脚直径ϕ>1 mm，则剪脚后，其引脚露出焊点的高度为 1.5～2.5 mm，如图 4-95（a）所示。

（2）元器件的引脚直径$\phi \leqslant$1 mm，则剪脚后，其引脚露出焊点的高度为 0.5～1.5 mm，如图 4-95（b）所示。

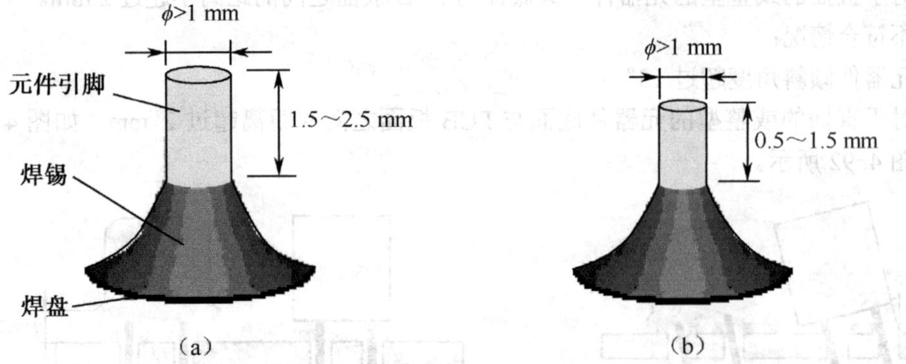

图 4-95　元器件剪脚标准

（3）集成电路、接插座的引脚一般不需要剪脚。

2）剪脚注意事项

（1）剪脚时，应注意不能破坏焊点及 PCB 焊盘。

（2）剪线钳应基本平行于 PCB 板进行剪脚，避免剪线钳倾斜使用，造成剪线钳尖划伤板子。

（3）剪脚一次未能剪断，应用剪线钳重新剪脚，严禁用剪线钳拽拉元件引脚，以免损伤 PCB 焊盘，如图 4-96 所示。

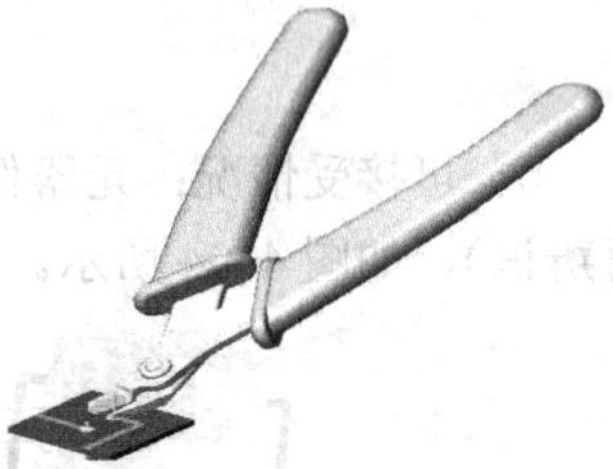

图 4-96　元件剪脚方法

（4）对于已刮胶贴片的板卡剪脚时要求在剪脚过程中应尽可能的抬高剪线钳，避免碰伤、剪坏刮胶的贴片元件，如出现碰伤、剪坏等情况，应明确标识，严重时要及时停止并反馈。

（5）剪脚完毕后，应检查 PCB 板上是否有未剪断的引脚，然后用粗毛刷将 PCB 板上残留的引脚清理干净。

（6）对元器件的引脚直径$\phi \leqslant 1$ mm 的，一般使用平口钳，元器件的引脚直径$\phi > 1$ mm 的，应使用斜口钳，保证剪脚质量及剪线钳的使用寿命。

3．焊点修补标准

检反面：即检查元件焊接面的焊点是否达到了焊接标准，是否有虚焊、连焊、气孔、拉尖（毛刺）、润湿不良、锡球、焊盘脏、PCB 焊接面脏等情况，并对发现的不良情况及时修理，出现异常情况时及时反馈。具体标准参见上一节手工焊接焊点判断标准。

4．补焊元器件

补焊（元件）：有些元件无法插件或过波峰焊焊接，必须进行手工装配焊接，如连接线、异形件、不耐高温元件等，焊接按照手工焊接的工艺要求进行，并要符合相应的技术标准，并对超出工艺要求的引脚进行剪脚处理。

注：具体插装与焊接标准分别参照相应的插装与手工焊接标准要求。

5. 装焊检验

装焊检验（检查）：即检查装焊工序生产完成的电路板，对发现的不良电路板进行维修处理，保证生产的电路板卡符合生产工艺要求；并通过对电路板卡的检查，发现、反馈并改善生产过程产生的问题，还应及时记录检验不良情况，以达到生产质量持续改进。

1）元件面

（1）元件面所有插装件都应插装到位，如有翘起，应符合规定。

（2）不缺少元件的电路板上，不应有少件的情况。缺少元件的电路板上，应贴有标识，注明缺少元件的种类、数量，并将缺少元件的电路板单独放置。

（3）手工焊接的元器件的规格型号、位置、极性、方向应正确无误；需要抬高的元器件，抬高的高度应符合要求；不需抬高的元器件，应平贴于 PCB 板面插装。

（4）板面上应清洁，无锡渣、元件引脚及其他脏东西；板面上应无划伤、裂痕。

（5）需要保留焊孔的位置，应将焊孔留出。

2）焊接面

（1）焊接面的焊点应符合规定要求，无虚焊、漏焊、短路、拉尖等不良现象，如图 4-97 和图 4-98 所示。

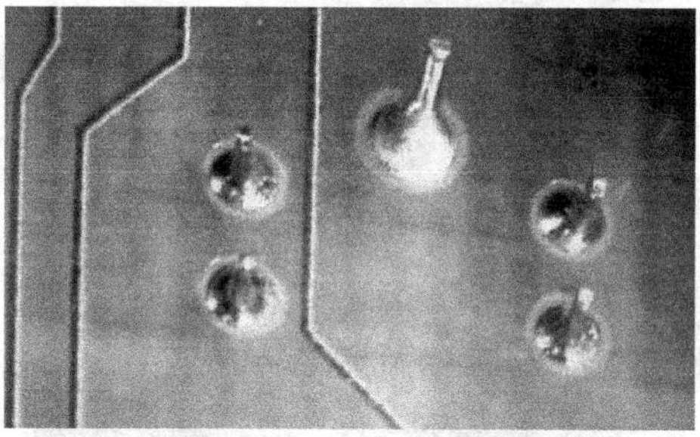

图 4-97 干净的板面

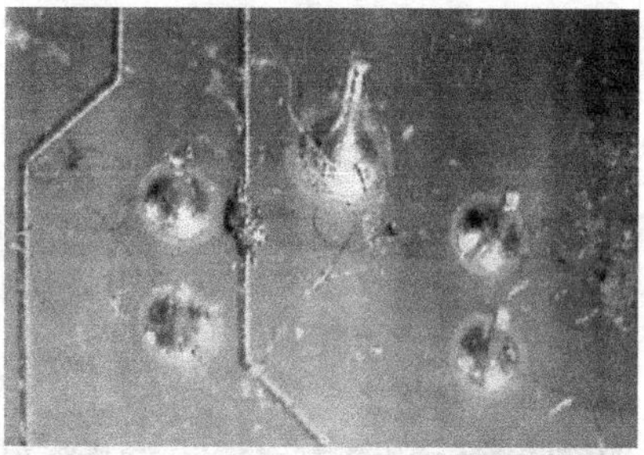

图 4-98 不良的板面

（2）对于多层板、金属化孔的板卡，其孔的垂直填充应符合要求。

（3）所有元器件的引脚的剪脚高度应符合要求。

（4）板面上应清洁，无锡渣、元件引脚及其他脏东西；板面上应无划伤、裂痕。

（5）表面应无残留的灰尘和颗粒物质，如灰尘、纤维丝、渣滓、金属颗粒等，如图 4-98 所示。

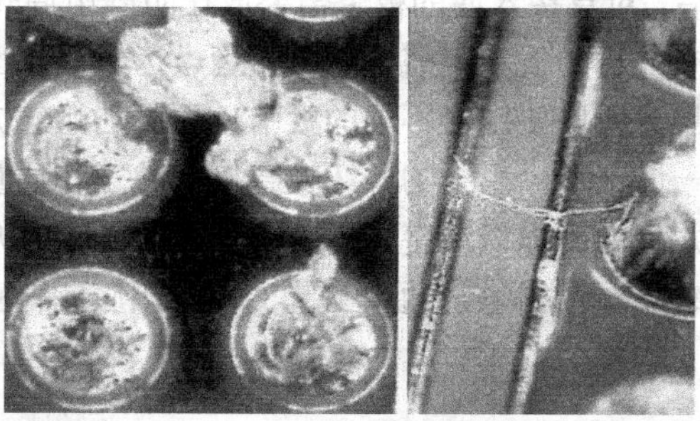

图 4-99 表面污物残留

3）注意事项

（1）对于已进行刮胶贴片的PCB板卡，需在周转架中存取，切忌堆放，在取放板卡及作业过程中要轻拿轻放，以防止碰歪或碰掉贴片元器件。

（2）生产过程中严禁板卡堆放，如有板卡滞留要及时放入防静电支架内，如图4-100与图4-101所示。

图4-100　错误的摆放

图4-101　正确的摆放

（3）生产过程中桌面要及时清理，保持清洁，如无特殊情况，电烙铁、锡架、PCB板卡、补焊元器件要定置放置，如图4-102和图4-103所示。

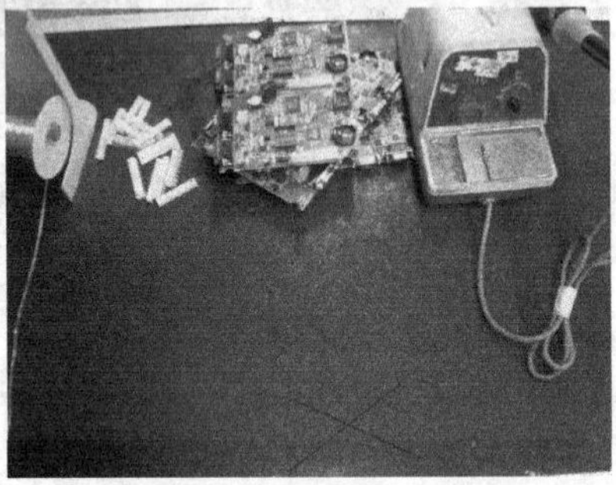

图4-102　错误的摆放

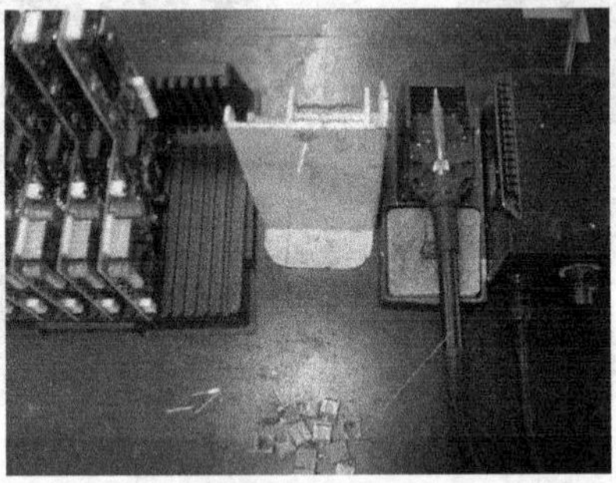

图4-103　正确的摆放

（4）检查使用的粗毛刷要及时清理，保持清洁，防止对板卡造成二次污染。

（5）修补板卡时发现所焊位置的焊孔被堵，应使用锡枪或使用吸锡条进行通孔处理。

6. 包装

当电路板卡生产完成后，对直接入库的板卡需要放在防静电周转箱中，贴好相应的标识，办理入库手续，对需要直接发货的板卡，需要进行搬运、运输前相应的防护，以保证达到客户手中的板卡是合格的产品，所以要针对不同的板卡、不同的运输方式进行相应的包装。另外包装是面对客户的最后一道工序，包装的好坏也直接反映工作质量，按工艺要求包装人员应做好相应的防护工作，并且做到标识清楚，清点方便等有利于客户使用，换位思考，努力达到顾客满意。具体的包装要求依据包装通用工艺文件或相应的作业指导文件。

7. 目测

目测检查：对表面贴装元件经过“印刷-贴片-回流焊接”生产后一般要经过目测检查，

目测即是用目视的方法检查所贴元件是否有少件、多件、错件、翘件、连焊、虚焊、元件偏移、元件极性错误、锡球、PCB 脏等不良现象，其中焊点质量还应符合贴片元件的合格焊点标准，并对发现的不良现象进行修正和记录，出现异常情况及时进行反馈处理。

对目测发现的可疑点也可用钢针轻轻拨动做进一步验证。

为了避免目测过程中的疏漏，目测人员按以下检查步骤执行：

（1）检查电路板是否有少件、多件情况。

（2）再检查电路板是否有元件错或极性错误现象。

（3）再检查电路板中的焊点是否有连焊、虚焊、元件偏移等问题。

（4）也可将一块电路板分成若干个区域分别进行检查。

目测项目及要求参照目测的《制品检验规程》。

对贴片元件的焊点合格判定以及不合格点的修复要求参照贴片元件的手工焊接要求进行。

4.5 波峰焊操作

4.5.1 波峰焊的概念与工艺流程

1. 基本概念

波峰焊是将熔融的液态焊料，借助泵的作用，在焊料槽液面形成特定形状的焊料波，插装了元器件的 PCB 置于传送链上，经过某一特定的角度以及一定的浸入深度穿过焊料波峰而实现焊点焊接的过程。波峰焊接是一项应用技术，它是在多门基础学科，比如物理、化学、冶金学、电学等基础上发展起来的，在焊接过程中，存在着许多科学规律问题，所以焊接是一门多学科的融合，目前焊接学主要由三个部分构成，即焊接方法学、焊接材料学和焊接结构学。

电子组件的组装过程中，焊接起到了相当重要的作用。插件元件与表面贴装元件同时组装于电路基板的混装工艺是当前电子产品中采用最普遍的一种组装形式，它涉及产品的性能、可靠性和质量等，甚至影响到其后的每一工艺步骤。

总之，要获得最佳的焊接质量，满足用户的需求，必须控制焊接前、焊接中的每一工艺步骤，因为整个组装工艺的每一步骤都互相关联、互相作用，任何一步有问题都会影响到整体的可靠性和质量，所以应严格控制所有的参数：时间/温度、焊料量、焊剂成分及传送速度等等。对焊接中产生的缺陷，应及早查明起因，进行分析，采取相应的措施，将影响质量的各种缺陷消灭在萌芽状态之中。这样，才能保证生产出的产品都符合技术规范。

2. 工艺流程

波峰焊接是插装有元器件，涂覆上助焊剂并经过预热的印制板沿一定工艺角度的导轨，从焊锡波峰上匀速通过，完成印制板焊接的一种工艺方法。主要用于通孔和各种不同类型元件的焊接，是一种关键的群焊工艺。

特点：焊接速度快，适合于大批量生产。根据波峰数量多少，可分为一次波峰和二次波峰。

一次波峰焊工艺流程：短插→喷涂助焊剂→预热→焊接→冷却。

一次波峰焊最主要的优点是印制电路板、元器件只受一次热冲击。缺点是对元器件引线成形要求较高，否则元器件受到熔融焊料波峰的冲击容易产生弹离现象，但随着元器件成形设备的不断完善，自动插装机的进步与普及，这一缺点完全能够克服，并已成为一般波峰焊的主要焊接方式。

二次波峰焊一般的工艺流程：短插→喷涂助焊剂→预热→双波峰焊接→冷却。（当产品有贴片元件时，其工艺流程一般为：印刷固定剂→贴装元件→回流焊固化→插件→双波峰焊接）

两个波峰对焊点的作用较大，第一个波峰较高，它的主要作用是焊接；第二个波峰相对较平，它主要是对焊点进行整型。

波峰焊机的工序分布图如图 4-104 所示。

图 4-104　波峰焊机的工序分布图

3. 常用术语

1）波峰焊（wave soldering）

插装有元器件，涂覆上助焊剂并经过预热的印制板，沿一定工艺角度的导轨，从焊锡波峰上匀速通过，完成印制板焊接的工艺方法。

2）波峰焊机（wave soldering unit）

能产生焊锡波峰并能自动完成印制板组件焊接工艺过程的工艺装备。

3）牵引角（或轨道倾角）（drag angle）

波峰顶水平面与印制板前进方向的夹角。

4）助焊剂（flux）

焊接时使用的辅料，是一种能清除焊料和被焊母材表面的氧化物，使表面达到必要的清洁度的活性物质。它能防止焊接期间表面的再次氧化，降低焊料表面张力，提高焊接性能。助焊剂在焊接质量的控制上举足轻重。

5）稀释剂（diluen）

用于调整助焊剂密度的溶剂。

6）防氧化剂（antioxident）

覆盖在熔融焊料表面，用于抑制、缓解熔融焊料氧化的材料。

7）焊点（solder joint）

焊件的交接处并为焊料所填充，形成具有一定机电性能和一定覆形的区域。

8）波峰高度（wave height）

波峰焊机喷嘴到波峰顶点的距离。

9）焊料（solder）

焊接过程中用来填充焊缝并能在母材表面形成合金层的金属材料。

10）焊接温度（soldering temperature）

波峰的平均温度。

11）焊接时间（soldering time）

印制板焊接面上任一焊点或指定部位，在波峰焊接过程中接触熔融焊料的时间。

12）压锡深度（depth of impregnated）

印制板被压入锡波的深度。

13）拉尖（icicles）

焊点从元器件引线上向外伸出末端呈锐利针状。

14）焊点的后期失效

所谓“焊点的后期失效”，是指表面上看焊点质量尚可，不存在“搭焊”、“半点焊”、“拉尖”、“露铜”等焊接疵点，在车间生产时，装成的整机并无毛病，但到用户使用一段时间后，由于焊接不良，导电性能差而产生的故障却时有发生，这就是“焊点的后期失效”现象。

4.5.2　波峰焊接材料

1. 印制板要求

1）焊盘与孔径

印制电路板在进行图案设计时，会使焊盘的图形与元器件引线形状一致。双列直插集成电路的焊盘一般选择椭圆形，焊接时使椭圆形焊盘长轴平行于焊接方向。

焊盘一般为ϕ1.27～3 mm，孔径一般为ϕ0.6～1.2 mm，金属化孔与引线之间的间隙为0.1～0.2 mm，使焊接的渗透性良好。

2）特殊区域处理

特殊区域的印制导线如电源线、大面积接地等，一般采用网络形状，有利于减少热冲击，防止铜箔翘起。

3）金属化孔

在波峰焊接中，质量不好的金属化孔，孔壁粗糙或有缺损，镀层较薄，在焊接时容易积存气泡和影响焊料在孔内的浸透和润湿，尤其在潮热环境下，有缺欠的金属化孔容易吸潮，潮气受热后会不断在焊点上跑出并形成多孔性焊点或造成虚焊。因此，对金属化孔的质量应有严格要求和检查。储存时应注意防潮，如果 PCB 板裸露在空气中时间较长时在波峰焊接前应进行烘干处理。

4）镀（涂）层

对于金属镀层，以往采用浸银、镀银、浸金、镀金，以及镀锡铅合金等。目前广泛采用锡铅合金镀层（热熔），在焊接时与焊料熔融一体，牢固地附着在焊盘上。

5）PCB 平整度控制

波峰焊接对印制板的平整度要求很高，一般要求翘曲度要小于 0.5 mm，如果大于 0.5 mm 要做平整处理。尤其是某些印制板厚度只有 1.5 mm 左右，其翘曲度要求就更高，否则无法保证焊接质量。

2. 焊锡

波峰焊最常用的焊料为锡-铅合金，Sn63% : Pb37%。Sn 提供连接的特性，而 Pb 是作为填充材料使用。

锡铅焊料在高温下（250 ℃）不断氧化，使锡锅中锡-铅焊料含锡量不断下降，偏离共晶点，导致流动性差，出现连焊、虚焊、焊点强度不够等质量问题。可采用以下几个方法来解决这个问题。

（1）添加氧化还原剂，使已氧化的 SnO 还原为 Sn，减小锡渣的产生。

（2）不断除去浮渣。

（3）每次焊接前添加一定量的锡。

（4）采用含抗氧化磷的焊料。

（5）采用氮气保护，让氮气把焊料与空气隔绝开来，取代普通气体，避免了浮渣的产生。这种方法要求对设备改型，并提供氮气。

锡炉中各类物质汇集，是产生物理化学反应的地方。印制线路板上的铜箔、元器件的引线，各种连接端子及其镀层全浸入锡炉中，助焊剂残留物，氧化油不断涌入锡炉，在炉中溶解而造成污染。这些污染直接影响了焊接质量，是波峰焊的致命弱点。对锡炉中的焊料污染物主要是铜，其次是锌。除此外，还有各种合金等。表 4-6 是焊料杂质的允许范围以及危害。

表 4-6 焊料杂质允许范围以及危害

杂　质	最高容限	杂质超标时对焊点性能的影响
铜 Cu	0.300	焊料硬而脆，流动性差
金 Au	0.200	焊料呈颗粒状
镉 Cd	0.005	焊料疏松易碎
锌 Zn	0.005	焊料粗糙和颗粒状，起霜和多孔的树枝结构
铝 Al	0.006	焊料黏滞，超霜多孔
锑 Sb	0.500	焊料硬脆
铁 Fe	0.020	焊料熔点升高，流动性差
砷 As	0.030	小气孔，脆性增加
铋 Bi	0.250	熔点降低，变脆
银 Ag	0.100	失去自然光泽，出现白色颗粒状物
镍 Ni	0.010	起泡，形成硬的不溶解化合物

在损耗锡的情况下，添加纯锡有助于保持所需的浓度。为了监控锡锅中的化合物，应进行常规分析。如果添加了锡，就应采样分析，以确保焊料成分比例正确。对 63%锡 : 37%铅合金中规定锡含量最低不得低于 61.5%。

3．防氧化剂

为了减少焊料的氧化，可在锡面上覆盖一层有机物质（防氧化剂）。但是使用了防氧化剂后又会产生副作用，例如产生烟和异味等，并形成一定数量的胶状物，在泵力作用下回流到各个部位，焊接时就会夹杂到焊点中去。因此，许多场合趋向于不使用防氧化剂，规定焊接时起波峰，不焊接时停止起波峰，并坚持每天消除锡面氧化物 1～2 次，以达到锡面既有一层薄的氧化物，又不影响焊接质量。

4.5.3 波峰焊设备

1．原理

波峰焊机是指将熔化的软钎焊料（铅锡合金），经电动泵或电磁泵喷流成设计要求的焊料波峰，亦可通过向焊料池注入氮气来形成，使预先装有元器件的印制板通过焊料波峰，实现元器件焊端或引脚与印制板焊盘之间机械与电气连接的软钎焊。

2．特点

波峰平滑无旋转分量，由于三相异步感应电磁泵产生的是直线推力而非机械泵的叶片旋转推力，因而波峰平滑，锡槽液面扰动小，氧化轻微。

波峰平稳，由于是感应泵技术，结合稳压原理，可达到电网电压浮动 10%时，感应泵上的电压浮动近为 3%，因而波峰稳定。

效率高。三相异步感应电磁泵由于不存在脉动磁场分量，因而效率大幅度提高，以开发的样机显示，波峰宽度打 400 mm，波峰高度为 40 mm。而三相异步感应电磁泵的磁化电流仅 5 A 左右，这样的工作条件保证了三相异步感应电磁泵工作在低热和低电流负荷状态，保证了长期的寿命可靠性。

3．波峰焊机结构介绍

一般设备包含四部分：助焊剂系统、预热系统、焊接系统、冷却系统，如图 4-105 所示。

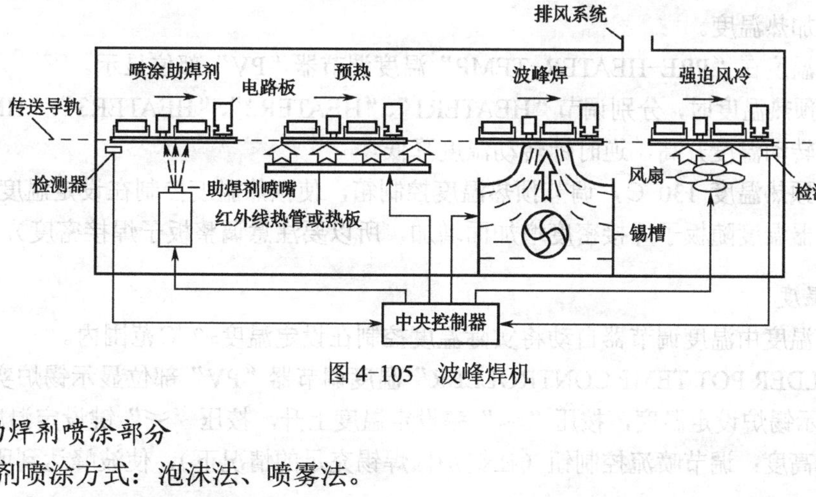

图 4-105 波峰焊机

1）助焊剂喷涂部分

助焊剂喷涂方式：泡沫法、喷雾法。

（1）泡沫法的优点是设备简单，适用范围广；缺点是发泡时与外界空气接触，助焊剂的密度变化比较大，需按配比及时添加稀释剂，并应经常清洗发泡装置。

（2）喷雾法的优点是喷涂均匀，不受元器件引线疏密影响，并且助焊剂密度变化小，喷涂质量容易保证。

2）预热部分

目前波峰焊机基本上采用热辐射方式进行预热，最常用的波峰焊预热方式是强制热风对流、电热板对流、电热棒加热及红外加热等。

3）焊接部分

线路板进入波峰时，焊锡流动的方向和板子的行进方向相反，可在元件引脚周围产生涡流。这就像是一种洗刷，将上面所有助焊剂和氧化膜的残余物去除，在焊点到达浸润温度时形成浸润。

4）冷却部分

波峰焊接后的冷却，通常在波峰焊机的尾部增设冷却工作站，作用一是限制铜锡金属间化合物形成焊点的趋势；二是加速组件的冷却，在焊料没有完全固化时，避免板子移位，快速冷却组件，以限制敏感元件暴露于高温下。

4．波峰焊机的使用

波峰焊机的使用方法，下面以 LG-300NN 型为例来介绍，示意图如图 4-106 所示。

图 4-106　波峰焊设备示意图

1）设备操作

波峰焊机经常需要调节和设置的工艺参数主要有预热温度、锡炉温度、传送速度、助焊剂喷雾量等。

2）预热温度

（1）预热器由四组加热管组成，并分别由四组继电器控制加热温度。

（2）预热温度在“PRE-HEATER-TEMP”温度调节器“PV”部位显示。

（3）调节预热温度时，分别调节“HEATER1”、“HEATER2”、“HEATER3”、“HEATER4”按钮。顺时针转动温度升高，逆时针转动温度降低。

（4）设定预热温度 130 ℃，调节预热温度控制箱，使预热温度控制在设定温度±20 ℃范围内（因预热器温度随板子焊接密度增加面增加，所以要注意调整板子焊接密度）。

3）锡炉温度

（1）锡炉温度由温度调节器自动将实际温度控制在设定温度±2 ℃范围内。

（2）“SOLDER POT TEMP CONTROLLER”温度调节器“PV”部位显示锡炉实际温度，“SV”部位显示锡炉设定温度，按压“︽”键设定温度上升，按压“︾”键设定温度下降。

（3）波峰高度：调节喷流控制钮（在锡炉内焊锡充足的情况下），使波峰达到所需高度。

4）传送速度（波峰焊机）

（1）传送速度在“CONVEYOR SPEED”部位显示。

（2）调节“SPEED CONTROL”旋钮改变传送速度，顺时针旋转速度增加，逆时针旋转速度减小。

（3）传送角度：根据需要调节角度调整手柄使板子传送角度在 4°～6°范围内。

5）传送速度（助焊剂机）

（1）传送速度在“CONVEYOR SPEEDMETER”部位显示。

（2）调节“CONVEYOR SPEED”旋钮改变传送速度，顺时针旋转速度增加，逆时针旋转速度减小。

6）助焊剂喷涂量

（1）助焊剂喷涂量在“FLUX FLOWMETER”部位显示。

（2）调节喷嘴下部的旋钮改变助焊剂喷涂量，顺时针旋转喷涂量增加，逆时针旋转喷涂量减小。

根据要焊接的 PCB 尺寸调节宽度调整手柄将链条宽度调整至合适宽度，详细的设备操作应严格按照 LG-300NN 波峰焊设备的操作规程执行。

7）应急处理

出现紧急或异常情况时，应做停气和停电处理。

停气：停气时将助焊剂机置于“MANUAL”状态，按“CONVEYOPR”键，送出 PCB 板，关机。

停电：停电后将助焊剂机内的 PCB 板取出，若被滚动轴压住，则保留在里面，注意保护，将波峰焊机固定板拆除，取出 PCB 板。

5．SMS-300BS 型波峰焊机设备操作

波峰焊设备示意图如图 4-107 所示。

SMS-300BS 波峰焊机能自动完成 PCB 板从涂覆助焊剂，预加热，焊锡及冷却等焊接的全部工艺过程。

采用电子变频技术，实现独立直接交流马达平稳地无级调速，使波峰稳定可控。

波峰可调整为单向或双向流动。

设备的主要技术参数如下。

总功率：22 kW

气源：3BAR

基板尺寸：300 mm（宽）

生产速度：2400PCS/8H

运输马达：60 W～90 W

运输速度：0.5～1.8 m/min

锡炉容量：450 kg

锡炉温度：MAX300 ℃

锡炉温控方式：PID.ON～OFF 脉冲输出

图 4-107　波峰焊设备示意图

锡炉升温时间：65 min（250 ℃）

锡炉恒温时间：90 min

波峰马达：三相 220 V 180 W×2 无级变频调速

摇动马达：单相 40 W 无级调速

预热管：220 V 6×1 200 W=7 200 W

预热温度：80～150 ℃（MAX300 ℃）

预热升温时间：15 min（150 ℃）

预热温控方式：PID. ON～OFF 脉冲输出

助焊剂容量：12.4LITRES

助焊剂气压：3～5BAR

机器手轮共 4 只，其中手轮 1 调整运输系统导轨倾斜角；手轮 2 调整运输导轨间距，满足不同宽度的 PCB 板；手轮 3 调整锡炉高度；手轮 4 是将锡炉移进或移出装置。

1）温度表的设定

（1）设置温度设定值：按下键，表面显示“SP”后再按向上或向下键，选定设定值。

（2）设置温度报警值：按下键，表面显示“AL”后再按向上或向下键，选定温度报警值。

（3）电子高速器：将调速器上开关拨至 RUN，则电源指示灯亮，旋转调速旋钮至所需数值即可。

2）操作面板及其操作

波峰焊操作界面如图 4-108 所示。

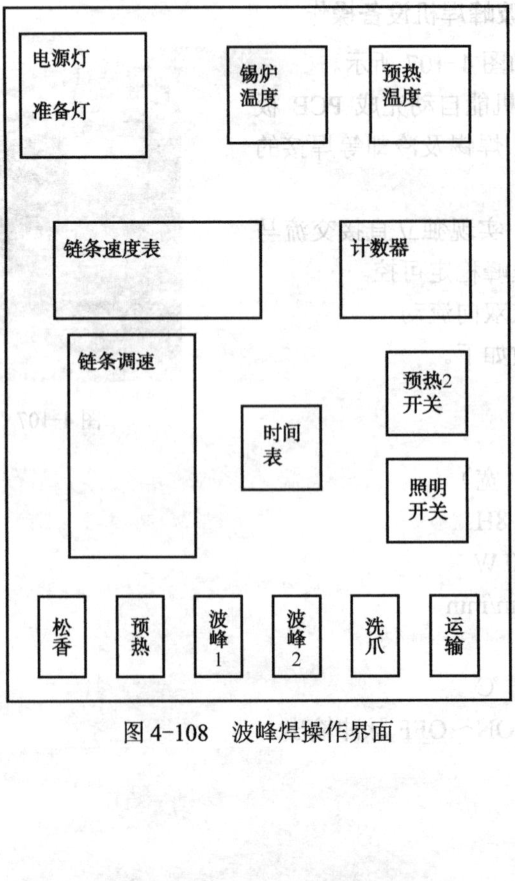

图 4-108 波峰焊操作界面

（1）控制面板上的操作按键为触发式的带灯控制。

（2）"经济运行"开关用来选择"正常"或"经济"方式。

"经济"方式时波峰开关由光电开关控制，当 180 s 后仍无 PCB 进入时，波峰马达自动暂停，直至又有 PCB 进入时，马达重新启动，此功能可大大降低焊锡氧化。

"正常"方式时波峰马达仅由按键控制。

（3）电源指示灯表示主电源已接入。

（4）"准备指示灯"锡炉焊锡温度已超过低温报警值，这时本机的其他功能才能操作，此设计是为了保护锡炉马达。

（5）助焊剂喷雾方式设备有两个带灯操作键。

测试键，即"连喷"键。其作用是调整喷雾量，喷气量及移动气压等参数。

复位键，传感器受干扰导致喷雾不准确时，按下此键，此时电子眼上方不能有 PCB 板。

3）助焊剂喷雾系统操作

（1）按住"复位"键不松，并放一 PCB 板于接驳入口处，约 2 s 后，当 PCB 板运行且遮住电眼时，PLC 开始计数。

（2）直到 PCB 板运行至喷枪上方适宜点时，按动"连喷"键，即将喷雾起始时间测试完并存入 PLC 的数据寄存器（该寄存器具有停电保护功能）。

（3）这时可松开"复位"键并停止喷雾，之后就可正常运行。

（4）运输速度改变后需重新设定。

4）应急处理

紧急制动按下后除锡炉加热系统，机内照明指示灯及时间制运行外，其他功能均被禁止，红色报警灯闪烁。有以下几种情况：

（1）按下"紧急制动"按钮。

（2）当温度控制表温度超过报警限值时。

（3）当限流至过流保护时，按键指示灯熄灭，相应功能被禁止。

（4）在机器运行过程中，需作某些调整时，应按下紧急制动，以免影响自控运行和锡炉温度。

6. 注意事项

（1）非本设备维护、维修人员或未经培训合格人员切勿随意操作机器。

（2）本设备属于高温加热及传动设备，操作时应注意人身安全。

（3）运行中，当出现运输链条被夹、跌落等意外或紧急情况时，应立即按下"紧急制动"按钮。

（4）当出现红色报警灯闪烁，此时紧急制动并没按下时，首先应检查温度表指示是否超过报警限值，若是应按下"紧急制动"按钮后再检查原因。

（5）必须经常清洗喷枪，定期将喷嘴螺帽旋下，放入酒精内泡洗，避免喷枪积垢太多而堵塞，并经常清洗移动导轨，使喷枪能移动正常，保证喷射效果。

（6）控制喷雾的四个流量调节阀调好后不能随意改动，非本机操作人员不能操作本机，以免引起喷雾不良。

（7）经常给链条各轴承位置涂上机油，以保证良好的润滑。

（8）经常清理运输链及预加热板上的助焊剂污渍及杂物。

（9）经常清除锡槽中的锡渣及氧化物，并定期补充氧化油。

4.5.4 波峰焊接机理

1. 润湿

在焊接过程中，我们把熔融的焊料在被焊金属表面上形成均匀、平滑、连续并且附着牢固的合金的过程，称之为焊料在母材表面的润湿。

润湿力：在焊接过程中，将由于清洁的熔融焊料与被焊金属之间接触而导致润湿的原子之间相互吸引的力称为润湿力。

1）焊料的润湿与润湿力

在自然界中有很多这方面的例子，例如，在清洁的玻璃板上滴一滴水，水滴可在玻璃板上完全铺开，这时可以说水对玻璃板完全润湿；如果滴的是一滴油，则油滴会形成一球块，发生有限铺开，此时可以说油滴在玻璃板上能润湿；若滴一滴水银，则水银将形成一个球体在玻璃板上滚动，这时说明水银对玻璃板不润湿。

焊料对母材的润湿与铺展也是一样的道理，当焊料不加助焊剂在焊盘上熔化时，焊料呈球状在焊盘上滚动，也就是焊料的内聚力大于焊料对焊盘的附着力，此时焊料不润湿焊盘；当加助焊剂时，焊料将在焊盘上铺开，也就是说此时焊料的内聚力小于焊料对焊盘的附着力，所以焊料才得以在焊盘上润湿和铺展。

融化的焊料要润湿固体金属表面所具备的条件有两个：

（1）液态焊料与母材之间应能互相溶解，即两种原子之间有良好的亲和力。

（2）焊料和母材表面必须“清洁”。

这是指焊料与母材两者表面没有氧化层，更不会污染。母材金属表面氧化物的存在会严重影响液态焊料对基体金属表面的润湿性，这是因为氧化膜的熔点一般都比较高，在焊接温度下为固态，会阻碍液态焊料与基体金属表面的直接接触，使液态焊料凝聚成球状，即形成不润湿状态。

2）润湿程度与润湿角

润湿角：是指焊料与母材间的界面和焊料熔化后焊料表面切线之间的夹角，又称接触角，如图 4-109 所示。

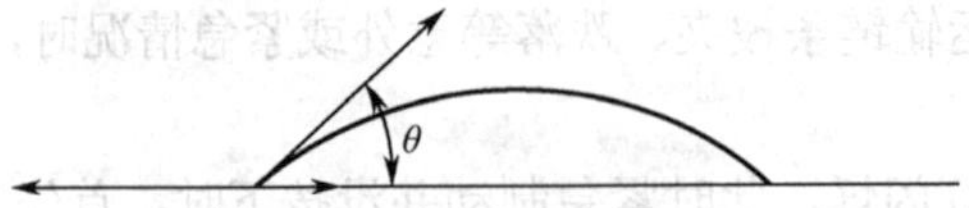

图 4-109 液态焊料在母材表面稳定时的润湿角

$$\cos\theta=(\sigma_{固·气}-\sigma_{固·液})/\sigma_{液·气}$$

式中 $\sigma_{固·气}$——基体金属与气相（或钎剂）之间的界面张力；

$\sigma_{固·液}$——基体金属表面与液态钎料之间的界面张力；

$\sigma_{液·气}$——液态钎料的界面张力。

如图 4-110 所示，接触角θ的大小表征了体系润湿与铺展能力的强弱。$\theta=0°$ 时，称为完全润湿；$0° < \theta < 90°$ 时，称为润湿；$90° < \theta < 180°$ 时，称为不润湿；$\theta=180°$ 时，称为完全不润湿。

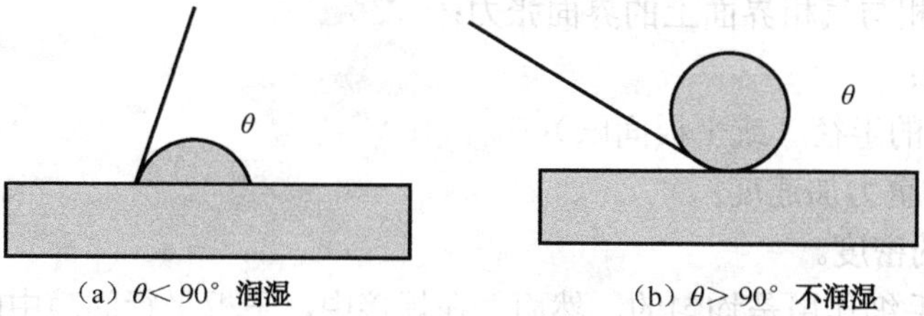

图 4-110　接触角与润湿关系示意图

焊接时，液态焊料对固态母材的润湿是最基本的过程。因此，要获得优质的焊接接头，就必须保证液态焊料能良好地润湿母材，只有这样，焊料才能顺利填充焊缝间隙，所以，一般情况下希望液态焊料在母材上的接触角要小于 20°；SMT 焊接要求小于 30°。

3）润湿程度的目测评估

润湿程度的大小，分为下列几种状态。

（1）润湿良好：指在焊接面上留有一层均匀、连续、光滑、无裂痕、附着好的焊料，此时润湿角小于 30°。通过切片观察，在结合面上形成均匀的金属面化合物，并且没有气泡。

（2）部分润湿：金属表面一些地方被焊料润湿，另一些地方表面不润湿。在润湿区的边缘上，润湿角明显偏大。

（3）弱润湿：表面起初被润湿，但过后焊料从部分表面浓缩成液滴。

（4）不润湿：焊料在金属表面未能形成有效铺展，甚至在外力作用下，焊料仍可去除。

润湿是焊接过程中的主角，所谓焊接即是利用液态的焊锡润湿在基材上而达到接合的效果，这种现象正如水倒在固体表面一样，不同的是焊锡会随着温度的降低而凝固成接点。当焊锡润湿在基材上时，理论上两者之间会以金属间化学结合，而形成一种连续性的接合，但实际情况下，基材会受到空气及周边环境的侵蚀，而形成一层氧化膜来阻挡焊锡，使其无法达到较好的润湿效果。其现象正如水倒在涂满油脂的盘上，水只能聚集在部分地方，而无法全面均匀地分布在盘子上。如果我们未能将基材表面的氧化膜去除，即使勉强沾上焊锡，其结合力量还是非常的弱。

2. 毛细现象

毛细作用：是液体在狭窄间隙中流动时所表现出来的固有特性。在实际生活中有很多这样的例子，例如，将两块平行的玻璃板或直径很细小的洁净管子插入某种液体中，液体在平板之间或在细管内会出现两种现象：一种是液体沿着间隙或细小内径上升到高出液面的一定高度 h，如图 4-111（a）所示；另一种是液体沿着间隙或细小内径下降到低于液面的一

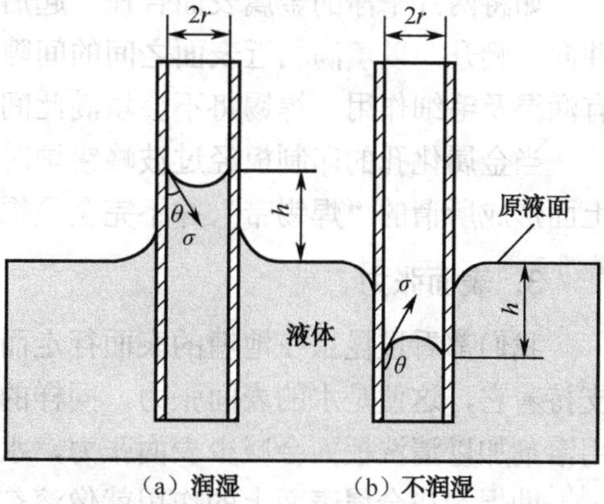

图 4-111　细小间隙中的毛细作用

定高度 h，如图 4-111（b）所示，这种现象称为“毛细作用”。液体在毛细作用下，在间隙或细小内径中上升或下降的高度，可由下式确定

$$h=2\sigma_{液\cdot气}\cdot\cos q/g\cdot\rho\cdot r$$

式中 $\sigma_{液\cdot气}$——液相与气相界面上的界面张力；

q——润湿角；

r——毛细管的半径（或平板间隙）；

g——当地的重力加速度；

ρ——液体的密度。

平行间隙中的毛细作用是均匀的，然而，在焊接中，平板平行间隙中的毛细填缝作用是不均匀的。我们不妨做一个简单的实验：将两块玻璃板搭接在一起，在搭接的边缘上，滴一滴墨水，我们可以清楚地看见这一现象，就是墨水在平板间隙中不是均匀、整齐地流动，而是紊乱的流动。并且还可以看到，墨水的填缝速度是不均匀的，不仅在前进方向会有流速不均匀的现象，有时还受到墨水沿侧面流动的影响（如图 4-112 所示）。因此，从这一试验结果可以看出：焊接时，焊料的毛细填缝也应是不均匀、不规则的。实际上这种毛细填缝特点将会直接影响焊接接头的质量，形成焊缝不致密，产生夹气、夹渣等缺陷。

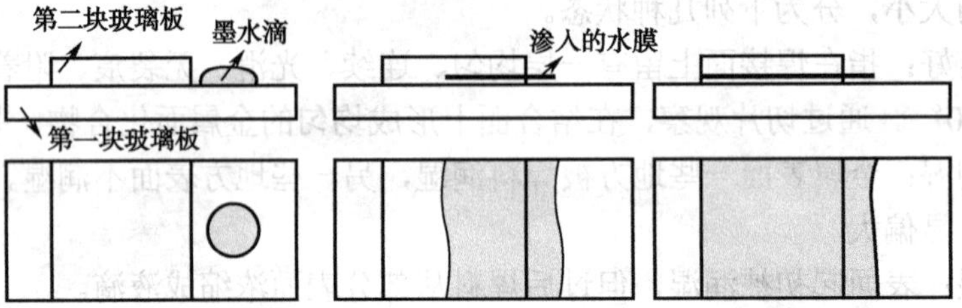

图 4-112　毛细作用效应

在焊接过程中，焊缝可能处于水平或倾斜等各种位置，而且在实际表面构成的平行间隙内，由于表面粗糙度的影响，使得实际间隙内各处的实际值的大小不同，焊料流动前沿不能够像理想表面构成的平行间隙时焊料流动前沿那样平稳，而会产生紊乱，但液态焊料有优先填充微小间隙的倾向，这一特点始终是成立的。对于不平行的间隙来说，液态焊料将首先填充小间隙部分，然后再从小间隙处向大间隙部分推进。

如将两片干净的金属表面合在一起后，浸入熔化的焊锡中，焊锡将润湿此两片金属表面并向上爬升，以填满相近表面之间的间隙，此为毛细作用，假如金属表面不干净的话，便没有润湿及毛细作用，焊锡将不会填满此间隙。

当金属化孔的印制板经过波峰锡炉时，便是毛细作用的力量将锡贯满此孔，并在印制板上面形成所谓的“焊锡带”并不完全是锡波的压力将焊锡推进此孔的。

3. 表面张力

我们都看过昆虫在池塘的表面行走而不润湿它的脚，那是因为有一看不到的薄层或力量支持着它，这便是水的表面张力。同样的力量会使水在涂有油脂的金属薄板上维持水滴状，用溶剂加以清洗板面会减少表面张力，水便会润湿并在表面形成一薄层。

助焊剂在金属表面上的作用就像溶剂对涂有油脂的金属薄板一样。溶剂去除油脂，让水润湿金属表面和减少表面张力，助焊剂将去除金属和焊锡间的氧化物，让焊锡润湿金属表面，

在焊锡中污染物会增加表面张力，因此必须小心地处理。焊锡温度也会影响表面张力，温度愈高，表面张力愈小。

表面张力：表面张力是化学中一个基本概念，研究不同相共同存在的系统体系，在这个体系中不同相总是存在着界面，由于相界面分子与相体内分子之间作用力有着不同，因此导致相界面总是趋于最小化（能量守恒定律）。

表面张力与润湿力：

在焊接过程中，焊料表面张力是一个不利于焊接的重要因素，但是因为表面张力是物理的特性，只能改变它，不能取消它，在 SMT 焊接过程中，降低焊料表面张力可以提高焊料的润湿力。

减小表面张力的方法（以锡铅焊料为例）：

（1）表面张力一般会随着温度的升高而降低；

（2）改善焊料合金成分（如：锡铅焊料，随铅的含量增加表面张力降低）；

（3）增加活性剂，可以去除焊料的表面氧化层，并有效地减小焊料的表面张力；

（4）采用保护气体，介质不同，焊料表面张力不同。采用氮气保护的理论依据就在于此。

4.5.5 波峰焊接工艺要求

1. 工艺参数

1）牵引角

导轨角的变化能改变印制电路板焊接面与喷流的“吻合接触角”，也就是既能改变喷流与接触部位的流速，又能改变喷流与接触部位的分离角。这样倾斜也使熔化的焊锡脱落进入锡锅，减少相邻焊接点之间的桥接。为了便于说明，现将喷流与印制电路板焊接面接触段分为 A、B、C 三段。

在 A 段，印制电路板与大流速的熔融焊料相遇，由于传热快，迅速使焊接面达到焊接所需要温度，然后通过宽广而平坦的 B 接触段。B 接触段的焊料不但具有合适的中等逆向流速，还因波峰的冲力对印制电路板产生向上的正压力，能使熔融焊料对印制电路板有较好的润湿和透孔性能。C 段是分离段，焊料对印制电路板的流速较慢且与印制电路板运动方向相同，其相对流速更慢，具有一个不大的合成分离角 θ，既具有清除残留物的效果，又能使倾斜的印制电路板焊接面上的多余焊料自然地回流，可消除拉尖、桥接等焊接缺陷。但过大的倾角会使焊接面上的焊料流失过多，形成焊点上锡太少。因此，一般将导轨角调整在 4°～9° 范围内，对高密度印制电路板组装件焊接，导轨角应调大些。

轨道倾角对焊接效果的影响较为明显，特别是在焊接高密度 SMT 器件时更是如此。当倾角太小时，较易出现桥接，特别是焊接中，SMT 器件的“遮蔽区”更易出现桥接；而倾角过大，虽然有利于桥接的消除，但焊点吃锡量太小，容易产生虚焊。轨道倾角应控制在 5°～7° 之间。

2）预热温度

（1）“预热温度”一般设定在 90～110 ℃，这里所讲“温度”是指预热后 PCB 板焊接面的实际受热温度，而不是“表显”温度，确保预热温度及其均匀性对印制电路板焊接质量关系极大。单面印制电路板预热温度控制在 80～90 ℃；双面印制电路板预热温度控制在 90～

100 ℃；多层印制电路板预热温度控制在 100～110 ℃为合适。

预热温度太高会使印制电路板翘曲。如果预热温度达不到要求，则易出现焊后残留多、易产生锡珠、拉锡尖等现象。

印制板在焊接前，必须达到设定的工艺温度。

（2）预热作用。

① 使助焊剂中的溶剂充分挥发，使助焊剂中松香达到足够的活性状态，改善焊接面的润湿性，以免印制板通过焊锡时，影响印制板的润湿和焊点的形成。

② 使印制板在焊接前达到一定温度，减少焊接过程中对印制电路板和元器件的热冲击，产生翘曲变形。预热时间 1～3 分钟。

（3）影响预热温度的有以下几个因素，即 PCB 板的厚度、走板速度、预热区长度等。

① PCB 的厚度，关系到 PCB 受热时吸热及热传导等一系列的问题，如果 PCB 较薄时，则容易受热并使 PCB“零件面”较快升温，如果有不耐热冲击的部件，则应适当调低预热温度；如果 PCB 较厚，“焊接面”吸热后，并不会迅速传导给“零件面”，此类板能经过较高预热温度（关于零件面和焊接面的定义请参考图 4-113）。

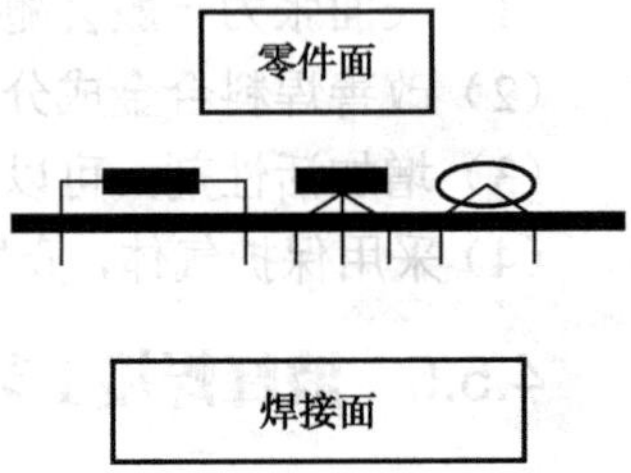

图 4-113　波峰焊接示意图

② 走板速度：不同的产品，不同的设备会有不同的速度要求，应严格按照工艺参数要求设定。

③ 预热区长度：预热区的长度影响预热温度，这是较易理解的一个问题，我们在调试不同的波峰焊机时，应考虑到这一点对预热的影响，预热区较长时，温度可调到较接近想要得到的板面实际温度；如果预热区较短，则应相应的提高其预定温度。

3）波峰高度

波峰高度的升高和降低直接影响到波峰的平稳程度及波峰表面焊锡的流动性。适当的波峰高度可以保证印制板有良好的压锡深度，使焊点能充分与焊锡接触。平稳的波峰可使整块印制板在焊接时间内都能得到均匀的焊接。当波峰偏高时，表明泵内液态焊料的流速增大，导致波峰不易稳定，造成印制板漫锡，使元器件损坏，同时对于波峰上的印制板（PCB）的压力增大，这有利于焊缝的填充，但易引起拉尖、桥接等缺陷；波峰偏低时，波峰跳动小，平稳，但焊锡的流动性变差，容易产生吸锡量不够，锡点不饱满等缺陷。一般波峰的工作高度取 10 mm 左右效果最佳。

波峰的高度会因焊接工作时间的推移而有一些变化，应在焊接过程中进行适当的修正，以保证理想高度进行焊接。波峰高度以压锡深度为 PCB 厚度的 1/3～1/2 为准。

4）焊接温度

焊接温度是影响焊接质量的一个重要的工艺参数。焊接温度过低时，焊料的扩展率、润湿性能变差，使焊盘或元器件焊端由于不能充分的润湿，从而产生虚焊、拉尖、桥接等缺陷；焊接温度过高时，则加速了焊盘、元器件引脚及焊料的氧化，易产生虚焊。焊接温度应控制在 250±5 ℃。

不同的焊接温度，会直接影响焊料的扩展率，从而影响到焊料的质量。焊接温度与焊料扩展率关系见表 4-7。

表 4-7 焊接温度与焊料扩展率关系

温度（℃）	时间（s）	理想球体直径 D（mm）	实际高度 H（mm）	扩展率(D−H/D)×100
230	30	3.53	1.12	61.95%
250	30	3.53	0.62	82.29%
270	30	3.53	0.92	74.66%
290	30	3.53	1.00	72.45%

可见，焊接温度为250 ℃时，既具有最佳的焊料扩展率，又能充分保证焊点上不出现过量的脆相铜锡合金共熔体。因此焊接时，波峰温度应控制在 245～250 ℃，考虑到环境温度和元器件安装密度差异，波峰温度可作适当的调整，但一般仍应控制在 240～260 ℃。当基本达到设计温度时，空载运行 4 分钟，使温度分布均匀后，再进行焊接。

基于以上参数所定的波峰炉工作曲线如图 4-114 所示。

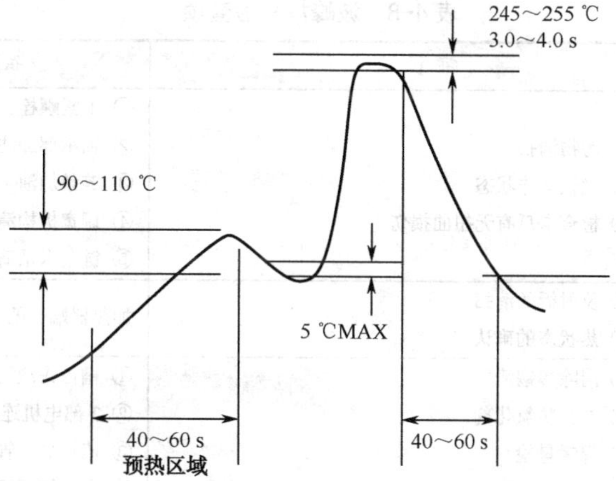

图 4-114 波峰焊温度曲线

5）焊接时间

焊接时间=接触长度/传送带速度。

在最佳的情况下，焊料的表面张力和最佳化板的波峰运行在组件和出口端的波峰之间可实现零相对运动。

焊接时间主要取决于印制电路板组装的可焊性，在可焊性优良的情况下，浸焊也只需 1～2 s。但考虑到印制电路板板面的大小、层数、元器件的插装密度、焊盘大小、焊盘与元器件引线可焊性差异等，焊接时间也应有所差异。如果焊接时间大于 4 s，可能引起某些元器件、套管、尼龙骨架等损坏，也会引起印制电路板变形，印制导线及焊盘结合力下降等问题。焊接时间一般控制在 2～4 s。焊接时间一般通过调整链条传动速度进行控制。

6）压锡深度

压锡深度与波峰的喷流高度有直接关系。在波峰焊接过程中，一定的压锡深度有利于增加接触宽度和焊料对焊接面的正压力，有利于焊料润湿、扩散和渗透到金属孔与引线的间隙中。对单面印制电路板压锡深度可调整到板厚的 1/2～3/4。对含有金属化孔的双面印制电路板压锡深度可调整到板厚的2/3～3/4，过分的压锡深度会造成焊料进入非焊接面。

2. 日常管理

1）物料保存

妥善保存印制板及元件，在焊接中，无尘埃、油脂、氧化物的铜箔及元件引线有利于形成合格的焊点，因此印制板及元件应保存在干燥、清洁的环境下，并且尽量缩短储存周期。对于放置时间较长的印制板，其表面一般要做清洁处理，这样可提高可焊性，减少虚焊和桥接，对表面有一定程度氧化的元件引脚，应先除去其表面氧化层。

运输和储存：加工完成的印制板，在运输和储存过程中，应当使用防振塑料袋真空包装，预防焊盘二次氧化和其他的污染。

2）设备的维护保养

波峰焊机按表4-8中项目进行定期检查和维护。

表4-8　波峰焊机检查项

保养装置	每日维护	每两月维护
传送链条	① 污物清扫 ② 确认动作状态 ③ 检查卡爪有无扭曲损伤	① 上紧螺栓、螺母 ② 轴承部加注润滑脂 ③ 链条加油 ④ 调宽机构清理、润滑 ⑤ 链条卡爪清理锡渣
预热器	① 反射板的清扫 ② 热状态的确认	加热器端子的螺钉上紧
喷流式焊锡槽	① 清除焊锡渣 ② 补充防氧化剂 ③ 焊锡量检查 ④ 锡渣箱的清扫 ⑤ 污物清扫 ⑥ 喷流状态确认 ⑦ 炉温度确认	① 槽内锡渣清理 ② 3部电机连接轴清理、加油 ③ 确认加热管状态 ④ 各连接螺钉检查上紧 ⑤ 喷流锡槽清理锡渣 ⑥ 锡炉内胆、过滤网彻底清理锡渣 ⑦ 锡炉内胆波峰喷嘴角度调整
清洗链条装置	①补充液量 ②槽内锡渣的清除	① 槽的内部清扫。 ② 液箱内的清扫。
冷却风扇	① 吹风状态确认 ② 风扇位置确认	① 紧固松动的螺钉 ② 导线检查
排气管道	排气扇的动作状态	① 导线断线检查 ② 导线劣化检查 ③ 轴流风机污物堵塞检查清理
有关电气	各开关的动作	① 端子螺钉系紧 ② 继电器质量状况目测 ③ 拧紧软管连接处
助焊剂喷雾器	压基板滚及链罩	依表4-9、表4-10进行
波峰焊助焊剂喷雾	浸泡喷嘴、擦拭电眼、汽缸移动道轨、空气过滤器	

助焊剂喷雾器的保养，按表4-9定期进行。

表 4-9 助焊剂喷雾器的保养

保养装置	保养内容
链条清洗液	2-10 天更换一次
管道罩	定期摘下保养
液嘴部	半年更换一次，每周清洗一次
洗净泵	半年检查一次
洗净刷	一年更换一次
导引轴承	半年加一次润滑油
泵单元及刷子	半年更换一次
过滤器调节器	三个月检查一次抽水
压基板滚及链罩	每日清洗一次
过滤器内部滤网	一年清洗一次
洗净单元配管部材	两年更换一次
链条滚动轴承	一个月加一次润滑油

波峰焊助焊剂喷雾系统的保养，按表 4-10 定期进行。

表 4-10 波峰焊助焊剂喷雾系统的保养

保养装置	保养内容
喷嘴	每日下班后将喷嘴放酒精箱浸泡
电眼	每日下班前擦拭
汽缸移动导轨	每日下班前擦拭
空气过滤器	每日下班前放水
过滤网	每两周用酒精浸泡一次

3）常见波峰焊缺陷及排除方法

一般波峰焊缺陷原因及对策如表 4-11 所示。

表 4-11 一般波峰焊缺陷及原因对应表

现象	原因	对策
焊点不全	（1）助焊剂喷涂量不足	（1）加大助焊剂喷涂量
	（2）预热不好	（2）提高预热温度、延长预热时间
	（3）传送速度过快	（3）降低传送速度
	（4）波峰不平	（4）稳定波峰
	（5）元件氧化	（5）除去元件氧化层或更换元件
	（6）焊盘氧化	（6）更换 PCB
	（7）焊锡有较多浮渣	（7）除去浮渣

续表

现　象	原　因	对　策
短路	（1）PCB 浸锡时间短	（1）调整波峰或传送速度
	（2）PCB 预热不足	（2）调整预热温度
	（3）助焊剂喷涂量过多	（3）检查助焊剂喷涂量
	（4）电路板设计不良	（4）改善 PCB 设计
光泽性差	（1）焊锡中杂质过多	（1）检查焊锡纯度
	（2）铜箔表面，组件引脚氧化	（2）清洁被氧化组件
	（3）助焊剂锡焊性差	（3）检查助焊剂
	（4）焊锡温度不合适	（4）调整，检查锡炉温度
虚焊，气泡	（1）焊锡温度低	（1）调整，检查锡炉温度
	（2）助焊剂锡焊性差	（2）检查助焊剂
	（3）传送速度过快	（3）调整传送速度
	（4）PCB 板受潮产生气泡	（4）干燥 PCB 板
	（5）铜箔面积，孔径过大	（5）改善 PCB 设计
焊锡冲上印制板	（1）印制板压锡深度太深	（1）降低压锡深度
	（2）波峰高度太高	（2）降低波峰高度
	（3）印制板翘曲	（3）整平或采用框架固定
线路板翘曲	（1）焊锡温度过高	（1）调整，检查锡炉温度
	（2）传送速度过慢	（2）调整传送速度

4.5.6　小型焊接系统操作（以 HAKK0485 为例）

1．工作步骤

（1）（机体部分 485#）接通电源箱（专用 100/110 V，50/60 Hz）。打开机体后部盖板，打开电流漏电断路器，即把黑色开关打到上面。

打开机体前面的电源开关，接通启动运行开关到手动（MANUAL）或自动（AUTO）位置，这时开始加热。

利用数显温度控制仪设定加热温度，一般设定为 250 ℃。当打到自动（AUTO）位置时，调节数显显示器（调定 250 ℃，482 ℉，4 分钟）。

大约一个多小时后温度达到预定点时，温度控制指示灯开启，从“▲”（红色）移动到“｜｜｜｜”（中央）位置。待“READY”（准备）指示灯亮，则可正常使用。

按工艺要求选择合适的液流喷嘴，固定在锡炉流动出口上。

自动（AUTO）功能使用时，注意波峰涌出的时间，因这时波峰依靠计时器的设立时间开或关。

手动功能（MANUAL）使用时，波峰涌出不受时间限制，只有停止操作时，波峰才会停止。

以上两种操作状态是通过脚踏开关实现的。

（2）关机步骤：工作完成后，关掉电源开关。

2．注意事项

（1）整个升温和焊接的过程都要在通风情况下进行。

（2）随机检查锡炉内焊料的数量，及时补充焊料，注意不能过多而溢出。

（3）机器出现异常情况，由专业维修人员解决。

（4）安全性要求：使用或进行保养时要防止高温烫伤，需戴防护手套操作。

4.6 电路板维修

4.6.1 维修工具

1．IC 拔放台（又名热风枪）

热风枪主要由气泵、气流稳定器、线性电路板、手柄、外壳等基本组件构成。其主要作用是拆焊小型贴片元件和贴片集成电路，如图 4-115 所示。

1）操作步骤

（1）插好电源，打开电源开关。

（2）根据需要拔放的 IC 的情况，调节适当的温度，热风枪的温度可调至 3～4 挡，风量可调至 2～3 挡，风枪的喷头离芯片 2.5 cm 左右为宜。

（3）吹焊时应在芯片上方均匀加热，直到芯片底部的锡珠完全熔解，此时应用手指钳将整个芯片取下。

（4）操作完毕，调节温度，等待加热芯冷却。

（5）调节风力旋钮，关闭热风。

（6）关闭电源。

2）注意事项

（1）热风枪的喷头要垂直焊接面，距离要适中；热风枪的温度和气流要适当；

（2）吹焊结束时，应及时关闭热风枪电源，以免手柄长期处于高温状态，缩短使用寿命。

（3）切勿用手接触或靠近热风，以免烫伤。

2．吸锡枪

吸锡枪如图 4-116 所示。

图 4-115 热风枪

图 4-116 吸锡枪

吸锡枪内部构成，如图 4-117 所示。

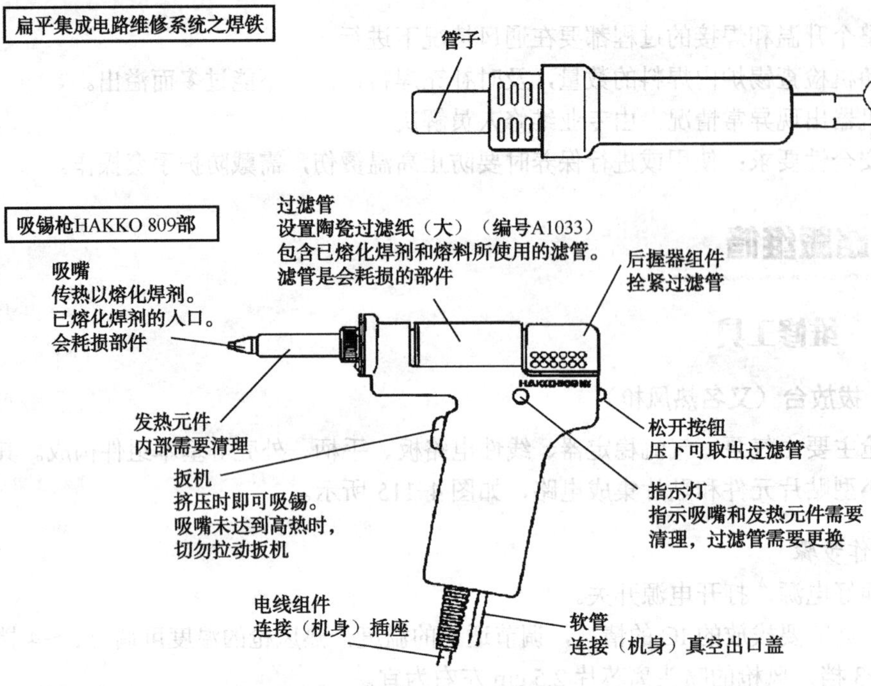

图 4-117　吸锡枪内部构成

1）操作步骤

（1）插好电源，打开电源开关。

（2）根据 PCB 焊盘的情况，调节台面前温度旋钮以获得适当的温度。注意随时清理吸锡枪头以及枪头后面的残留锡渣，以便保持枪内清洁。

（3）开机 3 分钟后，待升高到需要的温度（一般设置温度为 380-480 ℃之间），进行吸锡作业，为了能更准确设定温度，在吸嘴处使用电烙铁温度计量测温度，并调整温度控制钮配合之。

（4）操作完毕，清理吸锡枪头孔内杂物、在吸嘴的焊镀层部分涂上少量焊料，保持吸嘴有光泽，调低温度，等待加热芯冷却。

（5）最后关闭电源，操作完成。

2）注意事项

注意不要碰到正在使用的吸锡枪头，以免烫伤。

3. BGA 返修台

BGA 球栅列阵（Ball Grid Array）：集成电路的一种包装形式，其输入、输出点是在元件底面上按栅格样式排列的锡球，如图 4-118 所示。BGA 返修台即是对 BGA 封装形式的集成电路进行拆卸与焊接的专用设备，如图 4-119 所示。其焊接过程主要有芯片定位、焊接温度曲线设定、实施焊接等步骤。

BGA 返修台操作步骤如下。

（1）打开总电源，打开气源并检查气压。

BGA芯片：

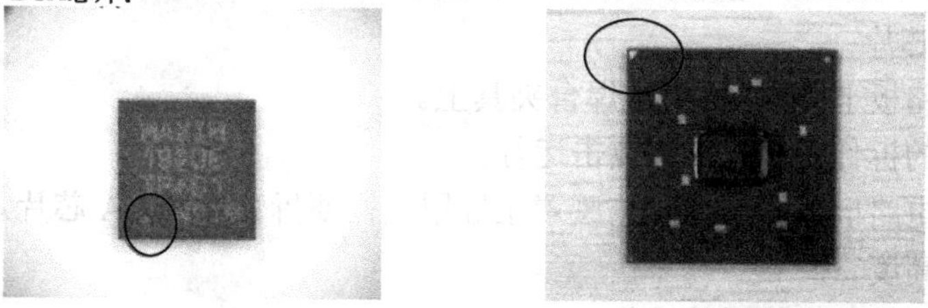

图 4-118　BGA 芯片

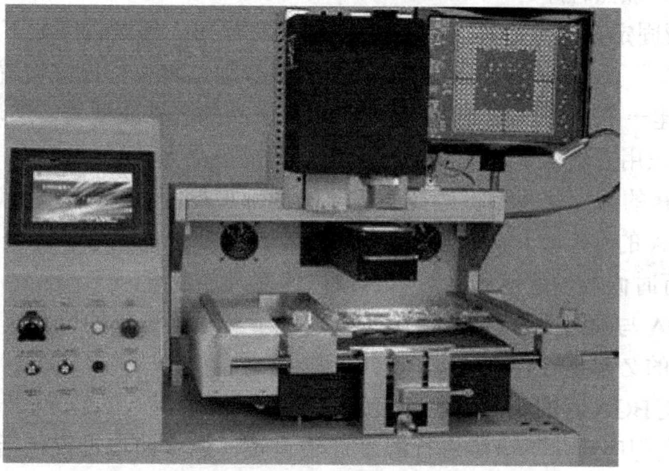

图 4-119　BGA 返修台

（2）按下计算机电源开关，电脑显示操作系统，选择桌面上的“SMART　REWORK”并双击进入 SR-2M 软件系统。

（3）编制拆片加热程序。

放置 PCB 板固定在定位治具上，并且保证 PCB 平整。编制程序如下。

① 根据屏幕显示以管理员（ADMIN）的权限登陆，将执行模式设置为拆片模式，点击“NEW”按钮新建一个产品，在“Filename”输入产品的名称或型号，然后点击“SAVE”按钮存储。之后要应用更新保证所编制的程序为当前的产品名称。

② 根据 PCB 的尺寸使用左键选择所需要的低部加热区。

③ 编辑 BGA 的数据，包括 BGA 型号、大小尺寸、球的大小、球个数等。

④ 设置运行时各轴的速度，可单独设顶速度及加速度。

⑤ 进行 BGA 与喷嘴对位时，设置 CCD 对吸嘴和喷嘴聚焦的位置，BGA 对位完成后，设置头部加热时的 Z 轴所在位置。

⑥ 进行以上程序后，下一步进行温度曲线设置，温度曲线设置包括总的加热数、当前加热区号、当前加热区的长度、当前加热区上部加热器设置温度、当前加热区上部加热器吸嘴高度调整、当前加热区是否打开真空、当前加热区是否加热、当前加热区下部红外加热器设置温度、当前加热区下部热风加热器设置温度、当前加热区下部红外加热器是否加热、当前加热区下部热风加热器是否加热、当前加热区底部加热器开启分布设置、当前加热区底部加热器是否加热。设置以上所有项目后需要点击“APPLY”按钮。

⑦ 最后单击“FINISH”按钮完成此程序编制。

（4）拆 BGA 芯片

① 将不良电路板卡固定在 BGA 焊台夹具上。

② 选择相应的拆件程序打开并点击运行。

③ 调解不良电路板位置，使加热风罩正好罩住需要拆下的 BGA 芯片。

④ 调节加热高度。

⑤ 按照程序提示，执行拆件动作。

（5）编制贴片加热程序

放置 PCB 板固定在定位治具上，并且保证 PCB 平整。编制程序如下。

① 根据屏幕显示以管理员（ADMIN）的权限登陆，将执行模式设置为拆片模式，单击“NEW”按钮新建一个产品，在“Filename”输入产品的名称或型号，然后单击“SAVE”按钮存储。之后要应用更新保证所编制的程序为当前的产品名称。

② 根据 PCB 的尺寸使用左键选择所需要的低部加热区。

③ 编辑 BGA 的数据，包括 BGA 型号、大小尺寸、球的大小、球个数等。

④ 设置运行时候各轴的速度，可单独设顶速度及加速度。

⑤ 进行 BGA 与喷嘴对位时，设置 CCD 对吸嘴和喷嘴聚焦的位置，BGA 对位完成后，设置头部加热时的 Z 轴所在位置。

⑥ 设置贴装 BGA 时的头部吸嘴高度所在的位置。

⑦ 进行以上程序后，下一步进行温度曲线设置，温度曲线设置包括总的加热数、当前加热区号、当前加热区的长度、当前加热区上部加热器设置温度、当前加热区上部加热器吸嘴高度调整、当前加热区是否打开真空、当前加热区是否加热、当前加热区下部红外加热器设置温度、当前加热区下部热风加热器设置温度、当前加热区下部红外加热器是否加热、当前加热区下部热风加热器是否加热、当前加热区底部加热器开启分布设置、当前加热区底部加热器是否加热。设置以上所有项目后需要点击“APPLY”按钮。

⑧ 最后单击“FINISH”按钮完成此程序编制。

（6）焊接 BGA 芯片

① 将不良电路板固定在 BGA 焊台夹具上。

② 选择相应的拆件程序打开并点击运行。

③ 将需要焊接的 BGA 芯片放在吸嘴上让其吸住 BGA 芯片。

④ 调整电路板位置，使 BGA 锡球与电路板上焊盘图像重合。

⑤ 调整加热高度。

⑥ 按照程序提示，执行焊接动作。

（7）设备操作结束后，应首先关闭计算机电源、设备总电源及线路总开关电源。

4.6.2 维修流程

1．生产维修流程

不良产品标识→故障产品送修→接收不良产品→放置不良产品区→对不良产品故障现象进行确认→根据测试故障实施维修→维修后测试确认→维修产品返线→重新检验。

2. 维修原则

1）先动口再动手

对于熟悉的有故障的电子产品，不应急于动手，应先了解产生故障的经过及故障现象。对于不熟悉的产品，应先了解产生故障的过程及故障现象，同时还应熟悉电路原理和结构特点，遵守相应规则。拆卸前要充分熟悉每个电气部件的功能、位置、连接方式以及与周围其他部件的关系，在没有组装图的情况下，应一边拆卸，一边画草图，并做好标记。

2）先外部后内部

应先检查待修产品外观有无明显裂痕、缺损，了解其维修史、使用年限、产生工序等，然后再对产品内部进行检查。拆前应排除周边的故障因素，确定为机内故障后才能拆卸，否则，盲目拆卸，可能将待修产品越修越坏。

3）先机械后电气

复杂的电子产品，一般在确定机械零件无故障后，再进行电气方面的检查。检查电路故障时，应利用检测仪器寻找故障部位，确认无接触不良故障后，再有针对性地查看线路与机械的运作关系，以免误判。

4）先静态后动态

在待修产品未通电时，判断电气设备按钮、接触器、热继电器以及保险丝的好坏，从而判定故障的所在。通电试验，听其声、测参数、判断故障，最后进行维修。

5）先清洁后维修

对污染较重的待修产品（一般是市场返修产品），先对其按钮、接线点、接触点进行清洁，检查外部控制键是否失灵。许多故障都是由脏污及导电尘块引起的，一经清洁故障往往会排除。

6）先电源后设备

电源部分的故障率在整个电子类故障产品中占的比例很高，所以先检修电源往往可以事半功倍。

7）先普遍后特殊

因装配配件质量或其他设备故障而引起的故障，一般占常见故障的50%左右。电气设备的特殊故障多为软故障，要靠经验和仪表来测量和维修。

8）先外围后内部

先不要急于更换损坏的电气部件，在确认外围设备电路正常后，再考虑更换损坏的电气部件。

3. 维修一般方法

1）直观检查法

（1）打开产品机壳之前的检查：观察产品的外表，看有无碰伤痕迹，机器上的按键、插口、电器设备的连线有无损坏等。

（2）打开机壳后的检查：观察线路板及机内各种装置，看保险丝是否熔断；元器件有无相碰、断线；电阻有无烧焦、变色；电解电容器有无漏液、裂胀及变形；印制电路板上的铜箔和焊点是否良好，有无已被他人修整、焊接的痕迹等，在机内观察时，可用手拨动一些元器件、零部件，以便直观法充分检查。

（3）通电后的检查：这时眼要看电器内部有无打火、冒烟现象；耳要听电器内部有无异常声音；鼻要闻电器内部有无炼焦味；手要摸一些管子、集成电路等是否烫手，如有异常发热现象，应立即关机。

2）测量检查法

（1）电阻测量法

原理：电阻测量法是利用万用表欧姆挡测量电器的集成电路、晶体管各引脚和各单元电路的对地电阻值，以及各元器件自身的电阻值来判断故障的一种检修方法。

应用：电阻法是检修故障的最基本的方法之一。一般而言，电阻法有“在线”电阻测量和“脱焊”电阻测量两种方法。

“在线”电阻测量，由于被测元器件接在整个电路中，所以万用表所测得的阻值受到其他并联支路的影响，在分析测试结果时应给予考虑，以免误判。正常所测的阻值会小于或等于元器件的实际标注阻值，不可能存在大于实标标注阻值，若是，则所测的元器件存在故障。

“脱焊”电阻测量，将被测元器件一端或将整个元器件从印制电路板上脱焊下来，再用万用表电阻测量的一种方法，这种方法操作起来较麻烦，但测量的结果却准确、可靠。

注意事项：

① 测量与其他电路有联系的元器件或电路时，需注意电路的并联效应，必要时断开被测电路一端测量；

② 测量回路中有电表表头时，应将表头短路，以免损坏表头。

③ 若被测电路中有大电容时，应首先放电。

④ 根据被测电阻阻值的大小，应选用适当量程。

⑤ 电机、变压器的绝缘测量应用兆欧表。

（2）电压测量法

原理：电压测量法是通过测量电子线路或元器件的工作电压并与正常值进行比较来判断故障的一种检测方法。

应用：经常测试的电压是各级电源电压、晶体管的各极电压以及集成块各引脚电压等。一般而言，测得电压的结果是反映电器工作状态是否正常的重要依据。电压偏离正常值较大的地方，往往是故障所在的部位。电压测量法可分为直流电压检测和交流电压检测两种方法。

注意事项：

① 正确选择参考点，一般情况下参考点是以地端为标准，但某些特殊电路的电源负端、正端都不接地，参考点应以该局部电路的电源负端为参考点。

② 注意电路的并联效应及电表对电路的影响，有时某一元件电压失常，并不一定是这个元件损坏，有可能是相邻元器件发生故障引起的。

（3）电流测量法

原理：电流测量法是通过检测晶体管、集成电路的工作电流，各局部的电流和电源的负载电流来判断电器故障的一种检修方法。

应用：主要测量电子产品整机工作电流或某一电路中的工作电流。电流检查往往比电阻检查更能反映出各电路静态工作是否正常。测量整机工作电流时，须将电路断开（或取下直流保险丝），将万用表电流挡（选择最大量程）串入电路中（应将万用表接好后再通电）；另外，还可以测量电子设备插孔电流、晶体管和集成电路的工作电流、电源负载电流、电容器漏电电流、空载变压器电流、过荷继电器动作电流等。家电测量时必须预先选好量程，防止量程过小而损坏电表。

（4）波形测量法

用示波器测量波形，比较直观地检查电路动态工作状况，这是其他方法无法比拟的。

注意事项：

① 选择公共点作为示波器地线，地线必须接触良好，否则波形不稳或看不到波形。

② 被测设备的地线必须是“冷”地（即与电网是隔离的）。

③ 示波器探头输入阻抗要高，否则对被测电路有影响。

④ 示波器输入信号应在量程范围内，否则易损坏示波器。

3）干扰法

原理：主要检查待修产品在输入适当的信号时才表现出来的故障的一种检修方法。

应用：方法是用镊子、螺丝刀、表笔等简单工具碰触某部分电路的输入端，利用人体感应或碰触中的杂波作为干扰信号，输入到各级电路；或用短路法使晶体管基极对地（连续或瞬间）短路，在给电路输入端加入这些干扰信号的同时，可用万用表或示波器在电路的输出端进行测量。注意荧光屏上是否有噪波干扰、喇叭中是否有噪声干扰，以判断被检查部位能否传输信号来判断故障部位。最好从最后一级逐渐向前检查。

4）等效替换法

原理：等效替换法是用规格相同、性能良好的元器件或电路，代替故障电器上某个被怀疑而又不便测量的元器件或电路，从而来判断故障的一种检测方法。

应用：在大致判断了故障部位后还不能确定造成故障的原因时，对某些不易判断的元器件（如电感局部短路、集成电路性能变差等），用同型号或能互换的其他型号的元器件或部件替换。在缺少测量仪器仪表时的维修，往往用替换法排除故障，尤其对插入式安装的元器件更是简单可行。

注意事项：

（1）替换的元器件应确认是好的，否则将会造成误判而走弯路。

（2）对于因过载而产生的故障，不宜用替换法，只有在确认不会再次损坏新元器件或已采取保护措施的前提下才能替换。

5）比较法

原理：通过对相同电子产品的电气参数对比来判断故障的一种检测方法。

应用：维修有故障的电子产品时，若有两台，可以用另一台好的作比较。分别测量出两台产品同一部位的电压、工作波形、对地电阻、元器件参数等来相互比较，可方便地判断故障部位。另外，平时多收集一些电子设备的各种数据，以便检修时作比较。

6）隔离法

原理：隔离法是把故障有牵连的电路从总电路中隔离出来，通过检测，肯定一部分，否定一部分，一步步地缩小故障范围，最后把故障部位孤立出来的一种检测方法。

应用：适用于各部分既能独立工作，又可能相互影响的电路（如多负载并联排列电路、分叉电路）。这时可将某电路各个部分一个一个地断开，一步一步地去缩小故障范围。如当测量到某点对地短路时，首先看看是由哪几个支路交汇于这一点，然后逐一或有选择地分别将各支路断开，当断开某一支路时短路现象消失，则说明短路元件就在此条支路上。然后再沿这一支路，继续用上述方法查找，直到查到短路元件为止。当然，在查找的过程中，串接有较大阻值电阻的支路可不用考虑。

7）短路法

原理：短路法是用一只电容或一根跨接线来短路电路的某一部分或某一元件，使之暂时失去作用，从而来判断故障的一种检测方法。

应用：短路法主要适用于检修故障电器中产生的噪声、交流声或其他干扰信号等，对于判断电路是否有阻断性故障十分有效。

应用短路法检测电路过程中，对于低电位，可直接用短接线直接对地短路；对于高电位、应采用交流短路，即用 20 μF 以上的电解电容对地短接，保证直接高电位不变；对电源电路不能随便使用短路法。

8）信号追踪法

原理：信号追踪法是将信号逐级注入电器可能存在故障的有关电路中，然后再利用示波器和电压表等测出数据或波形，从而判断各级电路是否正常的一种检测方法。

应用：用示波器、逻辑探头或万用表，按信号流程选择正确的检测点，检测电阻、电压、电流、信号波形、逻辑电平等是否正常。

测试要点：

（1）由不正常的检测点开始沿信号通路往回测试。

（2）先大范围寻找故障源，再小范围仔细测试（对于串联电路，可以从中间插入进行检测）。

习题 4

一、填空题

1．手工焊锡主要工具是________，正确的握电烙铁方法是________焊接好后，电烙铁以基于被焊体约________度角移开。

2．在焊接时，应按照________或样板的要求进行焊接

3．焊接时要快，一般焊接时间应不超过________秒。

4．焊接时要经常清洗烙铁头，防止烙铁头的杂物造成________、________、________等不良发生。

5．焊锡满足的条件有________、________、________。

6．通用的电烙铁按加热方式可分为________和________两大类。

7．轴向元器件：元件引脚从两端引出的称为轴向元件，一般包括________、________、________、________和部分电容器等。

8．径向元器件一般包括________、________、________、________、________等。

9．焊接的目的________、________、________。

10．加热焊接部位，用适当的力将烙铁头压在加热的部位。电烙铁与铜箔之间角度为 40 度至________度。

11．执锡补焊时应按照从________到________，由________到________的顺序，避免检查时漏检或焊接时漏修。

12．绝缘导线加工步骤为________、________、________、________、浸锡。

13．热风焊烙铁（热风枪）用于________的拆焊。

14．元器件插（装）入电路板的顺序一般应掌握从左到右、________、________的原则或遵照具体电路板卡的工艺规定执行。

15．装焊，主要是对焊接后的印制电路板卡进行检查修理、装联焊接所缺元器件，根据通用的电路板卡生产工艺流程，一般包括________、________、________、________、班检检查等工序。

16．目测即是用目视的方法检查所贴元件是否有少件、________、________、________、________、虚焊、元件偏移、元件极性错误、锡球、PCB 脏等不良现象，其中焊点质量还应符合贴片元件的合格焊点标准，并对发现的不良现象进行修正并记录，出现异常情况及时进行反馈处理。

17．波峰焊设备包含四部分________、________、________、________。

18．实施 AOI 的两大基本指导原则是________和________。

19．热风枪主要由________、________、________、手柄、外壳等基本组件构成。

20．插装通常是指将元件的引脚插入电路板上相对应的安装孔内，一般分为________插装和________插装两种。

二、选择题

1．根据作业指导书或样板之要求，该焊元件未焊，焊成其他元件叫____。

A．焊反　　B．错焊　　C．漏焊

2．加锡的顺序是____。

A．先加热后放焊锡　　B．先放锡后焊　　C．锡和烙铁咀同时

3．根据作业指导书或样板之要求，不该断开的地方断开叫____。

A．短路　　B．开路　　C．连焊

4．手工焊接时所需要的工具是____。

A．焊枪

B．电烙铁、红外线测温仪

C．焊炉

5．焊锡过程中使用的材料有____。

A．铝丝　　B．锡丝　　C．焊条

6．锡线的拿法有两种，下图____是用于可连续的送出锡线以及面积大、广的操作。

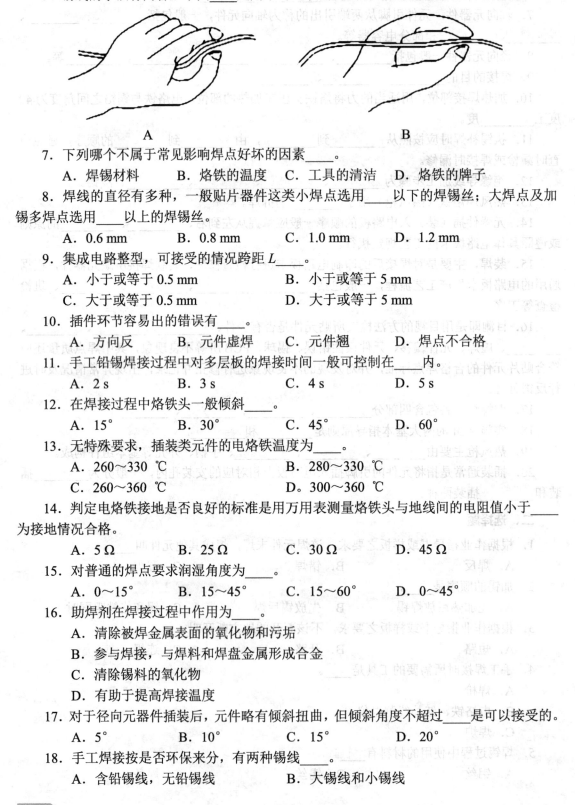

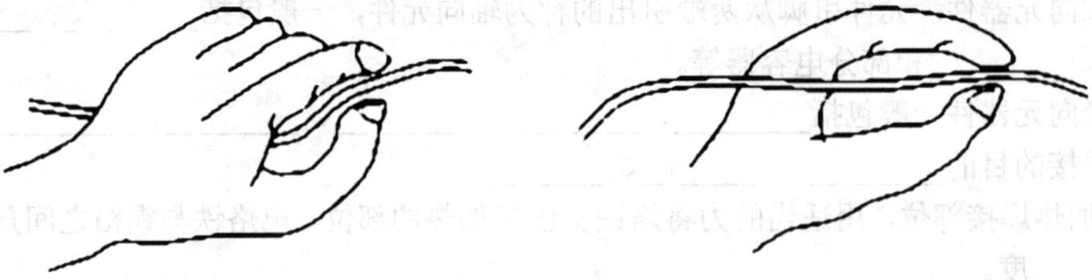

A　　　　　　　　　　　　　　B

7．下列哪个不属于常见影响焊点好坏的因素____。

A．焊锡材料　　B．烙铁的温度　　C．工具的清洁　　D．烙铁的牌子

8．焊线的直径有多种，一般贴片器件这类小焊点选用____以下的焊锡丝；大焊点及加锡多焊点选用____以上的焊锡丝。

A．0.6 mm　　B．0.8 mm　　C．1.0 mm　　D．1.2 mm

9．集成电路整型，可接受的情况跨距 L____。

A．小于或等于 0.5 mm　　B．小于或等于 5 mm

C．大于或等于 0.5 mm　　D．大于或等于 5 mm

10．插件环节容易出的错误有____。

A．方向反　　B．元件虚焊　　C．元件翘　　D．焊点不合格

11．手工铅锡焊接过程中对多层板的焊接时间一般可控制在____内。

A．2 s　　B．3 s　　C．4 s　　D．5 s

12．在焊接过程中烙铁头一般倾斜____。

A．15°　　B．30°　　C．45°　　D．60°

13．无特殊要求，插装类元件的电烙铁温度为____。

A．260～330 ℃　　B．280～330 ℃

C．260～360 ℃　　D。300～360 ℃

14．判定电烙铁接地是否良好的标准是用万用表测量烙铁头与地线间的电阻值小于____为接地情况合格。

A．5 Ω　　B．25 Ω　　C．30 Ω　　D．45 Ω

15．对普通的焊点要求润湿角度为____。

A．0～15°　　B．15～45°　　C．15～60°　　D．0～45°

16．助焊剂在焊接过程中作用为____。

A．清除被焊金属表面的氧化物和污垢

B．参与焊接，与焊料和焊盘金属形成合金

C．清除锡料的氧化物

D．有助于提高焊接温度

17．对于径向元器件插装后，元件略有倾斜扭曲，但倾斜角度不超过____是可以接受的。

A．5°　　B．10°　　C．15°　　D．20°

18．手工焊接按是否环保来分，有两种锡线____。

A．含铅锡线，无铅锡线　　B．大锡线和小锡线

C．含助焊剂锡线和无助焊剂锡线　D．高档锡线和低档锡线

19．清洁用海绵使用过程中加水的频率一般为____。

A．1 小时/次　B．2 小时/次　C．4 小时/次　D．8 小时/次

20．比较接近无铅焊锡的熔点是____。

A．183 ℃　B．217 ℃　C．245 ℃　D．255 ℃

21．手工焊接贴片电阻，使用有铅锡线，最合适的温度是____。

A．310 ℃　B．184 ℃　C．340 ℃　D．370 ℃

22．按照工艺要求，烙铁温度与防静电手环一般应每天分别测量____。

A．1 次，1 次　B．2 次，1 次　C．1 次，2 次　D．2 次，2 次

23．一般焊接的时间控制在____。

A．1 s　B．2 s　C．3 s　D．4 s

24．元器件成型后，元件引脚上的刻痕、损伤或形变没有超过引脚直径的宽度或厚度的____是可以接受的。

A．5%　B．10%　C．15%　D．20%

25．水平安装的轴向元件如果需要抬高安装，元器件体距离 PCB 板面的高度 H 为____。

A．0.5 mm $\leqslant H \leqslant 2D$　B．1 mm $\leqslant H \leqslant 2D$

C．1.5 mm $\leqslant H \leqslant 2D$　D．2 mm $\leqslant H \leqslant 2D$

26．如图 4-120 所示的焊点异常情况属于____。

A．针孔　B．不润湿　C．焊锡过量　D．焊接毛刺

图 4-120　焊点异常情况

三、判断题

1．用烙铁焊接时候，温度越高越好焊接。（　）

2．焊接时候烙铁温度过高，容易起铜皮。（　）

3．焊点上的锡越多越好。（　）

4．开关没有极性，但有方向。（　）

5．焊接时锡线放在烙铁头上先熔化，再焊在元件引脚上。（　）

6．戴防静电手环很麻烦，焊接时可以不用了。（　）

7．为了方便操作，板件之间可以相互叠板。（　）

8．焊点表面的焊锡形成尖锐的突尖。这多是由于加热温度不足或焊剂过少，以及烙铁离开焊点时角度不当。（　）

9．电阻的单位是欧姆，电容的单位是法拉 。（　）

10．对于铜箔断的修理，只要加锡焊住即可，无需对铜箔进行固定处理。（　）

11．一个元件生产出来以后，一直到它损坏之前，所有的过程都受到静电的威胁。（　）

12．产品样机试制或学生整机安装实习时，常采用手工独立插装、手工焊接方式完成印制电路板的装配。（　　）

13．一般情况下的筛选，主要是查对元器件的型号、规格，并不进行外观检查。（　　）

14．直观法是通过人的眼睛或其他感觉器官去发现故障、排除故障的一种检修方法。（　　）

15．电阻法是检修故障的最基本的方法之一。一般而言，电阻法有“在线”电阻测量和“脱焊”电阻测量两种方法。（　　）

三、简答题

1．简述电烙铁的正确使用和保养方法。

2．简述助焊剂作用。

3．良好焊点的标准有哪些？

4．请标出下列元件的正极或第一引脚。

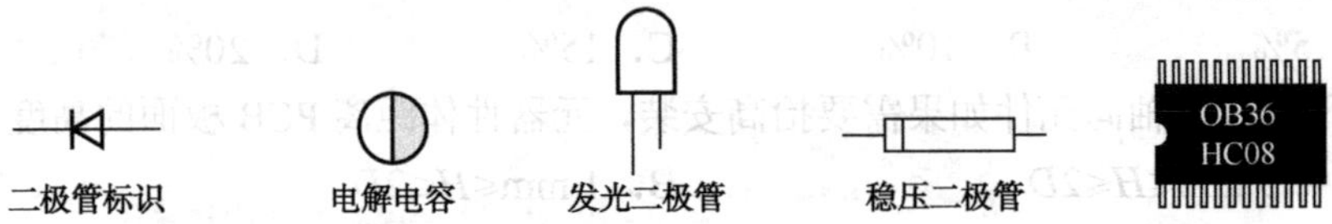

5．请描述一下焊接步骤及注意事项。

6．简述拿放板卡时需注意哪些问题。

7．轴向元器件理想的成型情况（答出主要的三条即可）。

8．AOI 检测原则。

四、论述题

电子产品维修原则及维修方法，请结合实例进行阐述。

第5章

电子产品整机装配与调试

学习指导

本章分2节，主要讲述电子产品整机装配与调试的相关知识，包括装配的常用物料及工具、装配的基本要求，以及整机调试的基本流程与方法。

其中5.1节建议5课时，5.2节建议5课时。

本章需要掌握电子产品整机装配所需的常规物料的识别方法，常用工具的使用方法，整机检测的分类、流程，以及检测流程，熟悉整机调试的基本项目要求，了解相关的设备操作知识。

5.1 整机装配

5.1.1 常见紧固件

1. 常见螺纹

螺纹是一种在固体外表面或内表面的截面上，有均匀螺旋线凸起的形状。根据其结构特点和用途可分为三大类。

（1）普通螺纹：牙形为三角形，用于连接或紧固零部件。普通螺纹按螺距分为粗牙和细牙螺纹两种，细牙螺纹的连接强度较高。

（2）传动螺纹：牙形有梯形、矩形、锯形及三角形等。

（3）密封螺纹：用于密封连接，主要是管用螺纹、锥螺纹与锥管螺纹。

1）普通螺纹规格及表示方法（GB193—1981）

粗牙普通螺纹用字母“M”及公称直径表示，细牙普通螺纹用字母“M”及“公称直径×螺距”表示，其尺寸单位“毫米”或“mm”不需注明，当螺纹为左旋时，在规格后加注“左”字。

例如，M24 则表示公称直径为 24 mm 粗牙普通螺纹（暗示含义：M 表示公制普通螺纹，牙形为 60°，右旋，螺距为 3 mm）。

再如，M24×1.5 左（M24 则表示公称直径为 24 mm，1.5 表示细牙螺纹，螺距为 1.5 mm），左则表示左旋）。

2）惠氏螺纹（英制螺纹）

惠氏螺纹规格用公称直径（单位为 in，习惯上用符号“//”表示）每英寸牙数和代号（如粗牙为 BSW，细牙为 BSF）来表示。例如，3/8″-16BSW，表示公称直径为 3/8″，每英寸 16 个牙的粗牙惠氏螺纹。再如，1″-10BSF，表示公称直径为 1″，每英寸 10 牙的细牙惠氏螺纹。

3）统一螺纹（也称为美制螺纹）

统一螺纹的特点是其螺纹角度和公制一样为 60°。而其螺距和英制一样，是采用每英寸多少个牙（UNC—粗牙，UNF—细牙）表示。例如，1/2″-13UNC，表示公称直径为 1/2″，每英寸 13 个牙的粗牙统一螺纹。再如，1″-12UNF，表示公称直径为 1″，每英寸 12 牙的细牙统一螺纹，如 ZM10，表示基面公称外径为 10 mm 的美制螺纹。

统一螺纹在实际中用得比较少，在计算机行业中较多见，如笔记本电脑、台式计算机中有相当一部分进口零件中有统一螺纹。

2. 螺栓

1）材料

螺栓材料机械性能等级分为 10 级有 3.6、4.6、4.8、5.6、5.8、6.8、8.8、10.9、11.9、12.9。3.6 级一般为低碳钢制作，12.9 级由高级合金钢淬火并回火处理。

例如，M4 螺钉，3.6 级：其抗拉强度为 8 mm^2×30=240 kg。屈服点：8 mm^2×10=80 kg。

螺栓 M10×100 GB30-76，表示粗牙普通螺纹，直径 10 mm，长 100 mm，机械性能按 5.8 级，不经表面处理的六角头螺栓。

螺栓 M10×100 GB31-76，表示粗牙普通螺纹，直径 10 mm，长 100 mm，机械性能按 5.8 级，不经表面处理的六角螺杆带孔螺栓。

2）典型的螺栓连接方式

图 5-1 的目的是将 A、B 两个连接体用螺栓连接在一起，受载后 A、B 两件不得有相对滑动。利用这个连接原理来实现总装各个零部件的固定。

正常情况，操作者按作业指导书的要求，将电动螺丝刀调到规定的力矩值，将螺钉放在被紧固部位，用电动螺丝刀将其紧固即可完成。

3．自攻螺钉

自攻螺钉头型主要有盘头（P）、沉头（F）和半沉头（O），如图 5-2 所示。

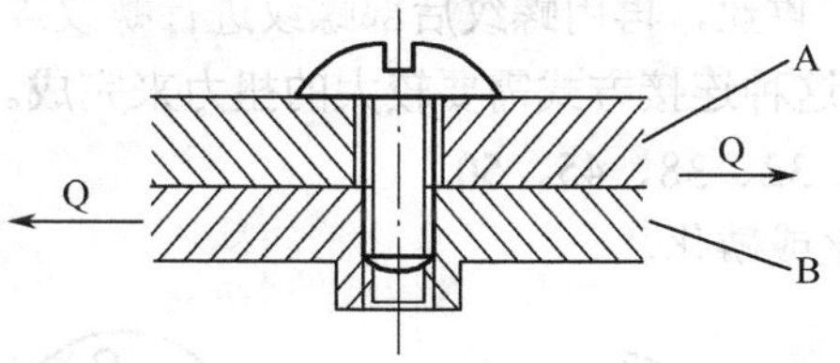

图 5-1　螺栓

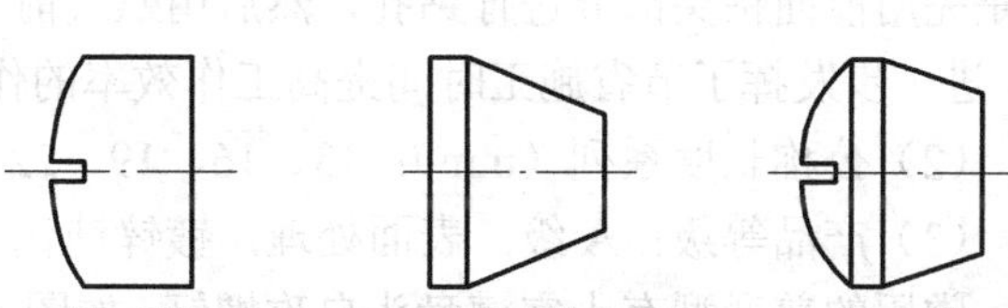

（a）P型　（b）F型　（c）O型

图 5-2　自攻螺钉

技术指标：芯部硬度、表面硬度、渗碳层（主要目的增强表面硬度，保证牙的强度）、扭入实验标准等。

其规格尺寸如表 5-1 所示。

表 5-1　自攻螺钉螺纹规格尺寸

自攻螺钉螺纹规格（mm）	螺纹外径（mm）	螺距 *P*（mm）	头部直径：盘头	头部直径：沉头、半沉头	头部高度：盘头 十字槽	头部高度：盘头 开槽	头部高度：沉头、半沉头	头部高度：六角头	螺纹号码	十字槽号	公称长度（mm）十字槽自攻螺钉：盘头	十字槽自攻螺钉：沉头 半沉头	开槽自攻螺钉：盘头	开槽自攻螺钉：沉头 半沉头	六角头自攻螺钉
ST2.2	2.24	0.8	4	3.8	1.6	1.3	1.1	1.6	2	0	4.5～16	4.5～16	4.5～16	4.5～16	4.5～16
ST2.9	2.9	1.1	5.6	5.5	2.4	1.8	1.7	2.3	4	1	6.5～19	6.5～19	6.5～19	6.5～19	6.5～19
ST3.5	3.53	1.3	7	7.3	2.6	2.1	2.35	2.6	6	2	9.5～25	9.5～25	6.5～22	9.5～25/22	6.5～22
ST4.2	4.22	1.4	8	8.4	3.1	2.4	2.6	3	8	2	9.5～32	9.5～32	9.5～25	9.5～32/25	9.5～25
ST4.8	4.8	1.6	9.5	9.3	3.7	3	2.8	3.8	10	2	9.5～38	9.5～32	9.5～32	9.5～32	9.5～32
ST5.5	5.46	1.8	11	10.3	4	3.2	3	4.1	12	3	13～38	13～38	13～32	13～38/32	13～32
ST6.3	6.25	1.8	12	11.3	4.6	3.6	3.15	4.7	14	3	13～38	13～38	13～38	13～38	13～38
ST8	8	2.1	16	15.8	6	4.8	4.65	6	16	4	16～50	16～50	16～50	16～50	13～50
ST9.5	9.65	2.1	20	18.3	7.5	6	5.25	7.5	20	4	16～50	16～50	16～50	19～50	16～50

自攻螺钉一般分为自攻螺钉和自钻自攻螺钉两种。

1）自攻螺钉

（1）用途：用于薄金属（铅、铜、低碳钢）、塑料等材料之间的螺纹连接。被连接体底座需事先钻一个合适的孔，才可将螺钉旋入主体制件中，形成螺纹连接。

（2）公称长度系列（mm）：4.5、6.5、9.5、13、16、19、22、25、32、38、45、50。分数形式的公称长度，分子为沉头螺钉长度，分母为半沉头螺钉长度。

（3）产品等级：A级。表面处理：镀锌钝化。

（4）机械性能按GB 3098.5—1985规定。表面硬度应大于或等于HRC45或HV450，芯部硬度应为HRC26～40或HV270～390。

2）自钻自攻螺钉

（1）用途：自钻自攻螺钉与普通自攻螺钉不同之处是其在连接时不需事先钻孔，工作原理是先用前面钻头部分进行钻孔，然后用螺纹前部自行攻丝，再用螺纹后部螺纹进行螺纹连接，进一步发挥了节省施工时间提高工作效率的作用。这种连接方式需要较大的扭力来完成。

（2）公称长度系列（mm）：13、16、19、22、25、32、38、45、50。

（3）产品等级：A级。表面处理：镀锌钝化、氧化或磷化。

常用的普通型有十字槽盘头自攻螺钉，如图5-3所示。

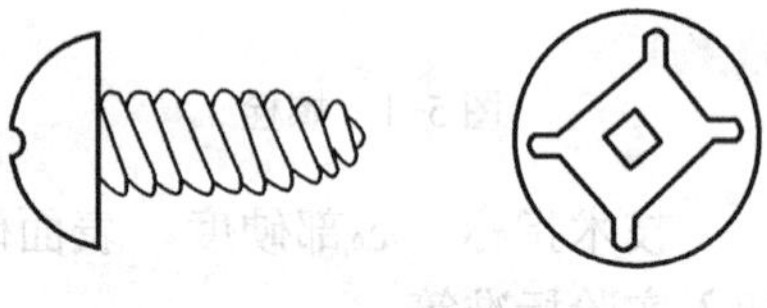

图5-3　自钻自攻螺钉

自攻螺钉特点如下。

（1）材料大多采用低碳合金钢制作，经过表面淬火处理后，一般硬度较高（≥HV560硬度）。

（2）自攻螺钉一般要求一次性装好，不可重复拆卸（因为底板是塑料体，反复拆卸必将对固定不利），特别禁止多次拆卸。

（3）优点为螺钉连接方便，省掉攻丝难做环节，缺点为紧固力不强，不能反复拆卸等。

4．垫圈

垫圈呈平圆盘形，中间有孔，为满足特定需要，孔可作成各种各样。垫圈夹在紧固部件和小螺钉或螺母等座面之间使用。其目的是防止紧固时由于施加在部件紧固面和螺钉座面之间的紧固压力，以及旋转摩擦等造成的损伤，更重要的是有防止螺钉松动的作用。

垫圈的种类有：①平垫圈，能防止平面受到转动螺母或螺钉的影响；②弹簧垫圈，也能保护平面，但上紧时，保持有弹簧张力，这可保持螺母不致松动；③带齿垫圈；④带爪垫圈。各种垫圈如图5-4所示。

平垫圈和弹簧垫圈的一般配合使用方法，如图5-5所示。

垫圈的材料有钢、黄铜和磷青铜等，对于在陶瓷或玻璃等上面用的垫圈，则使用由橡胶、石棉、硬纸板、铅和毛毡等材料制成的软垫圈。垫圈的表面处理一般是镀锌或镀镍。

5．螺母

螺母利用螺纹连接方法，与螺栓、螺钉配合使用，起连接紧固零部件作用。螺母有许多种类型，所有类型的螺母都有特定的用途。螺母结构的共同特点是能用手或者用扳手转动。螺母把压力施于螺钉或螺栓头以及被固定的物体上。用扳手上螺母时，必须仔细不要倒圆螺

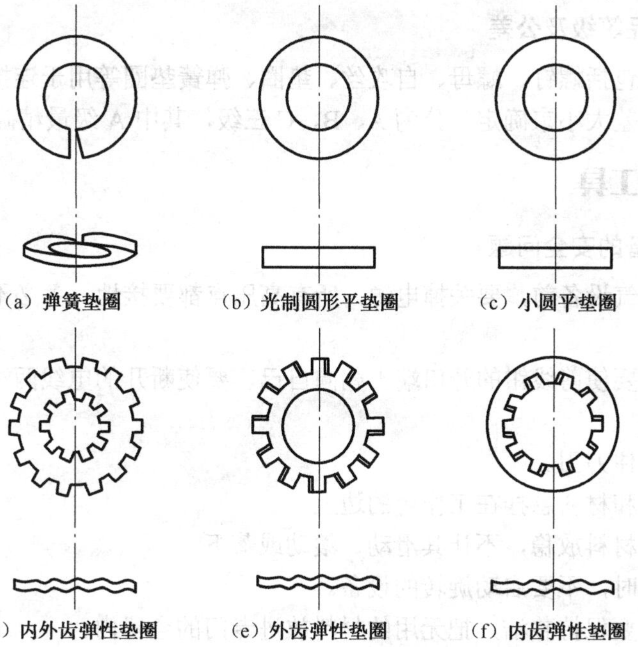

图 5-4　垫圈

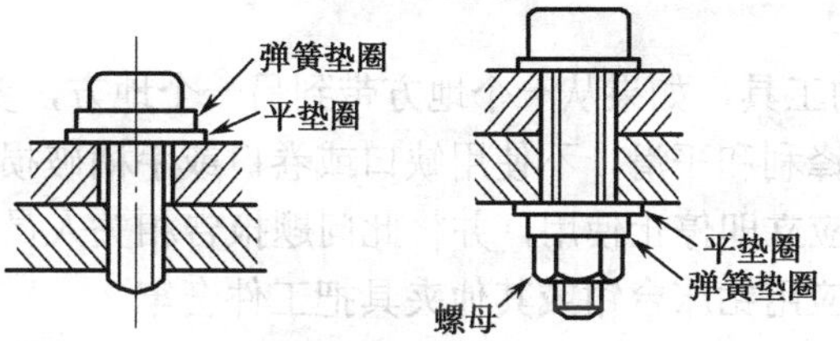

图 5-5　垫圈的使用

母的棱角或者剥落螺纹。

6. 压板和夹线板

压板和夹线板（图 5-6）的形状和尺寸多种多样，但除了尺寸和基本结构外，主要差别在于压板和夹线板上的覆盖物。例如，有些覆盖上塑料或橡胶以保护表面。压板和夹线板用来把导线、线束、零件和部件固定于确定的位置。它们提供一种机械连接，以减少电气连接处的运动和张力。

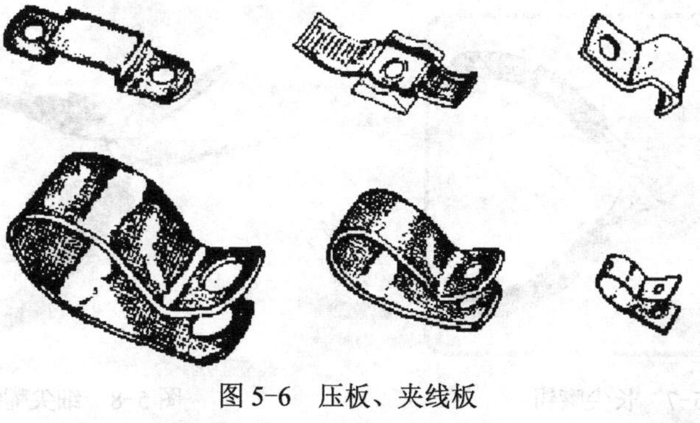

图 5-6　压板、夹线板

7．紧固件产品等级及公差

紧固件（主要包括螺钉、螺母、自攻丝、垫圈、弹簧垫圈等用于连接的标准件）产品等级由产品质量和公差大小来确定，分为A、B、C三级，其中A级最精确，C级最不精确。

5.1.2 常用工具

1．工具和设备的安全问题

（1）在操作电气设备前，要关掉电源，所有高压点都要接地，务必不能使电源偶然地接通。

（2）剪线时，要使剪线钳的开口端不朝向自己，要使断开的电线两端在自己的操作范围内。

（3）用护套罩住刀刃。

（4）不把工具和材料悬挂在工作台的边上。

（5）把工具和材料放稳，不让其滑动、滚动或落下。

（6）近旁有人时，不要启动旋转的设备。

（7）工作场地要保持整洁，把无用的材料放进专门的容器内。

（8）裂开的、破损的、粗糙的或松动的工具柄，在使用前就要替换或修理。锉刀只有装上手柄后，才能使用。

（9）带刃边或带尖的工具，如果从一个地方带到另一个地方，要将危险部位套好。

（10）螺丝刀要保持锋利和平滑，不使用缺口或卷口或手柄破损的螺丝刀。

（11）如砂轮摆动，应立即停止使用，并将此问题报告相关人员。

（12）使用钻床时，应用钻床台钳或其他夹具把工件套牢。

2．钳子

钳子的种类多种多样，其用途与应用随着类型而不同。下面的钳子是电子产品装配时最常用的。

（1）长尖嘴钳的钳口长而细，钳口末端很小（图5-7）。这种钳子容易损坏，用于精工处理小零件、小直径的导线和难于到达的地方。这种钳子不能用于折弯导线（除细导线外）或用作扳钳。

（2）细尖嘴钳和尖嘴钳相似。但为了增加强度，其细长钳口的根部较粗（图5-8）。这些钳子用于折弯和加工细导线以及夹持小零件。它不能用来折弯粗导线。

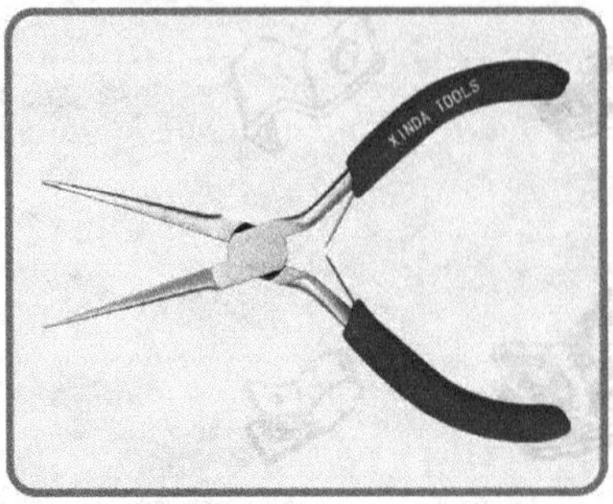

图5-7 长尖嘴钳

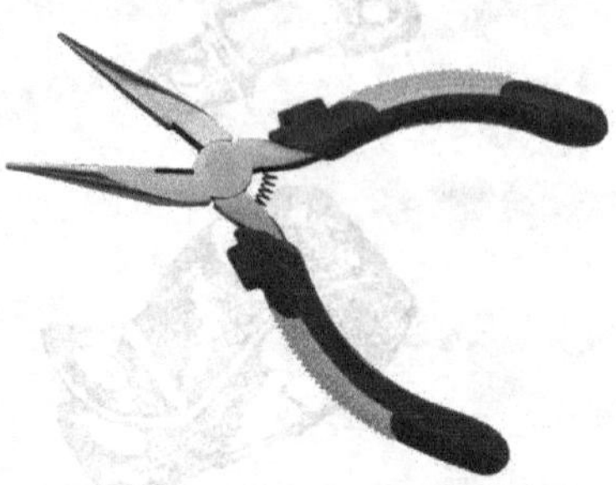
图5-8 细尖嘴钳

（3）针嘴钳尖端很细，钳口很薄。但薄钳口的根部固定在较粗的钳口之上增加了针嘴的牢固性（图 5-9）。针嘴钳用于处理细小零件和导线。它的尖端和长尖嘴钳大致相似，但其钳口较为牢固。需要时，可用较牢固的针嘴钳。

（4）斜口钳的钳嘴短，刃口平（图 5-10）。钳口小且靠近接合点，使得这种钳子易于使用，而不需要用很大力气。这种斜口钳只用于剪细小导线，如剪超过一般手剪强度的材料，就不应使用这种钳子。当需要用牢固的钳子时，应使用粗斜口钳。

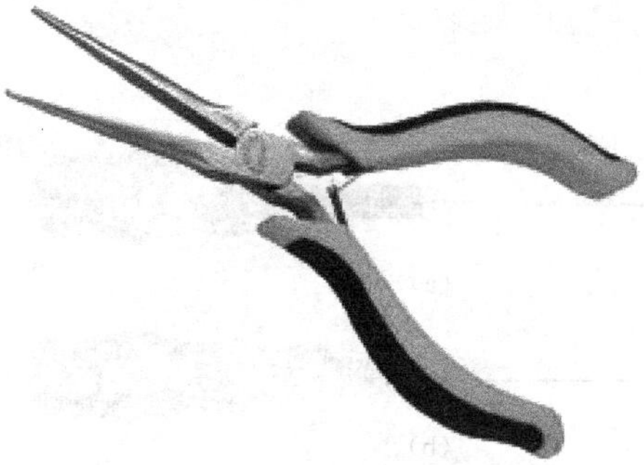

图 5-9　针嘴钳

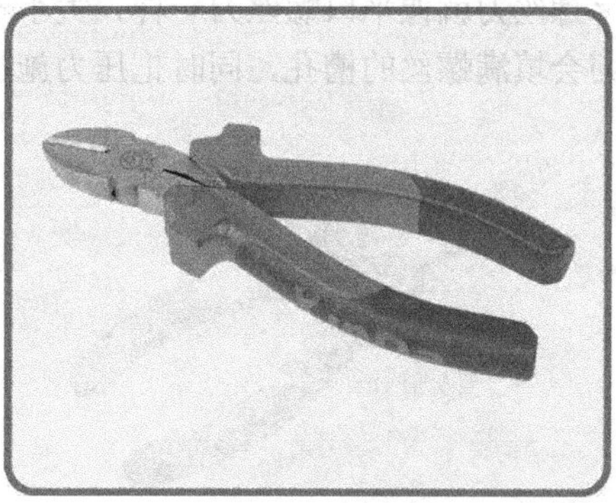

图 5-10　斜口钳

（5）平口钳，也称为电工钳，具有厚型钳口，钳口结实带有纹路（图 5-11）。它用于重型作业，夹持或弯折薄片形、圆柱形金属零件及切断金属丝。剪口及钳口用于装配中碰到的最重型的作业，其旁刃口也可用于切断细金属丝。

（6）双刃剥皮钳是几种剥皮钳中的一种（图 5-12）。许多种剥皮钳在设计方面和其他钳子相似，但不同之处在于它具有不同尺寸导线的槽形剪口。必须注意把需要剥皮的导线放入合适的槽口内。

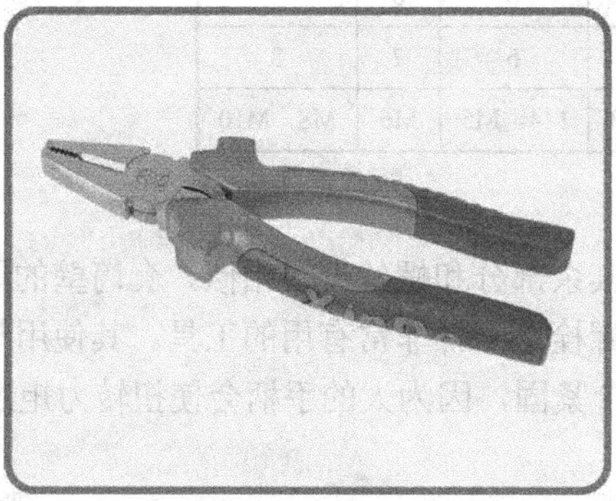

图 5-11　平口钳

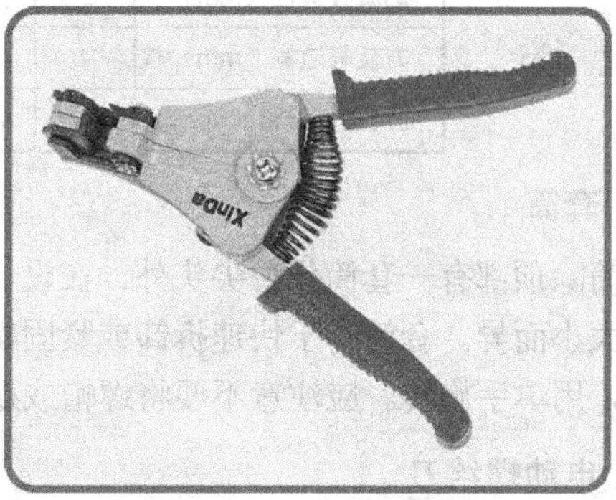

图 5-12　双刃剥皮钳

（7）圆嘴钳（图 5-13）。

用途：用于将金属薄片或细丝弯曲成圆形，为仪表、电器等装配、维修工作中常用工具。

规格：分柄部不带塑料套与带塑料套两种，常用的长度（mm）有 125、140、200 等。

3. 螺丝刀

螺丝刀是一种最常使用的手工工具。它一般是由刀口和轴及手柄两部分组成的，手柄始终固定在轴上，尽管螺丝刀基本上只有两部分，但由于不同尺寸的螺丝需要用不同的螺丝刀，所以其尺寸也有所不同。选择合适尺寸的螺丝刀是完成手工操作的重要因素。

平口螺丝刀用来转动槽头螺丝（图 5-14（a））。螺丝上的槽形成两壁，紧靠刀口的两侧。为了避免跳动损坏螺丝头，随时都应使用合适的螺丝刀。要记住螺丝越大，槽也越宽，因而选用的螺丝刀也就越大。

十字螺丝刀顶部有槽，它与螺丝头吻合时，便把压力施加于螺丝头的四壁（图 5-14（b））。十字螺丝刀就像平口螺丝刀一样，大小不一，所以应选择适合尺寸的螺丝头。尺寸合适的螺丝刀会填满螺丝的槽孔，同时把压力施加于四壁。

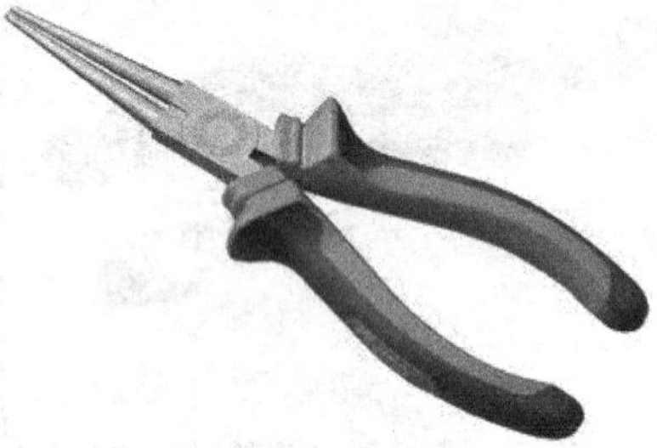

图 5-13　圆嘴钳

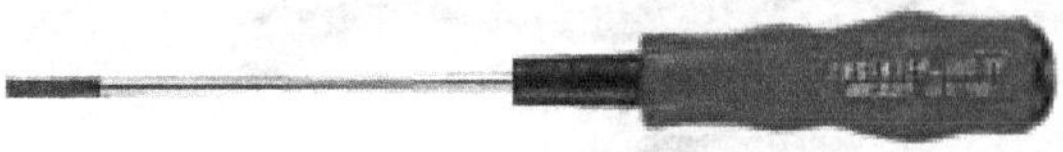

（a）

（b）

图 5-14　螺丝刀

规格：标准规定以“旋杆长度（不连柄部长度）×口宽×口厚”表示，市场上习惯以“旋杆长度”表示。十字形螺丝刀规格如表 5-2 所示。

表 5-2　十字形螺丝刀规格

槽 号	0	1	2	3	4
旋杆长度（mm）	75	100	150	200	250
圆旋杆直径（mm）	3	4	6	8	8
方旋杆边宽（mm）	4	5	6	7	8
适用螺钉规格（mm）	≤M2	M2.5，M3	M4，M5	M6	M8，M10

4．套筒

套筒除顶部有一套筒代替尖头外，在设计上，其余部分和螺丝刀很相似。套筒壁的厚度随套筒的大小而异。套筒对于快速拆卸或紧固螺帽、螺栓是一种非常有用的工具。其使用与螺丝刀一样，用单手旋转。应注意不要将螺帽或螺栓过分紧固，因为大的手柄会使扭转力矩过大。

5．电动螺丝刀

电动螺丝刀是安装、拆卸螺钉螺母的一种常用工具，一般有过载保护装置、力矩调节机构、转动正反可变等功能。使用过程中应注意螺丝刀头应与所安装的螺钉型号相符。

主要参数：力矩范围、转速、最大螺钉直径、额定电压等。

正确使用与维护保养：

（1）电动螺丝刀头应与所使用的螺钉形状、大小相符。

（2）电动螺丝刀（特指调整力矩）两相插头，不容易分辨相线和零线，该螺丝刀机内控制板中的地线与零线相连，当插反时，将相线接入地线端，虽然两线相间电压仍为 220 V，也能正常使用，对一部分身体电阻较小的人来说就会产生电麻感觉，这时只要将插头对调即可解决。

（3）手持电动螺丝刀的正确手型（一般是右手）应为：用中指、无名指、小拇指和手掌一起将螺丝刀抓紧，食指放在按键开关来控制开关，而大拇指则放在反正转换开关附近，可以方便的随时转换旋转方向。

（4）安装螺钉时，手用力握紧电动螺丝刀，并保持电动螺丝刀头和螺钉与被安装部件的安装孔垂直，稍微用力向下按，开动电动螺丝刀开关，电动螺丝刀自动将螺钉固定。

（5）电动螺丝刀一般悬挂于操作者身体的右上侧，以减少手臂运动的距离，提高工作的效率。

（6）更换电动螺丝刀、螺丝刀头前，应仔细检查刀口上锐角是否变化，变钝的予以更换，如图 5-15 所示。

图 5-15　螺丝刀头形状

（7）连续使用电动螺丝刀把手部位已发热，甚至烫手时，应立即停用，待其冷却后再次使用。

（8）发现电动螺丝刀声音不正常或有其他不正常情况状况，应立即停用送修。

6．气动工具

气动吹尘枪的用途：用于清除机械零部件型腔内及一般内外表面的污物或切屑，对边角、缝隙等敞开性不好的部位尤为适用，也可用于清理工作台、机床导轨等。

参数：工作气压 0.2～0.63（MPa）；耗气量（L/s）；气管内径（mm）；质量（kg）。

5.1.3　装配工艺要求

1．装配概述

1）机器装配的基本概念

根据规定的技术要求，将零件或部件进行配合和连接，使之成为半成品或成品的过程，称为装配。机器的装配是机器制造过程中最后一个环节，它包括装配、调整、检验和试验等工作。装配过程使零件、套件、组件和部件间获得一定的相互位置关系，所以装配过程也是一种工艺过程，通常也称总装。

整机装配工作包括机械的和电气的两大部分，具体来说，总装的内容，包括将各零件、部件按照设计要求，安装在不同的位置上，组合成一个整体，再用导线将元、部件之间进行电气连接，完成一个具有一定功能的完整的机器，以便进行整机调整和测试。为保证有效地进行装配工作，通常将机器划分为若干能进行独立装配的装配单元。

零件：是组成机器的最小单元，由整块金属或其他材料制成的。

套件（合件）：是在一个基准零件上，装上一个或若干个零件构成的，是最小的装配单元。

组件：是在一个基准零件上，装上若干套件及零件而构成的，如主轴组件。

部件：是在一个基准零件上，装上若干组件、套件和零件而构成的，如车床的主轴箱。

部件的特征：是在机器中能完成一定的、完整的功能。

2）装配精度

装配精度：为了使机器具有正常工作性能，必须保证其装配精度。机器的装配精度通常包含三个方面的含义。

（1）相互位置精度：指产品中相关零部件之间的距离精度和相互位置精度，如平行度、垂直度和同轴度等。

（2）相对运动精度：指产品中有相对运动的零部件之间在运动方向和相对运动速度上的精度，如传动精度、回转精度等。

（3）相互配合精度：指配合表面间的配合质量和接触质量。

2．操作步骤

（1）思想准备。思想准备很重要，做任何工作都一样，如果没有严肃认真的态度是做不好的。在装配电子产品时，更要有绝对不出现废品的决心和信心。这就要求严格按照图纸和工艺说明书一丝不苟地进行操作，同时不断进行检验，以防止出现差错。

（2）工作场地的整洁。工作场地的整理不仅对制造优质产品和提高生产效率，而且对安全生产都是必要的。

（3）精心看工艺。设计内容经常改进和完善，因而现场使用的工艺文件也不断地变更或订正。设计者新的构思虽在文件上表示出来，但装配工人如不认真看工艺，也不能制造出合格的产品。严格按照工艺加工，才能保证质量。看工艺时必须注意以下几点。

① 要能看到工艺文件后，在脑子里形成立体图形。

② 要弄清装配上的关键问题所在，并应弄清注意事项。

③ 要弄清指定的装配精度。

④ 要弄清必须使用的工装夹具和测量仪器。

⑤ 选择最佳装配程序。

3．操作要素

1）螺钉装配要求

（1）螺钉不得有歪斜、弯曲、划丝现象，螺钉与被连接件应接触良好。

（2）部件由多个螺钉安装固定时，应根据被连接件的形状和螺钉的分布情况，按一定的顺序逐次拧紧（安装顺序如图 5-16 所示），如有定位柱或定位销，拧紧应从定位柱或定位销附近开始。

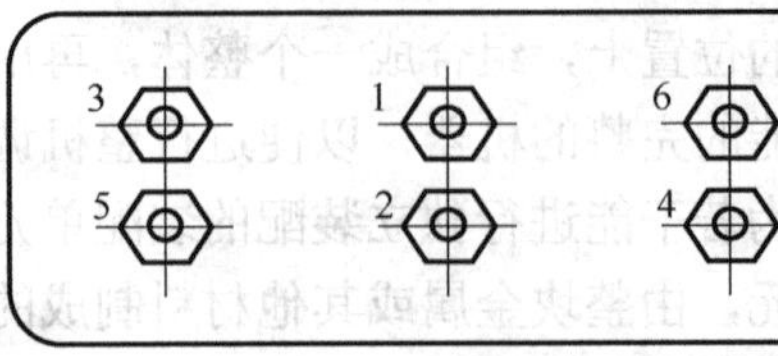

图 5-16　螺钉安装顺序

（3）一般螺钉具有推荐的使用拧紧力矩，实际装配时应严格按照产品生产工艺要求的力矩执行。

2）部件连接

目前较多电子产品的外壳材料一般为 ABS 或其他塑料件，部件装配方式主要有螺钉连接和部件间扣合连接两种方式。

螺钉连接较多采用的是自攻丝螺钉，也有部分紧固螺钉。因此一般要选用电动螺丝刀进行安装。

对扣合连接的部件进行操作时，要注意扣合的顺序、定位、力度三个主要环节，严格按照作业指导书的操作方法和步骤进行，否则有造成部件损坏的后果。

部件间的连接线在插装过程中，要注意方向极性上的要求，同时还要插装到位。连接线插装不合格，轻则造成税控收款机无法正常工作，重则会烧毁某些功能部件，造成较大的经济损失。

3）布线要求

（1）机器内的各种连接线要严格按照生产工艺要求的材料、捆扎方式、固定位置等要求进行组装。例如，税控收款机的电源线位置变化时会对电磁兼容指标产生影响，严重时会使某项指标不合格。

（2）在电性能允许的前提下，应使机器的连接线整齐美观，并与元器件布局相互协调。

（3）布设时应将导线放置在安全可靠的地方，保证线路结构牢固和稳定，耐振动和冲击。

（4）走线时应避开金属锐边、棱角和不加保护地穿过金属孔，以防导线绝缘层破坏，造成短路故障。走线还应远离发热体（如散热片、功率管、变压器、功率电阻等），一般在 10mm 以上，以防导线受热变形或性能变差。

（5）导线布设应有利于元器件或装配件的查看，调整和更换的方便。对于可调元器件，导线长度应留有适当的余量，对于活动部位的线束，要具有相适应的软性和活动范围。

上述要求是一般的原则，实际装配过程中，还应严格按照作业指导书的要求作业，以避免整机装配完成后，造成整机功能不合格或使整机性能下降。

4）材料识别

生产装配工在操作前，应能够识别本工位装配使用的部件、材料或辅料。不恰当的材料会对整机质量造成严重的后果，操作者对此应有充分的认识。例如，如果将长度为 10 mm 的螺钉改用长度为 8 mm 螺钉，就会使整机连接不牢固，运输或搬运等过程中，造成部件脱落的严重后果。

识别的方法一般有以下两种。

（1）核对材料的包装说明，应主要查看规格、型号及其他标识，与工艺文件要求相符，否则应拒绝使用。

（2）外观方面是否符合要求，主要包括颜色、大小、长度、厚度等指标是否符合工艺文件要求，如螺钉长度、有无自带垫圈等。

5）力矩使用

在电子产品装配作业中，螺钉紧固作业工作量很大。紧固作业选用的螺钉大小，取决于装配件的大小，而螺丝刀和扳手等紧固工具，又必须与螺钉大小相适宜。因此，规定螺丝刀的种类及其适用范围是一个很重要的问题。而螺丝刀的力矩大小对产品质量有着重要的影响，如紧固力不适中，螺钉在使用过程中会产生松动，或由于过紧而断裂，或使螺钉伸长失去紧固作用。装在室内外的固定电子装置暂且不论，而载用设备和移动使用设备，由于反复受到剧烈的振动和冲击，经常会产生各种事故。为了用最佳力矩进行螺钉的紧固作业，必须测量紧固螺钉的力矩。

定义：力 F 与其力臂 L 的乘积称为力对转动轴的力矩，用字母 M 表示，即 $M=FL$。

单位为牛·米（N·m）。力矩单位换算：1 千克力·米（kgf·m）=9.806 65 牛·米（N·m）

整机装配过程中使用的各种紧固件及部件都有其自身固定特性，如自攻螺钉参数有表面硬度值、芯部硬度值、扭入实验标准值等，只有按照正确的力矩大小来紧固各零部件，装配才能顺利进行，否则作业过程中易出现滑丝、断裂、固定不紧、部件应力过大变形等不良现象。整机使用过程中因局部应力过大，易造成机器过早失效，如力矩过大时，会出现塑料件撑裂、螺钉划丝、螺钉扭断等现象。力矩过小时，安装部件强度达不到装配要求，搬运、运输过程中易出现部件脱落的现象。

在生产作业中，根据螺钉大小的不同及安装部件的不同，实际使用的力矩大小会有所不同，应严格按照作业指导书的要求执行。

6）装配工装

为保证产品质量和一致性，满足设计的公差要求，提高生产效率，在适当的操作岗位制作生产装配用工装。例如，税控收款机在安装打印机时使用定位工装（图 5-17），保证了打印机与出纸口位置的精确配合，达到了设计的功能要求和公差要求，产品一致性非常高。

图 5-17　定位工装示意图

在工装的使用过程中，应注意做好编号，避免用错工装。同时要定期对工装的有效性进行判定，以便判断工装是否满足生产工艺要求。当工装由于磨损、损害等原因不能达到产品的工艺要求时，必须立即更换。否则会造成批次性产品质量不合格。

7）管理要点

整机装配是生产过程中的一道重要工序，对产品的整机质量有重要影响。该工序的主要管理方法有质量跟踪卡管理制度、电动螺丝刀力矩日常校正制度等。

质量跟踪卡用于记录每台产品的机器编号、生产日期、每个部件的安装人员等信息，以便出现质量问题时，能够追溯到元件批次、作业人员及作业时间，为质量分析提供证据。质量跟踪卡示例如下。

电动螺丝刀力矩校准制度是保证整机装配质量的一项重要措施。如果采用了不合适的电动螺丝刀力矩，在税控收款机的装配过程中会造成严重的质量问题。因此，要保证电动螺丝刀在使用过程中持续得到合格的力矩，必须经常进行验证。方法是使用经计量合格的专用力矩校正仪，在每天的生产前（上午、下午各一次）测量电动螺丝刀的力矩（力矩的单位一般使用 N·m），力矩不符合工艺要求时，调节电动螺丝刀力矩直到合格为止。

4. 操作方法

1）螺钉的紧固

（1）螺钉的紧固方法

要可靠地紧固螺钉，在作业中施加的力矩要与螺钉大小相适应。否则会导致螺钉的损坏或松动，造成意外事故。为了防止上述现象的发生，必须经常仔细地整理、检查工具，保持良好的使用状态。

下面是操作者必须检查的一般事项。

① 工具的检查和保养如下。

◆ 工具的端部有无磨耗、缺损和变形。

◆ 螺丝刀的轴、柄是否松动或偏斜。

◆ 在施加规定的紧固力矩时，工具能否承受，并保持必要的强度。

◆ 旋转部分和其他运动部分是否偏斜和滑动。

◆ 力矩测试仪的指针能否回到零点。

保养工具的目的在于不使工具产生严重的锈蚀，需在旋转部分和滑动部分加上适量的润滑油。力矩测试仪都是利用材料的弹性变形测量力矩的大小，长期使用会产生相当大的误差，所以必须定期地进行鉴定和校正。

② 作业的注意事项。在螺钉紧固作业之前，最好先了解作业的注意事项，为此下面说明一下需要注意的事项。

◆ 选定的工具是否适合螺钉头的形状等。

◆ 螺丝刀、扳手和其他紧固工具是否垂直地接触螺钉或螺母，是否会引起螺钉头和螺母的塌边和损伤。

◆ 装配时如使用公称直径 4 mm 以上的平圆垫圈，可把冲压塌角面朝外，而 A 型螺母塌角面总是朝外，与公称直径无关（图 5-18）。

◆ 禁止在固定地线焊片和汇流条等接地用的紧固件上涂敷黏合剂，因为螺钉黏合剂几乎都是电的绝缘体，并且渗透性也大。

◆ 在螺钉头、螺母角上造成的塌边和损伤，大多是由于使用了与螺钉槽或六角头的两个面宽度不相匹配的工具而引起的。

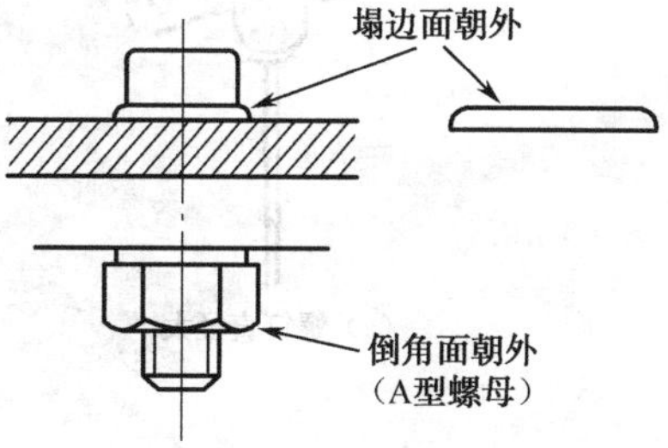

图 5-18　螺母及垫圈安装示意图

③ 螺钉紧固要领。采用手动螺丝刀紧固螺钉的要领是，先用右手指尖旋转螺丝刀手柄，直至拧紧，再用右手紧握手柄拧半圈左右。

在用螺钉和螺母紧固作业中，可用左手握螺丝刀固定住螺钉，右手握套筒扳手拧紧螺母。

在紧固多个螺钉或在一个零件上有 3～5 处用螺钉固定，而又必须准确定位时，可用螺丝刀进行预拧，使零件和螺钉不再活动，最后再用螺丝刀或套筒扳手拧紧。

在上述各种情况中，最重要的是紧固工具必须与螺钉的公称直径相适应。

螺钉紧固作业使用的代表工具——螺丝刀，其手柄直径和握法，均对紧固力矩有很大的影响，因此，握法也必须和螺钉的公称直径相适应。

图 5-19 和图 5-20 所示的是对于不同直径的螺钉采用的不同的螺丝刀握法。

如图 5-19（a）所示的握法，是用右手食指的底部轻压螺丝刀柄头，拇指和中指尖拧动螺丝刀。这种握法的紧固力矩最小，只适用于公称直径小的螺钉。如图 10-19（b）所示的握法，适于紧固比图 10-19（a）稍大的公称直径 3～4 mm 的螺钉。图 5-20 为螺丝刀的横握法，能得到最大的紧固力矩，适宜紧固公称直径大的螺钉。

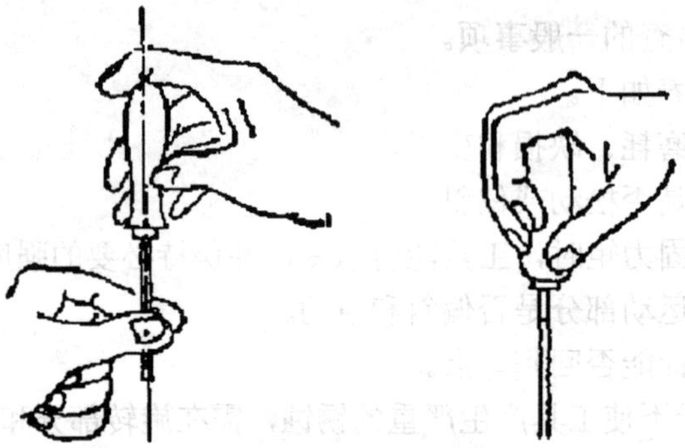

（a）螺钉直径小　（b）螺钉直径3～4 mm

图 5-19　螺丝刀握法之一

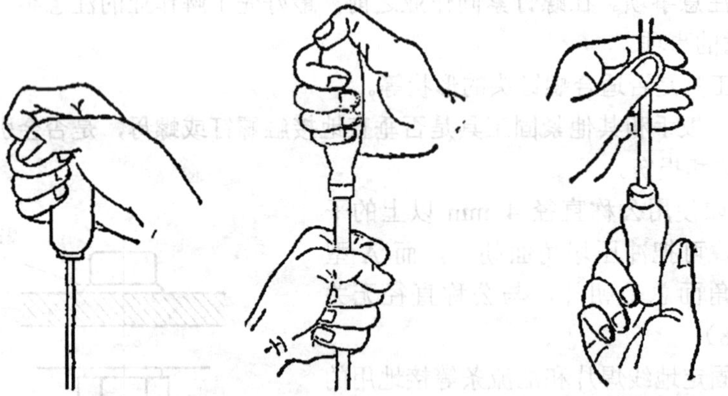

（a）螺钉直径大　（b）螺钉直径太大　（c）紧固上部螺钉

图 5-20　螺丝刀握法之二

（2）螺钉松动原因分析

① 原因分析。

a. 因螺钉反转产生的松动。螺钉是在螺纹倾斜的状态下紧固的，但由于螺纹牙和螺纹接触面之间存在着摩擦力，螺纹不会沿倾斜面滑脱。当拧紧的螺纹牙将要互相推斥时，因螺纹滑脱，螺纹反转而产生松动。如螺钉的紧固力较大，能产生足够的摩擦力，因而防止了松动。在振动的情况下，螺纹受振动能的作用，摩擦力减小，螺纹反转而产生松动。因此在振动部分采用螺钉紧固是不合适的。如非用不可，则必须采取相应的防松措施。

b. 紧固力变化产生松动。螺钉本体接触面的变形，基本上在紧固作业时业已完成，但随后零件发生变形，使紧固力减小，仍会导致螺钉松动。零件变形往往在下列情况下产生：使用木材和塑料等软材料；自由尺寸孔径过大和使用长孔时，接触面积减小，超过材料的极限压力。此外，振动可加速变形，由此引起的螺钉松动比较多见。

② 防止松动的措施有以下三种。

a. 防止螺纹反转。小螺钉通常采用弹簧垫圈、齿形弹簧垫圈或涂敷油漆、螺钉黏合剂等涂料防止松动。涂料涂敷在阴、阳螺纹之间，防松效果最好。但从生产效率考虑，也可紧固后涂敷。涂料涂敷在螺纹牙上固然效果大，紧固后涂敷在零件与螺钉间将其粘接也有效果，而仅在零件或螺母外涂敷无效果。涂敷如油漆和黏合剂的螺钉，其拆卸力矩约为紧固力矩的 1.2 倍。涂敷时必须注意防止涂料黏附，并堵满螺钉的一字槽或十字槽，否则会影响工具的使用。

b. 防止零件变形。木材、塑料等软质零件，可用平垫圈降低接触面压强，从而防止变形。在较大的自由尺寸孔和长孔处紧固螺钉，除确实认为无必要外，一般均使用平垫圈。

c. 增强紧固法。在零件材料较软，螺钉接触面粗糙以及零件间存在粘接材料和润滑脂的情况下，初始压力会随着时间的延长而逐渐减小。因估计到螺钉在使用中会产升松动，所以要增强紧固。

（3）防止螺钉松动

不用弹簧垫圈和平垫圈的螺钉，尽管紧固方法正确无误，设备在搬运和使用中仍可能松动。松动的原因无非有上述两种，即紧固力过强造成的螺钉疲劳强度下降，或被紧固零件的变形引起紧固力矩的降低。运输中的振动会增加零件变形，自然加速螺钉松动。由零件变形引起的螺钉松动，往往在下列情况下产生：采用木材和塑料制品等软质材料；螺钉安装孔过大；安装孔为椭圆形，使紧固接触面减小，紧固力超过零件材料的极限压力。

因此，尽管防止螺钉松动的方法很多，但各种防松措施都是以适度的紧固力为前提的。下面叙述防止松动的一般方法。

① 垫圈法。用平垫圈、光制平垫圈、弹簧垫圈和齿形弹簧垫圈等防止螺钉松动，是广泛采用的防松方法。图 5-21 列出了螺钉的各种防松方法。

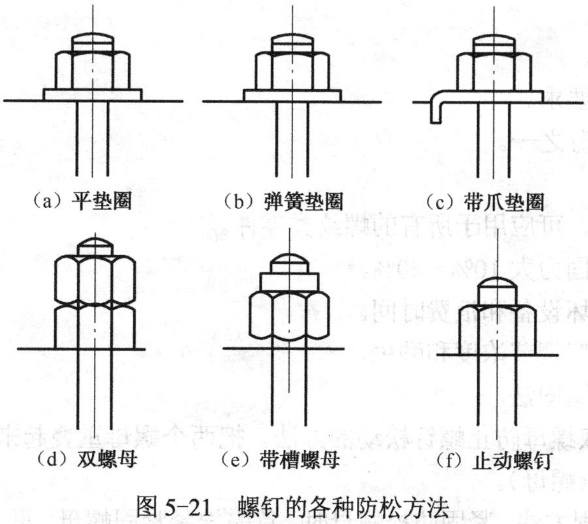

图 5-21　螺钉的各种防松方法

② 涂敷紧固剂。此法是螺钉紧固时，在螺钉上涂敷紧固剂、螺钉紧固剂和天然树脂等涂料的方法，以防止螺钉松动。

在螺钉紧固时，把上述涂料涂敷在螺纹上效果最好。但一般都在紧固后涂敷在螺钉的尾端、头部与零件之间（图 5-22）。这种方法只要把涂料涂至螺钉头部圆周的三分之一即可。在整个圆周上大量涂敷，不仅会影响美观，还会使涂料堵塞螺钉一字槽和十字槽。

涂敷后的紧固剂，在常温下干燥需要 2～3 天，才能完全硬化，而手指接触无黏感觉，只需 1～2 小时。完全硬化后的拆卸力矩为紧固力矩的 1.1～1.3 倍。

螺钉紧固剂的使用目的，不仅是为了防止螺钉、螺栓、螺母等螺纹类紧固件的松动，还为了防止生锈、烧接和黏死。螺钉由于振动、冲击等长期存放会产生以下使用上的问题；螺钉松动造成重大的意外事故；漏水漏气；螺钉生锈和在高温下使用产生烧接现象。

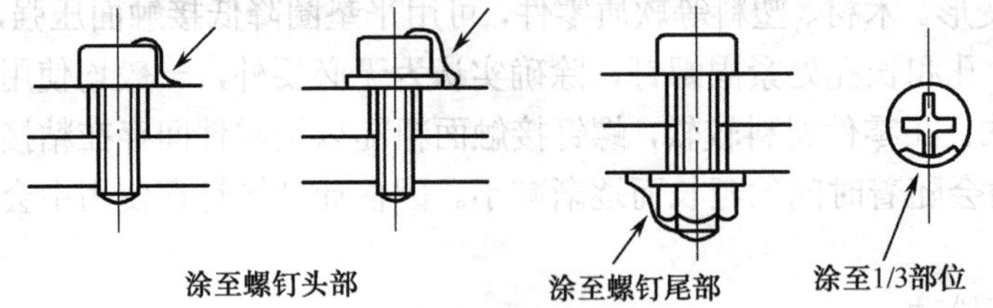

图 5-22　紧固剂的涂敷方法

螺钉紧固剂有以下优点。

a. 性能的效果：

◆ 螺钉、螺栓、螺母在敲击等剧烈振动下绝对不松动。

◆ 完全防止螺纹部分产生的松动。

◆ 防止螺纹部分的腐蚀和生锈。

◆ 防止螺纹部分的烧接

b. 经济性：

◆ 节省弹簧垫圈。

◆ 节省防松螺母。

◆ 缩短螺栓长度。

◆ 降低螺钉精度要求。

◆ 成本降低几十分之一。

c. 作业性：

◆ 涂敷作业简单，可应用于所有的螺纹类零件。

◆ 拆卸力仅比紧固力大 10%～20%。

◆ 防止拆卸时损坏设备和浪费时间。

◆ 可根据作业程序调节浓度和颜色。

③ 防松螺母及其紧固法。

防松螺母是采用双螺母防止螺钉松动的方法。把两个螺母重叠起来紧固螺钉时，外侧螺母称为防松螺母（止紧螺母）。

a. 防松螺母的紧固方法。紧固防松螺母时，首先拧紧紧固螺母，再拧紧上侧的防松螺母，然后按住上侧的防松螺母，稍稍回拧紧固螺母，这样就使上侧螺母把螺栓往上拉，紧固螺母把螺栓往下拉，两个螺母相互在螺栓上施加了一个拉伸力，使它不易松动。

b. 防松螺母的厚度。防松螺母比普通螺母薄。有时，不易使用扳手，同时也为了防止装配顺序上发生错误，一般多使用相同厚度的螺母。

④ 其他方法：

有的用开口销紧固带槽螺母或设计专用螺母等方法。攻丝螺钉一般无须进行防松处置，这是因为它是在底孔上边攻丝紧固，有防止螺钉自身回旋的效果。如需进行防松处置，与小螺钉一样使用弹簧垫圈和涂敷紧固剂，可取得更好的效果。

2）束线作业

电子设备的内部布线有两种方法。一种是把电线拉开后直接布线；另一种是采用适当的方法，把电线结扎成束后布线。前者称为“分散布线”，电子设备采用这种布线方法的不多。一般多采用后一种方法，其原因如下。

① 能进行分别作业。可和设备装配分开进行。

② 可提高维修效率。容易检查，维修方便。

③ 作业简便质量高。布线走向明确，质量稳定，无布线错误，因而作业效率高。

④ 提高产品价值。改善布线外观，提高产品价值。

⑤ 防止电线损伤。电线不晃动、不受力，防止了不必要的损伤及断线。

（1）结扎方法的分类

布线的结扎方法可分为连续结扎法、部分结扎法两种。连续结扎法可分为如图5-23所示的几种方法：①用螺旋状束线带结扎；②用尼龙、聚乙烯或聚丙烯等束线卡结扎；③用扎线绳进行结扎。此外，还有特殊的结扎方法，如套管加热收缩法，它利用加热使套管收缩结扎导线。采用这种方法，电线被覆的耐热温度必须高于套管的收缩温度。

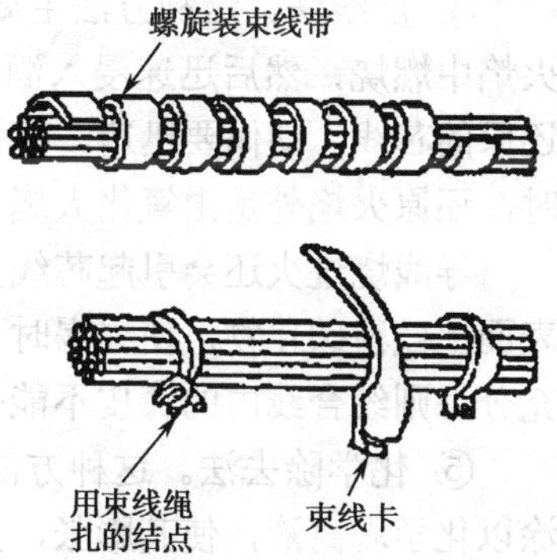

图5-23　各种束线方法

（2）束线

所谓“束线”，是先根据电子设备的电路图，绘出实体布线图按布线图和装配图绘出与实际的设备、面板、机架、零件等装配状态相吻合的缆形图（也称为束线图），然后按束线图放上被覆线，最后用麻线、尼龙线、束线卡等结扎导线，这一作业就称为束线作业。

按上述方法结扎成束的导线称为束线或电缆。

电缆有面板内用的面板电缆、机架里用的架内电缆及机架间用的架间电缆等。

束线的优点如下。

① 外观整齐美观，布线准确，抽线点的结扎可靠，产品价值高。

② 操作方便，成本低，不需要特殊的工具，能高效地进行多根导线的布线，产品质量稳定。

③ 即使线路形状复杂，也容易做到布线整齐一致、无错误，即使线束直径大小不一，

也能准确无误地进行连接。

（3）布线用束线的线头处理

为了使导线的线头与端子作电气连接，需对线头作如下处理：按一定长度剥取绝缘被覆；把剥取被覆的导线末端进行整齐和清洁处理；为了在短时间内焊接要预挂锡。

以上工序一般称为线头处理。有时还包括高频软线线头插头座的安装。在线头处理过程中，必须注意：不能损伤芯线；不能损伤被覆导线。

用作绝缘被覆的材料很多。有线圈和变压器等卷线用的瓷漆、聚乙烯、尼龙被覆，一般设备导线用的纱包或丝包乙烯被覆、橡胶被覆等。剥除被覆的方法，必须与材料相适应。

导线的种类很多，如编织屏蔽线、同轴电缆等。它们的线头处理方法也依导线种类而异。

下面叙述剥除被覆的一般方法。

① 用被覆烧切工具的方法。乙烯被覆纱包或丝包线等可用电热烧切器剥去被覆。采用这用方法剥去被覆，不易损伤芯线，但温度过高，会使芯线退火或软化，同时还会使被覆炭化，容易吸湿导致降低绝缘性能，所以在使用烧切器时要严格控制温度。

② 用剥被覆工具的方法。用烧切器剥去尼龙、聚氯乙烯、橡胶层时，被覆材料会受热而熔化、变形，因此一般要使用剥皮工具。

③ 磨砂法。用砂纸或砂磨工具除去被覆的方法，主要用于单股漆包线及聚乙烯线等，它的缺点是砂磨造成的微小伤痕会降低导线强度，容易折断，所以很细的导线以不用这种方法为宜。

④ 烧线法。这种方法主要用于绞合线。它是先把导线的线端被覆和漆皮放在酒精等的火焰中燃烧，然后迅速浸入酒精中（酒精作为氧化还原剂）。要注意从还原火焰中取出已被还原的芯线，动作要迅速，并作适当处理，否则会再次氧化，因为用还原火焰燃烧线头被覆时，还原火焰外是由氧化火焰包围着，再外层又由氢和氧包围着。

导线烧过火还会引起芯线金属结晶的长大，表面变得粗糙，失去光泽，并在粗糙的金属表面上残留碳化物，使焊锡时不易挂锡，而且导线容易折断。与此相反，如线头被覆燃烧不充分，则绞合线内的漆皮不能去除干净，焊锡时会变黑，容易虚焊。

⑤ 化学除去法。这种方法被广泛用于漆包线和聚乙烯线。这是一种在要剥除的被覆上涂以化学剥离液，使其膨胀，然后剥除的方法。

⑥ 烙铁法。聚氨酯和尼龙被覆，在一定温度下会熔化，所以不用剥除被覆，就可直接进行焊锡。其过程是：用焊锡热量使被覆熔化，露出芯线，直接对芯线面进行焊锡，用这种方法焊锡，即使导线极细，温度也需在 300 ℃以上。而且焊锡时间过长，会引起下列现象：被覆变黑、软化；不应去除的被覆逐渐膨胀；由于扩散作用，芯线变细等，所以必须严格规定烙铁温度和操作时间。

（4）预挂锡

剥去被覆的电线，存放后金属表面会氧化，焊锡性变差，因此要进行预挂锡。但是，已经镀过焊锡的电线不必再预挂锡。这种预先使金属表面的焊锡性改善的处理称为预挂锡。

通常，预挂锡是指把涂有助焊剂的芯线，浸入锡锅中进行预挂锡。有时也用电烙铁和松香焊锡丝挂锡。但不论采用哪种方法，都必须使焊锡均匀地漫流在金属表面，并具有金属光泽。

挂上焊锡的芯线部分比较硬，绞合线在挂锡时，焊锡由于毛细作用会渗入被覆内部。如

果把露出的芯线全部挂锡，就容易在被覆内部造成看不见的断线。图 5-24 是检查被覆内部有无因毛细作用渗入焊锡的方法。

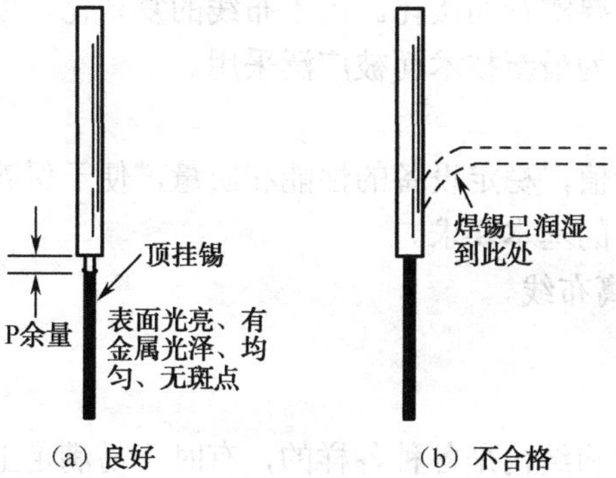

图 5-24　预挂锡

① 用焊锡锅预挂锡。焊锡融化后，就可以进行预挂锡。其作业要领如下。

a. 除去焊锡表面的氧化物。用不锈钢或聚氯乙烯刮板或砂纸，除去焊锡表面的氧化层，同时使焊锡槽达到规定温度。

b. 涂助焊剂。在剥去了被覆的芯线头上涂上少量助焊剂。

c. 插入焊锡锅。把涂上助焊剂的电线头部插入表面干净的熔融焊锡中。

d. 从焊锡锅中取出挂锡后的导线。要移到干净的液面处迅速取出，防止在导线取出时，周围的污物随导线一起带出，附着于导线表面而沾污导线。

e. 清洗。必要时要尽快使用溶剂清洗掉导线上的助焊剂。

② 使用烙铁预挂锡

a. 擦净烙铁头。用蘸水的海绵或棉布，清除烙铁头表面上的氧化物。

b. 加热。把烙铁头的表面接触在剥离除了被覆处一定距离的铜线下面进行加热。

c. 挂锡。达到焊锡熔化温度后，在烙铁头与导线之间添加焊锡，同时烙铁头向导线端部移动，完成挂锡操作。

d. 清洗。与焊锡锅预挂锡相同。

3）布线

简单地说，布线就是用导体把电气部件或电气元件进行相互电气连接。按采用的材料，布线大致可分成以下两类。

（1）电线布线。一般通过镀锡裸钢线或在镀锡铜线上加有各种绝缘被覆的被覆线，实现零件间的电气连接。铜的导电率高，延展性好，而且价格比较低廉，因此它是使用得最广的电线材料。

（2）印制电路板布线。随着晶体三极管和二极管的发展，它已成为近年来盛行的布线法。按照设计的电路，把电气布线绘成布线图形，用导电体再现在绝缘板上，这就是印制电路板布线。

本部分主要描述电线布线中的工艺方面的内容。

在电子设备的装配中，如使用的零件较多，而且布线电路又较复杂，会给以后的保养、检修带来困难，所以一般把机体分成几个功能单元，各单元之间用插头座连接起来。这种方法有利于电子设备的制造和检修。所以机架之间，一定实现插接化，就是同一机架内部电路之间以及印制电路板本身也要实行插接化。由于布线的复杂化，以及为使维修、保养工作的简单化，这种连接方法已作为最新技术而被广泛采用。

（1）布线基本要求

为了提高设备的商品价值，稳定设备的性能和质量，便于保养维修，布线必须整齐。为达到上述目的，要满足以下的基本要求。

① 电极间选择最短距离布线。

② 直线直角布线。

③ 平面布线等。

但由于实际零件的配置和结构是各种各样的，有时不易满足上述要求。零件间用电线连接时，如不注意以下几个具体问题，则会影响设备的电气性能：沿地布线；集中接地点；电源线和信号线不能平行；不能造成环路；不能靠近发热零件等。此外，还应注意：产生感应干扰和噪声；布线过长造成电压降；布线时，电线未固定好，一旦受力拉动，会和其他端子接触，造成设备电气性能不稳定；布线路径不明确。

（2）布线操作注意事项

① 取余量长度最短的布线。余量长度虽不能具体规定，但一般留取能使导线重新连接一次的长度。在零件间以最短距离连接时，大多不留余量长度，只要零件端子及连接零件不产生应力即可。

② 沿机架、支撑件及地线布线。在这种部位布线，要防止产生干扰电波和噪声，要做到利于电线的散热和布线的固定。

③ 采用一点式接地。多点接地会在接地电路中形成环路，当环路电流流过时，会产生电位差，引起电路故障。当不可能一点接地时，则采取成组接地，并选择最佳接地点。

④ 禁止在靠近可调零件及可换零件处布线，以免妨碍调整和更换零件。

⑤ 禁止靠近发热零件布线。如靠近晶体管、功率晶体管、线绕电阻、金属膜电阻及在故障时发热的零件布线，电线被覆容易熔化、冒烟和燃烧。

⑥ 利用色标电线布线，电路清晰醒目，电源、显示、振荡、放大和信号等电路，分别采用不同色标电线，电路系统清晰易辨。

⑦ 结扎一条以上的平行线时，扎结点要选择在便于保养、便于维修处。

（3）布线操作顺序

在进行布线时，必须考虑以下两点：首先从整个设备或机器考虑，看从哪部分开始进行布线；其次，再从各个零件考虑，选择最合适的布线起点。布线时还要考虑作业过程中不损伤电线和元件。

布线顺序一般考虑其合理性，并按习惯和传统的原则进行，这样使人感到自然流畅。这些原则是从下向上、从左向右、从后向前、从里向外、从短线到长线。这些是一般原则，有时不能按此进行，应考虑产品的实际情况。

4）粘接操作

胶黏剂的种类很多，必须根据它的性质来使用，否则就会导致粘接的失败。

涂覆在两块物体表面，并使两者牢固粘接在一起的胶黏剂，人们把这一作业称为粘接。为了粘接紧密，要使胶黏剂呈液态（如溶液、乳浊液、熔融液等），均匀地涂覆在物体表面，使其润湿，这是粘接的前提条件。为使接合部分坚固耐久，还要对胶黏剂进行固化处理，如干燥、冷却、聚合等，最终完成粘接作业。

胶黏剂的粘接机理与焊锡机理极其相似，因此有很多共同点。

胶黏剂的粘接不是依靠胶黏剂把粘接对象机械地结合起来，而是在胶黏剂把粘接对象润湿后，依靠作用于粘接物体和胶黏剂分子间的吸引力而完成的。

（1）胶黏剂的分类

根据胶黏剂的组成，可分为有机和无机两大类。有机胶黏剂使用最广泛，它又可分为天然和合成两类，如图 5-25 所示。

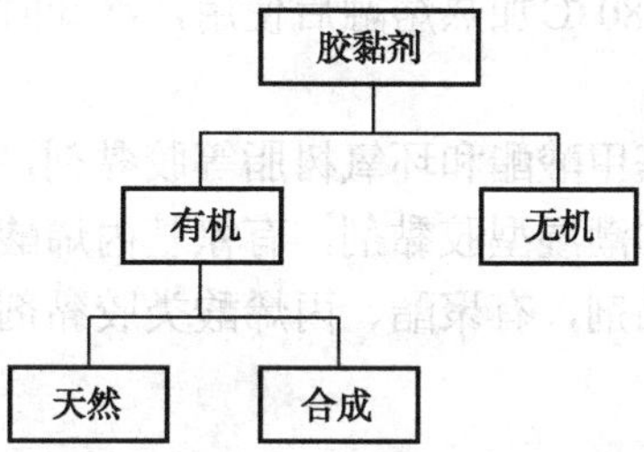

图 5-25　胶黏剂的分类

在以上胶黏剂中，目前与制造电子产品关系最密切的是合成胶黏剂。合成胶黏剂按性质分类，如表 5-3 所示。

按性质分类：

① 热塑性胶黏剂，如聚乙烯，加热可使其软化。

② 热固性胶黏剂，如环氧树脂，加热可促进固化。

③ 弹性体胶黏剂又称为橡胶状弹性体。

表 5-3　合成胶黏剂按性质分类表

性质分类	热塑性	热固性	弹性体
成分分类	纤维素、聚乙烯、聚酸胺、聚丙烯、氯化乙烯树脂、聚乙烯醇、醋酸乙烯	聚氨基甲酸乙酯、聚酯、环氧树脂、酚醛树脂、三聚氯胺、尿素树脂	聚硫橡胶、硅橡胶、异丁橡胶、丁苯橡胶、氯丁二烯橡胶
派生成分	氰基丙烯酸酯、尼龙、脂肪酸、醋酸纤维素	酚醛清漆、丙烯酸酯	室温固化型、加硫固化型、环氧树脂混合型

按作业条件分类，胶黏剂除上述分类外，还可按涂覆在粘接面后到干燥、固化的条件分成以下几类。

① 室温固化型是广泛使用的胶黏剂，又被分为溶剂干燥型、添加固化剂型、潮湿固化型和厌氧型。

② 热固化型是加热面固化的胶黏剂。酚醛树脂和环氧树脂等是这类胶黏剂中的代表。由于粘接强度高，一般适合于金属的粘接。

③ 压敏型是在绝缘带上涂覆胶黏剂，然后通过加压或加热进行粘接的胶黏剂。胶黏剂主要是用合成橡胶。

④ 再湿型是事先把胶黏剂涂覆在设备名牌的背面，使用时用溶剂等浸湿，使其恢复胶黏能力的胶黏剂。采用合成橡胶-酚醛胶黏剂。

⑤ 热熔型一般是在 140～180 ℃加热熔融后使用，冷却时能迅速产生黏结力的胶黏剂。室温固化型的胶黏剂用得最多。

尿素、酚醛、聚酯、聚氧基甲酸酯和环氧树脂等胶黏剂，是添加固化剂型的胶黏剂。

从空气中吸收水分而固化的潮湿型胶黏剂，有氰基丙烯酸酯和室温硫化硅橡胶等。

隔绝空气固化的厌氧型胶黏剂，有聚酯、丙烯酸类胶黏剂等，用于螺钉防松和轴承嵌合部位的固定等。

（2）粘接方法

即使选择了最佳的胶黏剂，但作业程序和作业方法有重大错误，也不能期望得到完好的粘接。

虽然粘接作业的程序和方法因胶黏剂的种类而异，但基本操作有很多共同点。

下面将主要几点举例说明。

① 粘接面的净化处理。粘接物体表面被油脂和其他脏物所沾污，会阻碍胶黏剂的分子和粘接物体分子达到发挥互相吸引力的距离，不能期望获得完好的粘接。为此，首先必须彻底清除粘接表面的油污和水分等，可使用布或刷子蘸取三氯乙烯、三氯乙烷等溶剂来清除沾污，然后吹干。

② 计量和混合。使用两种以上液体的混合型胶黏剂，必须特别注意要按规定将各液体分别准确计量，混合时要充分搅拌，直到颜色均匀为止。同时还要注意使用的混合比是否是按溶剂比定量的，混合型胶黏剂的配置不要超过使用量，因为配置量大，自身放出的反应热就多，结果会导致使用时间缩短。

③ 粘接作业程序。

a. 涂覆胶黏剂：在粘接表面上涂覆胶黏剂，要根据胶黏剂的品种、粘接面积大小和位置以及胶黏剂的黏度，选用合适的涂覆工具，如刮刀、刷子、喷枪等，以达到均匀涂覆的目的。胶黏剂要涂覆得尽可能薄而均匀，否则会降低粘接强度。

b. 固化：把各胶黏剂规定的条件，胶黏剂在室温、加热或加压等条件下进行固化。酚醛树脂、环氧树脂等添加固化剂型的胶黏剂，虽然也可在室温固化，但在烘箱中加热固化，通常能大大缩短固化时间。

把合成橡胶的氯丁橡胶或丁腈橡胶等胶黏剂涂覆在两个粘接面上，并凉置到溶剂充分挥发，不再粘手后再进行粘接，能得到良好的粘接效果。这时，可采用加压固化的方法。

（3）胶黏剂的管理

胶黏剂的管理，固然要保持它的性能，更重要的是由于使用有机溶剂，要保持工作场所安全卫生，为此，必须注意并做到以下几点。

① 胶黏剂的寿命。多数胶黏剂都有一定的寿命。通常短的为出厂后3～6月，长的1～2年。寿命的长短和保管条件（温度和湿度）与容器是否开封有很大关系。由于胶黏剂的挥发现象，在容器开封之后，不等容器底部的胶黏剂用光，就应停止继续使用。根据制造商的规定，超过有效期或性能变坏的胶黏剂，就应废弃。当胶黏剂的外观、颜色、黏度发生变化，或液面结皮和有沉淀析出等现象时，就应认为胶黏剂已开始失效。根据以上理由，进行胶黏剂的有效期管理是很有必要的。

② 使用胶黏剂的劳保措施。多数胶黏剂都使用有害溶剂，因此很难说对人体完全无害。在大量进行粘接作业的场所，务必要保证良好的通风。对人体的影响，因个人的体质而异。如环氧树脂类胶黏剂中，固化剂多胺类化合物就容易引起皮疹，对于过敏性体质的人更为明显。因此在作业时，要采取必要的防护措施，以防止人体直接接触胶黏剂以及长时间连续地吸入有机溶剂蒸气。

③ 保管。使用易燃有机溶剂的情况很多，必须十分注意远离火源，预防火灾。必须为胶黏剂和溶剂设立专门的保管场所，并作为危险品严密管理。

5.2 整机检测

5.2.1 检测的概念、分类与步骤

1. 检验的定义

检验就是通过观察和判断，适当时结合测量、试验所进行的符合性评价。对产品而言，是指根据产品标准或检验规程对原材料、中间产品、成品进行观察，适当时进行测量或试验，并把所得到的特性值和规定值作比较，判定出各个物品或成批产品合格与不合格的技术性检查活动。

2. 质量检验的定义

质量检验就是对产品的一个或多个质量特性进行观察、测量、试验，并将结果和规定的质量要求进行比较，以确定每项质量特性合格情况的技术性检查活动。

3. 检验的职能

1）鉴别功能

根据技术标准、产品图样、作业（工艺）规程或订货合同的规定，采用相应的检测方法观察、试验、测量产品的质量特性，判定产品质量是否符合规定的要求，这是质量检验的鉴别功能。鉴别是“把关”的前提，通过鉴别才能判断产品质量是否合格。不进行鉴别就不能确定产品的质量状况，也就难以实现质量“把关”。鉴别主要由专职检验人员完成。

2）“把关”功能

质量“把关”是质量检验最重要、最基本的功能。产品实现的过程往往是一个复杂过程，影响质量的各种因素（人、机、料、法、环）都会在这过程中发生变化和波动，各过

程（工序）不可能始终处于等同的技术状态，质量波动是客观存在的。因此，必须通过严格的质量检验，剔除不合格品并予以“隔离”，实现不合格的原材料不投产，不合格的产品及中间产品不转序、不放行，不合格的成品不交付（销售、使用），严把质量关，实现“把关”功能。

3）预防功能

现代质量检验不单纯是事后“把关”，还同时起到预防的作用。检验的预防作用体现在以下几个方面。

（1）通过过程（工序）能力的测定和控制图的使用起预防作用。无论是测定过程（工序）能力或使用控制图，都需要通过产品检验取得一批数据或一组数据，但这种检验的目的，不是为了判定这一批或一组产品是否合格，而是为了计算过程（工序）能力的大小和反映过程的状态是否受控。如发现能力不足，或通过控制图表明出现了异常因素，需及时调整或采取有效的技术、组织措施，提高过程（工序）能力或消除异常因素，恢复过程（工序）的稳定状态，以预防不合格产品的产生。

（2）通过过程（工序）作业的首检与巡检起预防作用。当一个班次或一批产品开始作业（加工）时，一般应进行首件检验，只有当首件检验合格并得到认可时，才能正式投产。此外，当设备进行了调整又开始作业（加工）时，也应进行首件检验，其目的都是为了预防出现成批不合格品。而正式投产后，为了及时发现作业过程是否发生了变化，还要定时或不定时到作业现场进行巡回抽查，一旦发现问题，可以及时采取措施予以纠正。

（3）广义的预防作用。实际上对原材料和外购件的进货检验，对中间产品转序或入库前的检验，既起把关作用，又起预防作用。前过程（工序）的把关，对后过程（工序）就是预防，特别是应用现代数理统计方法对检验数据进行分析，就能找到或发现质量变异的特征和规律。利用这些特征和规律就能改善质量状况，预防不稳定生产状态的出现。

4）报告功能

为了使相关的管理部门及时掌握产品实现过程中的质量状况，评价和分析质量控制的有效性，把检验获取的数据和信息，经汇总、整理、分析后写成报告，为质量控制、质量改进、质量考核以及管理层进行质量决策提供重要信息和依据。

4．检测的分类

（1）按检验阶段分为进货检验、过程检验（包括首件检验、初品确认、巡回检验和完工检验）、最终检验。

（2）按检验场所分为固定场所检验、流动检验（巡回检验）。

（3）按检验方法分为全数检验、抽样检验。

（4）按对产品有无破坏性分为破坏性检验、非破坏性检验。

（5）按检验手段分为理化检验、感官检验。

（6）三检制：自检、互检、专检。

目前人们所说的生产检测属于专职的、非破坏性的、全数的、固定场所的过程检验，包括 SMT 生产检查、目测检查、插件班检、装焊班检、ICT 测试、板卡测试、整机测试、老化测试、包装检查等所有要求填写质量记录的工位。

5. 检验的步骤

（1）检验的准备。熟悉规定要求，选择检验方法，制定检验规范。首先要熟悉检验标准和技术文件规定的质量特性和具体内容，确定测量的项目和量值。为此，有时需要将质量特性转化为可直接测量的物理量；有时则要采取间接测量方法，经换算后才能得到检验需要的量值。有时则需要有标准实物样品（样板）作为比较测量的依据。要确定检验方法，选择精密度、准确度适合检验要求的计量器具和测试、试验及理化分析用的仪器设备。确定测量、试验的条件，确定检验实物的数量，对批量产品还需要确定批的抽样方案。将确定的检验方法和方案用技术文件形式做出书面规定，制定规范化的检验规程（细则）、检验指导书，或绘成图表形式的检验流程卡、工序检验卡等。在检验的准备阶段，必要时要对检验人员进行相关知识和技能的培训和考核，确认能否适应检验工作的需要。

（2）测量或试验。按已确定的检验方法和方案，对产品质量特性进行定量或定性的观察、测量、试验，得到需要的量值和结果。测量和试验前后，检验人员要确认检验仪器设备和被检物品试样状态正常，保证测量和试验数据的正确、有效。

（3）记录。对测量条件、测量得到的量值和观察得到的技术状态用规范化的格式和要求予以记载或描述，作为客观的质量证据保存下来。质量检验记录是证实产品质量的证据，因此数据要客观、真实，字迹要清晰、整齐，不能随意涂改，需要更改的要按规定程序和要求办理。质量检验记录不仅要记录检验数据，还要记录检验日期、班次，由检验人员签名，便于质量追溯，明确质量责任。

（4）比较和判定。由专职人员将检验的结果与规定要求进行对照比较，确定每一项质量特性是否符合规定要求，从而判定被检验的产品是否合格。

（5）确认和处置。对合格产品准予放行，并及时转入下一作业过程（工序）或准予入库、交付。对不合格产品，按其程度分情况做出返修、返工、让步接收或报废处置。

6. 对不合格的控制

1）不合格品的判定

（1）产品质量有两种判定方法，一种是符合性判定，判定产品是否符合技术标准，做出合格或不合格的结论。另一种是处置性判定，是判定产品是否还具有某种使用的要求。但当发现产品不合格时，才发生不合格产品是否适合使用的问题。所以，处置性判定是在经符合性判定为不合格品之后对不合格品做出返工、返修、让步、降级改作他用、拒收报废判定的过程，也就是对不合格品的处置过程。

（2）检验人员的职责是按产品图样、工艺文件、技术标准或直接按检验作业指导文件检验产品，判定产品的符合性质量，正确做出合格与不合格的结论。

2）不合格品的标识与隔离

在产品形成过程中，一旦出现不合格品，应及时判定不合格性质、做出标识，并进行记录，对不合格品还要及时隔离存放，以防止误用或误安装不合格的产品，给生产造成混乱。

3）不合格品的处置

（1）明显而简单的操作不合格，直接返回操作工位返工。返工后交还原检验工序进行再检验。

（2）对于原因较复杂的不合格在制品由测试人员填写“故障单”标在不合格品上，然后送维修班。维修班进行故障原因分析，按故障原因进行返工修理。对返工后的产品进行指标检查，并进行必要的标识，然后返回生产线重新检验。在返工过程中出现无法满足规定要求的在制品，维修做待报废标识，入仓库不合格品区。

（3）生产过程超出正常不合格率的情况包括：某部品不合格率明显超出正常值；某工序操作故障率明显增高；某工艺设备运行失常造成不合格率明显增高；原因不明而某项指标不合格率明显超出正常值。

（4）发现异常情况应及时报告相应的班长及工艺质量人员解决。

4）不合格品的纠正措施

纠正是为消除已发现的产品不合格所采取的措施。但仅仅“纠正”是不够的，它不能防止已出现的不合格在产品形成过程中再次发生。

纠正措施是生产组织为消除产品不合格发生的原因所采取的措施，防止不合格品再次发生。

由此可以看出：采取“纠正措施”的目的是为了防止已经出现的不合格品不再发生；“纠正措施”的对象是针对产生不合格的原因并消除这一原因，而不是对不合格的处置。

纠正措施的制定和实施是一个过程，一般应包括以下的几个步骤。

（1）确定纠正措施，首先是要对不合格品进行评审，其中特别要关注顾客对不合格品的抱怨。评审的人员应是有经验的专家，他们熟悉产品的主要质量特性和产品的形成过程，并有能力分析不合格的影响程度和产生不合格原因及应采取的对策。

（2）通过调查分析确定产生不合格的原因。

（3）研究为防止不合格品再发生应采取的措施，必要时对拟采取的措施进行验证。

（4）通过评审确认采取的纠正措施效果，必要时修改程序及改进体系并在过程中实施这些措施。跟踪并记录纠正措施的结果。

纠正措施的内容应根据不合格品的事实情况，针对其产生的原因来确定。在产品质量形成全过程中，产生不合格的原因主要是人（作业人员）、机（设备和手段）、料（材料）、法（作业方法、测量方法）、环（环境条件）几个方面，针对具体原因，采取相应措施，如人员素质不符合要求（责任心差、技术水平低、体能差）的，采取培训学习提高技术能力、调换合格作业人员的措施；作业设备的过程能力低，则修复、改造、更新设备或作业手段；属于作业方法的问题，采取改进、更换作业方法的措施等。但是所采取的纠正措施一般应和不合格的影响程度相适应。

7．质量记录

检测原始记录是检测数据和结果的书面载体，是表明产品质量的客观证据，是分析质量问题、溯源历史情况的依据，是采取纠正和预防措施的重要依据。因而检测记录是一项十分重要的基础工作。应加强对检测记录的质量控制。对检测记录的格式、标识、填记、校核、更改、存档等应有具体的规定。检测记录应做到：如实、准确、完整、清晰，检测记录应由检测人和校核人签名，以示对记录负责。原始记录一般要求随生产随填写的方式进行，以保证记录的真实性，后续汇总的记录不属于原始记录。

8．检测机构设置

1）产品的检测

产品的检测主要有入厂检验、过程检验与出厂检验，其中出入厂检验一般由公司产品质量检测部门专职的检验员承担，过程检验由生产部门承担，过程检验中的巡检由专门的巡检员担当。

生产检测也是过程检验的一部分，主要有目视检查、操作测试以及使用检测设备测试等。其中 SMT 目测、插件班检、装焊班检、包装检查等都属于目视检查；税控测试属于操作测试；ICT 测试、老化测试、安全测试属于使用检测设备测试，分别有不同的技能要求。

目视检查的方法比较简单，现在对板卡的生产一般采用目视检查的方法，特别是 OEM 产品，但对检查人员的技能与质量意识要求较高。

2）资格与技能要求

（1）相应的检测人员首先要熟悉所检项目的工艺及流程；如目测人员应熟悉 SMT 生产流程，插件班检应熟悉插件工艺与流程等。

（2）要熟悉相应的判定标准。

（3）熟练掌握相应的操作技能，如装焊班检应熟练掌握插装、焊接的基本技能，能够修复发现的不良品。

（4）使用设备检测的人员还应熟悉相应设备的维护保养规程以及相应的操作规程等。

3）基本职责

（1）严格按照生产工艺要求进行作业，控制产品质量达到标准要求。

（2）对发现的一般不合格进行纠正。

（3）对发现的异常情况进行反馈。

（4）及时记录生产质量信息，完成相应的生产报表。

（5）协助班长管理，对所检的产品质量把关及异常反馈。

5.2.2　检测流程

一般整机检测流程如表 5-4 所示。

5.2.3　检测方法

1．功能测试

是在整机装配完成，按照产品设计功能，针对产品功能实现进行的逐一测试确认，以保证出厂产品的功能指标达到产品的设计要求，如某产品整机功能测试项目如下。

（1）键盘测试：利用键盘测试工装验证每一个按键及方式开关的好坏。

（2）马达测试：利用马达测试工装检测马达的性能。

（3）上部壳测试：利用上部壳测试工装验证主副显示是否正常，机械结构是否符合标准。

（4）串口测试：对串口功能进行检验。

（5）打印测试：模拟开票打印一张票据，确认打印有无缺针现象；出票口出票是否顺畅。

（6）IC 测试：模拟 IC 开卡，并进行开卡能否成功进行测试。

（7）开机自检：开机后输入测试指令，产品自动完成内部功能的自检测试。

表 5-4　一般整机检测流程

工序	流程	质控点	特记事项
1	总装		装配检查、确认
2	功能测试	★	产品功能操作的检测
3	整机老化	★	整机加电，高温老化测试
4	功能复测	★	老化后再次对产品功能操作的检测
5	安全检查	★	对机器安全方面的各项指标全数检测
6	外观检查	★	对产品的外观进行目视检查
7	装箱检查	★	对产品的附件进行目视检查
8	出厂检查		抽样检查
9	出厂发货		检查确认合格后发货

（8）联网测试：输入联网指令，产品自动查找网络，并显示网络信号强度，并通过模拟网络登录，测试判断网络功能。

2．安规测试

安规测试（或称安全测试）用来测试产品安全性能。一般项目包括：耐压测试、接地电阻测试、漏电流测试、绝缘电阻测试等。安规测试设备一般需要明确日常操作检查参数设置、检查时间、检查方法、校正方法、校正周期等，以确保测试设备处于正常稳定运行状态。

1）耐压测试

电压强度也可称为耐压强度、介电强度。绝缘物质所能承受而不致遭到破坏的最高电场强度称为耐电压强度。在试验中，被测样品在要求的试验电压作用之下达到规定的时间时，耐压测试仪自动或被动切断试验电压。一旦出现击穿电流超过设定的击穿（保护）电流，能够自动切断试验电压并发出报警。以确保被测样品不致损坏。它主要达到如下目的。

（1）检测绝缘耐压受工作电压或过电压的能力。

（2）检查电气设备绝缘制造或检修质量。

（3）排除因原材料、加工或运输对绝缘的损伤，降低产品早期失效率。

（4）检验绝缘的电气间隙和爬电距离。

耐压测试仪是测量各种电器装置、绝缘材料和绝缘结构的耐电压能力的仪器，该仪器能调整输出需要的交流（或直流）试验电压和设定击穿（保护）电流。在试验中，样品在要求的试验电压作用之下达到规定时间时，耐电压测试仪自动或被动切断试验电压；一旦出现击穿，电流超过设定击穿（保护）电流，能够自动切断输出并同时报警，以确定样品能否承受规定的绝缘强度试验。它可以直观、准确、快速、可靠地测试各种被测对象的受电压、击穿电压、漏电流等电气安全性能指标，并能在 IEC 或国家安全标准规定的测试条件下，进行工频和直流以及电涌、冲击波等不同形式的介电性能试验。在国内外，此类仪器还有耐压测试仪、介质击穿装置、耐压试验器、电涌绝缘测试仪、高压试验器等不同的名称。

如某机器耐压测试参数设置及测试方法如下。

（1）日常操作检查：

① 参数设置：

◆ 定时选择：10 s。

◆ 漏电流：10 mA。

◆ 输出电压：1 500 V。

② 校正方法：

将 150 kΩ（适用于 1 500 V）电阻校正器一端插入耐压测试仪的测试端，仪器测试探头插入校正器触点，按动红色启动按钮，无超漏即可。

③ 检查时间：每天生产前。

（2）运行检查：

① 参数设置：

◆ 定时选择：10 s。

◆ 漏电流：10 mA。

◆ 输出电压：1 500 V。

② 校正方法：

将输出电压调整到 1 500 V，将 150 kΩ电阻校正器一端插入耐压测试仪的测试端，仪器测试探头插入校正器触点，按动红色启动按钮，无超漏；再将输出电压调整到 1 600 V，将 150 kΩ电阻校正器一端插入耐压测试仪的测试端，仪器测试探头插入校正器触点，按动红色启动按钮，仪器超漏报警同时超漏指示灯点亮。符合以上要求，则耐压仪运行正常。

③ 检查周期：一个月。

（3）测试：

① 参数设置（按作业指导书要求进行设置）：

◆ 定时选择：2 s。

◆ 漏电流：5 mA。

◆ 输出电压：1 500 V。

◆ 测试点：待测产品的接地外壳。

② 测试方法：将机器电源插头插入耐压仪插座，仪器探头测试上述测试点，按动红色按钮，电压指针达到 1 500 V 后，自动复位，未有超漏显示即可。

2）接地电阻测试

“接地电阻”这个名词是个定义并不十分明确的词。在有些标准中（如家用电器的安全标准中），它是指设备的接地电阻，而在有些标准中（如接地设计规范中），它是指整个接地装置的电阻。这里所讲的是指设备内部接地电阻，也就是一般产品安全标准中所说的接地电阻（也有叫做接地阻抗的），它所反映的是设备的各处外露导电部分与设备的总接地端子之间的电阻。一般标准中规定这个电阻不得大于 0.1 Ω。接地电阻是指用电器的绝缘一旦失效时，电器外壳等易触及金属部件可能带电，需要有可靠的接地保护电器使用者的安全，接地电阻是衡量电器接地保护可靠的重要指标。

接地电阻测试仪：由于接地电阻很小，正常一般在几十毫欧姆，因此，必须采用四端测量才能消除接触电阻，得到准确的测量结果。接地电阻测试仪是由测试电源、测试电路、指示器和报警电路组成。测试电源产生 25 A（或 10 A）的交流测试电流，测试电路将被测电器取得的电压信号通过放大、转换，由指示器显示，若所测接地电阻大于报警值（0.10 Ω或 0.20 Ω），仪器发出声光报警。

如某机器接地电阻测试参数设置及测试方法如下。

（1）日常操作检查：

① 参数设置：

◆ TIME：10 s。

◆ RANGE：0.1 Ω。

◆ SUBSTRACT：OFF。

◆ TEST MODE：CONTINUE。

② 检查方法：将万用表打到 AC20 V，红、黑表笔分别与红、黑鳄鱼夹相连，将电阻检查器的插头插到接地电阻测试仪的测试插座内，仪器测试探头插到电阻检查器的测试点，按下“START”按钮，检查电流表是否为 25 A，小于或大于 25 A 时，调节“TEST CURRENT”旋钮，将电流调至 25 A。万用表显示的电压在 2 V±0.2 V 范围内，则接地电阻测试仪运行正常。

③ 检查时间：每天生产前。

（2）运行检查：

① 参数设置：

◆ TIME：10 s。

◆ RANGE：0.1 Ω。

◆ SUBSTRACT：OFF。

◆ TEST MODE：CONTINUE。

② 检查方法：将万用表打到 AC20 V，红、黑表笔分别与红、黑鳄鱼夹相连，将电阻检查器的插头插到接地电阻测试仪的测试插座内，仪器测试探头插到电阻检查器的测试点，按下“START”键，检查电流表是否为 25 A，小于或大于 25 A 时，调节“TEST CURRENT”旋钮，将电流调至 25 A。万用表显示的电压在 2 V±0.2 V 范围内，则接地电阻测试仪运行正常。

③ 运行检查周期：一个月。

（3）测试：

① 参数设置：

◆ TIME：2 s。

◆ RANGE：0.1 Ω。

◆ SUBSTRACT：OFF。

◆ TEST MODE：CONTINUE。

◆ 电流：25 A。

测试点：待测产品的接地外壳。

② 测试方法：将待测机器的电源插头插入接地电阻测试仪的插座，仪器探头测试上述测试点，按动“START”按钮，“PASS”则合格，“FAIL”则不良。

3）泄漏电流测试

泄漏电流是指在没有故障施加电压的情况下，电气中带相互绝缘的金属零件之间，或带电零件与接地零件之间，通过其周围介质或绝缘表面所形成的电流称为泄漏电流。按照美国 UL 标准，泄漏电流是包括电容耦合电流在内的，能从家用电器可触及部分传导的电流。泄漏电流包括两部分，一部分是通过绝缘电阻的传导电流 I_1；另一部分是通过分布电容的位移电流 I_2。

若考核的是一个电路或一个系统的绝缘性能，则这个电流除了包括所有通过绝缘物质而流入大地（或电路外可导电部分）的电流外，还应包括通过电路或系统中的电容性器件（分布电容可视为电容性器件）而流入大地的电流。较长布线会形成较大的分布容量，增大泄漏电流，这一点在不接地的系统中应特别引起注意。

测量泄漏电流的原理与测量绝缘电阻基本相同，测量绝缘电阻实际上也是一种泄漏电流，只不过是以电阻形式表示出来的。不过正规测量泄漏电流施加的是交流电压，因而，在泄漏电流的成分中包含了容性分量的电流。

如某机器泄漏电流测试参数设置及测试方法如下。

（1）日常操作检查：

① 参数设置：

◆ 定时选择：5 s。

◆ 电流：根据产品要求。

◆ 输出电压：240 V±5 V。

② 校正方法：用万用表测量输出电压是否在 240 V±5 V 范围内。否则调整电压调节按钮将电压调整到要求的范围内。

③ 检查时间：每天生产前。

（2）运行检查：

① 参数设置：

◆ 定时选择：5 s。

◆ 电流：根据产品要求。

◆ 输出电压：240 V±5 V。

② 校正方法：用万用表测量输出电压是否在 240 V±5 V 范围内，否则调整电压调节按钮

将电压调整到要求的范围内。

③ 检查周期：一个月。

（3）测试：

① 参数设置：

◆ 定时选择：5 s。

◆ 电流：根据产品要求。

◆ 输出电压：240 V±5 V。

② 测试方法：将机器电源插头插入泄漏测试仪插座，按动红色按钮，检查是否有超漏指示，无超漏指示即可。

4）绝缘电阻测试

绝缘电阻是指用绝缘材料隔开的两部分导体之间的电阻称为绝缘电阻。

绝缘电阻测试仪是用来测量绝缘电阻大小的仪器。为了保证电气设备运行的安全，应对其不同极性（不同相）的导电体之间，或导电体与外壳之间的绝缘电阻提出一个最低要求。例如，家用和类似用途电器规定：基本绝缘为2 MΩ；加强绝缘为7 MΩ。影响绝缘电阻测量值的因素有温度、湿度、测量电压及作用时间、绕组中残存电荷和绝缘的表面状况等。通过测量电气设备的绝缘电阻，可以达到如下目的。

（1）了解绝缘结构的绝缘性能。由优质绝缘材料组成的合理的绝缘结构（或用绝缘系统）应具有良好的绝缘性能和较高的绝缘电阻。

（2）了解电器产品绝缘处理质量。电器产品绝缘处理不佳，其绝缘性能将明显下降。

（3）了解绝缘受潮及受污染情况，当电气设备的绝缘受潮及受污染后，其绝缘电阻通常会明显下降。

（4）检验绝缘是否承受耐电压试验。若在电气设备的绝缘电阻低于某一限值时进行耐电压测试，将会产生较大的试验电流，造成热击穿而损坏电气设备的绝缘。因此，通常各式各样试验标准均规定在耐电压试验前，先测量绝缘电阻。

3．老化试验

1）概述

随着电子技术的发展，电子产品的集成化程度越来越高，结构越来越细微，工序越来越多，制造工艺越来越复杂，这样在制造过程中会产生潜伏缺陷。对一个好的电子产品，不但要求有较高的性能指标，而且还要有较高的稳定性。电子产品的稳定性取决于设计的合理性、元器件性能以及整机制造工艺等因素。目前，国内外普遍采用高温老化工艺来提高电子产品的稳定性和可靠性，通过高温老化可以使元器件的缺陷、焊接和装配等生产过程中存在的隐患提前暴露，保证出厂的产品能经得起时间的考验。

老化的方式根据产品的特点与要求有所不同，有的采用高温老化，有的采用常温加电老化的方式。

2）高温老化机理

电子产品在生产制造时，因设计不合理、原材料或工艺措施方面的原因引起产品的质量问题有两类，第一类是产品的性能参数不达标，生产的产品不符合使用要求；第二类是潜在的缺陷，这类缺陷不能用一般的测试手段发现，而需要在使用过程中逐渐地被暴露，如硅片表面污染、组织不稳定、焊接空洞、芯片和管壳热阻匹配不良等。一般这种缺陷需要在元器件工作于额定功率和正常工作温度下运行 1 000 个小时左右才能全部被激活（暴露）。显然，对每只元器件测试 1 000 个小时是不现实的，所以需要对其施加热应力和偏压，如进行高温功率应力试验，来加速这类缺陷的提早暴露。也就是给电子产品施加热的、电的、机械的或多种综合的外部应力，模拟严酷工作环境，消除加工应力和残余溶剂等物质，使潜伏故障提前出现，尽快使产品通过失效浴盆特性初期阶段，进入高可靠的稳定期。电子产品的失效曲线如图 5-26 所示。

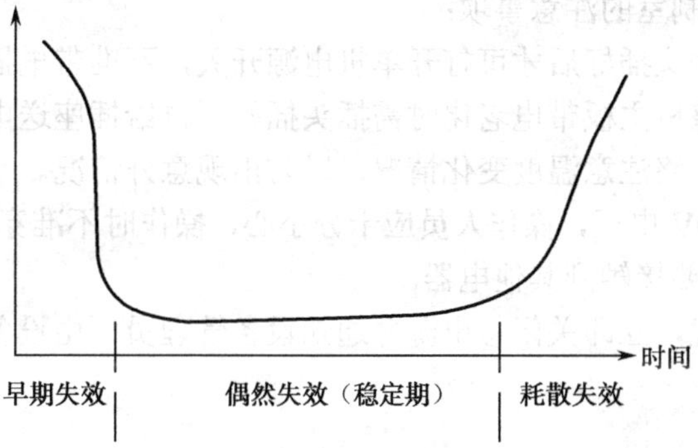

图 5-26　失效曲线

老化后进行电气参数测量，筛选剔除失效或变值的元器件，尽可能把产品的早期失效消灭在正常使用之前。这种为提高产品可靠度和延长产品使用寿命，对稳定性进行必要的考核，以便剔除那些有“早逝”缺陷的潜在“个体”（元器件），确保整机优秀品质和期望寿命的工艺就是高温老化的原理。

3）老化设备

批量老化一般使用老化控制室（图 5-27）；小批或样品老化一般使用高低温箱（图 5-28）完成。如某老化控制室操作步骤如下。

图 5-27　老化控制室

图 5-28　高低温箱

（1）打开设备总电源。

（2）打开控制柜门，向上合上电源开关，打开控制柜面板电源开关，电源指示灯亮，表明控制柜内部系统进入待运行状态。

（2）按照老化作业指导书的温度要求，设定老化室温度控制范围。

（3）按照老化作业指导书的老化电压要求，旋转调压器转盘，调整电压至要求的电压值。

（4）依次打开插座电源开关、照明开关，将待老化产品接通电源，调试好状态。

（5）打开加热开关，加热器开始工作，升高到工艺要求的温度时，开始老化作业并做好记录。

（6）老化结束后，依次关闭加热开关、照明开关、插座开关、面板电源开关、控制柜内开关、总电源开关。

（7）使用老化控制室的注意事项：

◆ 整机老化：插头插好后才可打开单机电源开关，不准带电插拔。

◆ 主板老化：整机主板带电老化时需插头插好后再给插座送电。

◆ 操作人员应始终注意温度变化情况，以防出现意外情况。

◆ 配电柜有380V电压，操作人员应十分小心，操作时不准穿湿鞋、不准湿手操作，操作总开关时要注意不要接触到其他电器。

◆ 出现异常情况，立即关闭总电源并通知设备管理员，由设备管理员负责处理。

习题5

一、判断题

1．保持螺母不松动的垫圈是平垫圈。（　　）

2．压板和夹线板一般为提供一种机械连接，以减少电气连接处的运动和张力。（　　）

3．紧固件按等级分为A、B、C三类，其中C级最精确。（　　）

4．组成机器最小单元为部件。（　　）

5．如图5-29所示的数字是需要装配的6个螺钉的装配顺序，请确认该顺序是否正确。（　　）

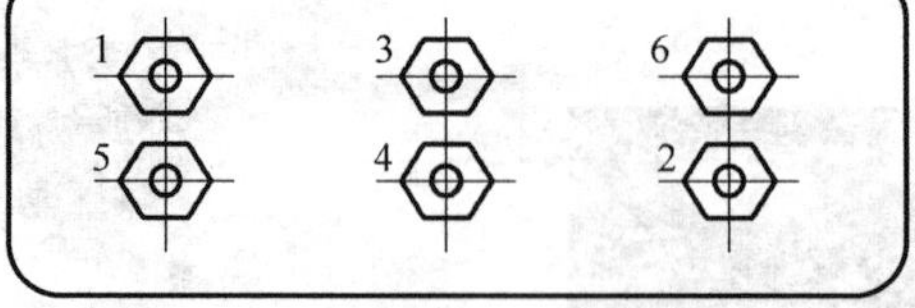

图5-29　螺钉的装配顺序

6．平垫圈和弹簧垫圈的一般配合使用方法如图5-30所示。（　　）

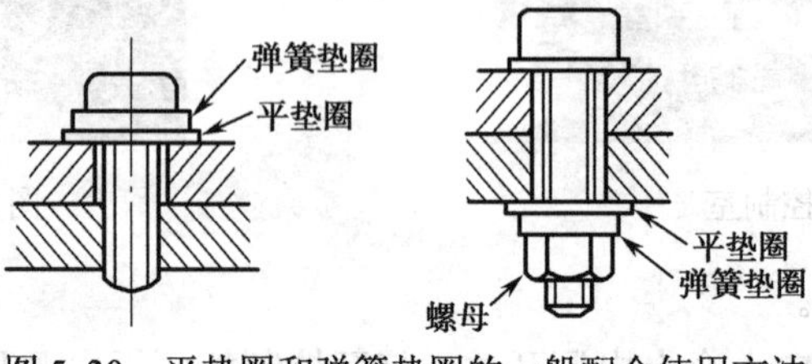

图5-30　平垫圈和弹簧垫圈的一般配合使用方法

7．用多颗螺钉紧固零件时，应一次紧固到位。（　）
8．允许在固定地线接地用的紧固件上涂敷螺钉黏合剂。（　）
9．手工工具螺丝刀一般由刀口和轴以及手柄组成。（　）
10．在机器中能完成一定的、完整的功能的部件为零件。（　）

二、选择题

1．螺纹根据结构特点和用途，可分为（　　）。
A．普通螺纹　B．传动螺纹　C．密封螺纹　D．英制螺纹
2．自攻螺钉的特点有（　　）。
A．硬度高　B．要求一次性上好　C．连接方便　D．坚固力强
3．电动螺丝刀的主要参数有（　　）。
A．力矩范围　B．转速　C．最大螺钉直径　D．额定电压
4．装配精度通常包含的含义有（　　）。
A．相互位置精度　B．相对运动精度　C．相互配合精度
5．装配工具可分为（　　）。
A．紧固工具　B．剪切工具　C．专用工具　D．以上均是
6．在整机装配中组成机器的最小单元是（　　）。
A．部件　B．套件　C．零件　D．组件
7．自攻螺钉一般分为（　　）。
A．自攻螺钉　B．自钻自攻螺钉　C．平口螺钉
8．一般 ABS 外壳材料的电子产品，常见连接方式有（　　）。
A．螺钉连接　B．扣合连接　C．胶黏剂粘接
9．扣合部件连接时，应注意（　　）。
A．顺序　B．定位　C．力度　D．角度
10．电子产品常见老化方式有（　　）。
A．常温老化　B．高温加电老化　C．低温老化

三、简答题

1．简述电动螺丝刀的正确使用及维护保养。
2．防止螺钉松动的措施有哪些。
3．简述布线操作注意事项。
4．简述高温老化的机理。

参考文献

[1] 顾霭云，罗道军，王瑞庭. 表面组装技术（SMT）通用工艺与无铅工艺实施. 北京：电子工业出版社，2008.

[2] 顾霭云. 表面组装技术（SMT）基础与可制造性设计（DFM）. 北京：电子工业出版社，2008.

[3] 龙绪明. 电子表面组装技术——SMT. 北京：电子工业出版社，2008.

[4] IPC-A-610C 电子组装件的验收条件. CPCA 中国印刷电路行业协会，2001（1）.